石油高职高专教材

热力设备运行与操作

宋艳平　李　苏　主编

石油工业出版社

内 容 提 要

本书讲述了锅炉基础知识、基本操作方法。主要内容包括煤粉锅炉和循环流化床锅炉的启动、运行、运行调节、停炉及锅炉事故的处理的基本操作技能，在基础知识、资料链接和知识拓展中讲述了操作时必须掌握的理论知识和专业的拓展知识；油田锅炉事故案例分析、锅炉技改案例；与油田现场相关的硫化氢知识、正压呼吸机的使用等。

本书适合作为中、高等职业技术院校热能动力类专业课的教材，也适合作为锅炉运行岗位的培训教材，还可作为热能动力有关技术人员的学习参考书。

图书在版编目(CIP)数据

热力设备运行与操作 / 宋艳平，李苏主编.
北京 ：石油工业出版社，2016.11
石油高职高专教材
ISBN 978-7-5183-1577-2

Ⅰ. 热…
Ⅱ. ①宋…②李…
Ⅲ. ①火电厂—热力系统—运行—高等职业教育—教材
②火电厂—热力系统—操作—高等职业教育—教材
Ⅳ. TM621.4

中国版本图书馆 CIP 数据核字(2016)第 258637 号

出版发行：石油工业出版社
(北京市朝阳区安华里 2 区 1 号楼　100011)
网　址：www.petropub.com
编辑部：(010)64256770　图书营销中心：(010)64523633
经　销：全国新华书店
印　刷：北京晨旭印刷厂

2016 年 11 月第 1 版　2016 年 11 月第 1 次印刷
787×1092 毫米　开本：1/16　印张：13.5
字数：340 千字

定价：40.00 元
(如发现印装质量问题，我社图书营销中心负责调换)

前　　言

热力设备运行与操作是热能动力设备与应用专业必修的一门专业课。辽河石油职业技术学院热能动力设备与应用专业为国家“高等职业学校提升专业服务产业发展能力”重点扶持专业。《热力设备运行与操作》教材是根据此专业的教学要求编写的，在注重实际操作的基础上增加了理论知识和油田现场案例分析，适合作为中、高等职业院校热能动力类专业课的教材，也适合作为锅炉运行岗位培训使用的教材，还可作为热能动力有关技术人员的学习参考书。

《热力设备运行与操作》中锅炉概述、煤粉炉的运行与操作主要由宋艳平编写；流化床锅炉的运行与操作、锅炉技改案例、硫化氢知识、正压呼吸机的使用、锅炉事故案例分析等主要由李苏编写。

在编写过程中，由于编者水平、能力有限，书中难免存在不足甚至错误之处，敬请读者批评指正。

2016 年 6 月

目　　录

情境一　锅 炉 概 述

锅炉是利用燃料燃烧释放热能或其他热能，对水或其他介质进行加热，以获得规定参数（温度、压力）和品质的蒸汽、热水或其他工质的热力设备。

任务 1.1　锅炉基本知识

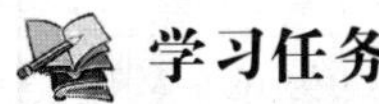

学习任务

（1）学习锅炉的分类、锅炉的组成及工作过程。

（2）学习锅炉参数、锅炉型号的表示及锅炉的性能指标。

（3）学习锅炉燃料种类及特性。

（4）学习锅炉热平衡。

学习目标

（1）掌握锅炉的种类、锅炉的基本组成和锅炉的工作过程。

（2）掌握锅炉参数、型号表示及锅炉的性能指标。

（3）熟悉锅炉燃料种类及特性。

（4）掌握锅炉热平衡校核。

学习内容

锅炉包括“锅”和“炉”两部分，“锅”是锅炉中盛水和汽的部分，它的作用是吸收“炉”放出的热量，使水加热到一定的温度（热水锅炉）或者转变为一定压力的蒸汽（蒸汽锅炉）。“炉”是锅炉中燃烧燃料部分，它的作用是提供燃料燃烧条件，并使燃烧产生的热量供“锅”吸收。同时，为了保证锅炉正常运行，还必须配备必要的辅助设备。通常将“锅”和“炉”构成的基本组成部分称为锅炉本体，而将锅炉本体与辅助设备的共同组成部分总称为锅炉机组或设备。现代锅炉，“锅”和“炉”已融合为一体，有些难以把它们明确划分开来。

一、锅炉的分类

锅炉的种类很多，为了区别各类锅炉的结构、使用的燃料、燃烧方式、容量、参数等，我国锅炉常按下列的方法分类。

锅炉按用途不同分为电站锅炉、工业锅炉和生活锅炉三种。电站锅炉用于发电；工业锅炉用于工业生产；生活锅炉用于采暖和热水供应。

锅炉按结构不同分为火管锅炉和水管锅炉。火管锅炉烟气在管内通过，水在管外吸热蒸发；水管锅炉中，汽、水在管内流动吸热，烟气在管外流动。

锅炉按燃烧方式不同分为层燃燃烧锅炉、室燃燃烧锅炉、流化床燃烧锅炉和旋风燃烧锅炉。层燃燃烧锅炉具有炉排，煤块在固定的或转动的炉排上形成均匀的、有一定厚度的燃料层进行燃烧，在燃烧过程中燃料保持层状。燃烧所需空气由炉排下方引入，穿过炉排上面的燃料层使之进行燃烧反应。室燃燃烧锅炉是燃料在燃烧室空间（炉膛）中呈悬浮状态燃烧的锅炉，液体燃料、气体燃料、固体粉状燃料（煤粉）的燃烧均采用室燃方式。流化床燃烧锅炉工作时，床层上的固体燃料处于上下翻腾的状态（即流化状态），也称沸腾炉。旋风燃烧锅炉的燃烧室是一个圆柱形的旋风筒，有卧式和立式两种布置方式。煤粉由圆筒一端（前端或上端）轴向或切向进入，燃烧所需空气在同一端切向高速进入旋风筒，在旋风筒内造成煤粉气流的高速旋转运动，燃烧产物由圆筒另一端（后端或下端）排入锅炉的燃烬室，使未燃尽的燃料继续燃烧。

锅炉按出口工质压力分类如表 1－1 所示。

表 1－1　锅炉按出口工质压力分类

锅 炉 类 型	出口工质压力	锅 炉 类 型	出口工质压力
低压锅炉	一般压力小于 1.275MPa	亚临界压力锅炉	一般压力为 16.67MPa
中压锅炉	一般压力为 3.825MPa	超临界压力锅炉	一般压力在 23～25MPa
高压锅炉	一般压力为 9.8MPa	超超临界压力锅炉	一般大于 27MPa
超高压锅炉	一般压力为 13.73MPa		

锅炉按所用燃料或能源的不同分为固体燃料锅炉、液体燃料锅炉、气体燃料锅炉、余热锅炉和废料锅炉。

锅炉按蒸发受热面内工质流动方式不同分为自然循环锅炉、强制循环锅炉、直流锅炉和复合循环锅炉。

锅炉按排渣方式不同分为固态排渣锅炉和液态排渣锅炉。固态排渣锅炉中，燃料燃烧后生成的灰渣呈固态排出，是燃煤锅炉的主要排渣方式；液态排渣锅炉中，燃料燃烧后生成的灰渣呈液态从渣口流出，在裂化箱的冷却水中裂化成小颗粒后排入水沟中冲走。

锅炉按炉膛烟气的压力不同分为负压锅炉、微正压锅炉和增压锅炉。负压锅炉中炉膛压力保持负压，有送风机、引风机，是燃煤锅炉的主要形式。微正压锅炉中炉膛压力为 2～5kPa，不需引风机，易于低氧燃烧。增压锅炉中炉膛压力大于 0.3MPa，用于配蒸汽—燃气联合循环。

锅炉按锅筒数目不同分为单锅筒锅炉和双锅筒锅炉，锅筒可纵置或横置布置。现代锅筒型电站锅炉都采用单锅筒形式，工业锅炉采用单锅炉或双锅筒形式。

锅炉按整体外形不同分为倒 U 形、塔形、箱形、T 形、U 形、N 形、L 形、D 形、A 形。D 形和 A 形用于工业锅炉，其他炉形一般用于电站锅炉。

锅炉按锅炉房形式不同分为露天、半露天、室内、地下或洞内布置的锅炉。工业锅炉一般采用室内布置；电站锅炉主要采用室内、半露天或露天布置。

锅炉按出厂形式不同分为快装锅炉、组装锅炉和散装锅炉。小型锅炉可采用快装锅炉，电站锅炉一般为组装锅炉或散装锅炉。

二、锅炉的组成

（一）现代大型自然循环高压锅炉的主要部件及作用

（1）炉膛：炉膛能保证燃料燃尽并使出口烟气温度冷却到对流受热面能安全工作的数值，

一般布置在锅炉本体的前面。

(2)燃烧设备:将燃料和燃烧所需空气送入炉膛并使燃料着火稳定、燃烧良好。

(3)锅筒:是自然循环锅炉各受热面的闭合件,将锅炉各受热面联结在一起并和水冷壁、下降管等组成水循环回路。锅筒内储存汽水,可适应负荷变化,内部设有汽水分离装置等以保证汽水品质。直流锅炉无锅筒。

(4)水冷壁:是锅炉的主要辐射受热面,吸收炉膛辐射热用来加热工质并用以保护炉墙。后水冷壁管的拉稀部分称为凝渣管,用以防止过热器结渣。

(5)过热器:将饱和蒸汽加热到额定的过热蒸汽温度。生产饱和蒸汽的蒸汽锅炉和热水锅炉无过热器。

(6)再热器:将汽轮机高压缸排气加热到较高温度,然后再送到汽轮机中压缸膨胀做功,用于大型电站锅炉以提高电站热效率。

(7)省煤器:利用锅炉尾部烟气的热量加热给水,以降低排烟温度,节约燃料。

(8)空气预热器:利用锅炉尾部烟气的热量加热燃烧用的空气,以加强着火和燃烧;吸收烟气余热,降低排烟温度,提高锅炉热效率;为煤粉锅炉制粉系统提供干燥剂。

(9)炉墙:是锅炉的保护外壳,起密封和保温作用。小型锅炉中的重型炉墙也可起支撑锅炉部件的作用。

(10)构架:支撑和固定锅炉各部件,并起保持其相对位置的作用。

(二)锅炉的辅助设备及作用

锅炉的辅助设备,按围绕锅炉所进行的工作过程,主要分为以下几个方面:

(1)燃料的供给设备:用来储存和输送燃料。

(2)磨煤及制粉设备:将煤磨制成煤粉并送入煤粉锅炉的炉膛进行燃烧。

(3)送风设备:由送风机将空气送入空气预热器加热后送往炉膛及磨煤制粉设备。

(4)引风设备:由引风机和烟囱将锅炉中燃烧产物即烟气排往炉外。

(5)给水设备:由给水泵、给水管道和阀门等组成,用以保证向锅炉供应合格的给水。

(6)除灰除渣设备:从锅炉中除去灰渣并运走。

(7)除尘设备:除去锅炉烟气中的飞灰,改善环境卫生。

(8)自动控制设备:自动检测、程序控制、自动保护和自动调节。

锅炉上述设置的辅助设备是随锅炉的容量、形式、燃料特性和燃烧方式以及水质特点等多方面的因素因地制宜、因时制宜,根据实际要求和客观条件进行配置。

图1-1为横置双锅筒水管锅炉结构示意图。

三、锅炉的工作过程

锅炉的工作过程包括三个同时进行着的过程:燃料的燃烧过程、火焰和烟气向水的传热过程、水的加热汽化过程。这三个过程在锅炉内是连续不断的,具体是通过锅炉附属设备及仪表附件等三个工作系统来实现的。这三个系统是:水汽(或热水)系统、风烟系统和煤灰(渣)系统,工作过程如图1-2所示。

水汽系统是以构成受热面的锅炉本体为中心,与水泵、水处理设备等附属设备组成的工作系统,负责向锅炉供水、吸取热量到输出蒸汽(或热水)的任务。风烟系统和煤灰(渣)系统,是

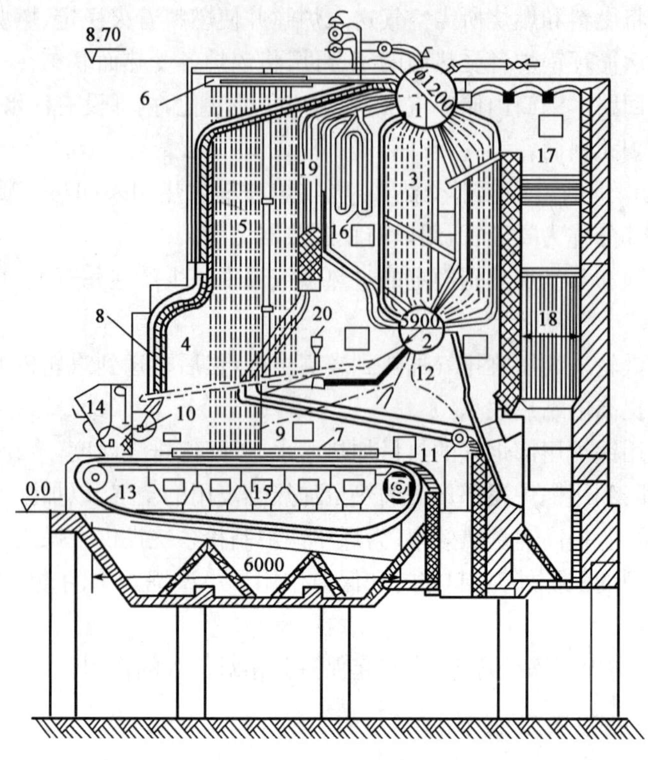

图 1－1　横置双锅筒水管锅炉结构示意图

1—上锅筒；2—下锅筒；3—对流管束；4—炉膛；5—侧墙水冷壁；6—侧墙水冷壁上集箱；7—侧墙水冷壁下集箱；8—前墙水冷壁；9—后墙水冷壁；10—前墙水冷壁下集箱；11—后墙水冷壁下集箱；12—下降管；13—链条炉排；14—煤斗；15—风仓；16—蒸汽过热器；17—省煤器；18—空气预热器；19—放渣管；20—二次风管

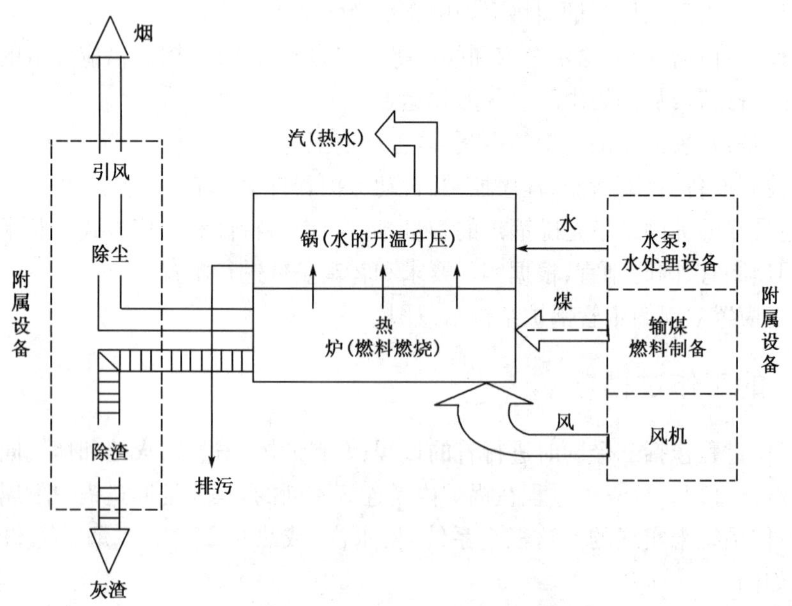

图 1－2　锅炉工作原理图

以炉膛和燃烧设备为中心，由鼓风机、引风机、除灰除尘装置、给煤机和除灰渣等附属设备组成，这两个系统在炉内特定的条件下交汇形成燃料燃烧放热，然后分头把气体和固体的燃烧产物排出。

（一）燃料的燃烧过程

锅炉的炉膛设置在汽锅的前下方，此种炉膛是供热锅炉中较为普遍的一种设备——链条炉排炉。燃料输送设备把燃料送到煤仓（煤斗），燃料在加煤斗中借自重下落到炉排面上，炉排借电动机通过变速齿轮箱减速后靠链轮带动，并将燃料带入炉膛内。燃料在炉排上一面燃烧，一面向后移动；燃料在燃烧时所需的空气由送风机送入炉排腹中风仓后，向上穿过炉排到达燃料层，进行燃烧反应形成高温烟气。燃料最后燃尽成灰渣到链条的后端落下，由除渣设备排走，以上整个过程为燃烧过程。燃烧过程进行得完善与否，是锅炉正常工作的根本条件。要保证良好的燃烧，必须要有高温的环境、必需的空气量和空气与燃料的良好混合。为了使锅炉燃烧能连续进行，还必须连续不断地供应燃料、空气和排出烟气、灰渣。为此，就要配备送风、引风设备和运煤、除渣设备。

（二）烟气向水和水蒸气的传热过程

由于燃料的燃烧放热，炉膛内烟气温度高达1100～1600℃。在炉膛的四周墙面上布置了排水管，称为水冷壁。高温烟气与水冷壁之间进行强烈的辐射换热，将热量传递给管内工质之后，烟气受引风机、烟囱的引力，向炉膛上方流动。烟气由炉膛出口掠过防渣管后，冲刷着蒸汽过热器，蒸汽过热器是一组垂直放置的蛇形管受热面，使汽锅中产生的饱和蒸汽在其中受烟气加热到过热蒸汽。烟气流经蒸汽过热器后又经过胀接在上、下锅筒之间的对流管束，在管束间设置了折烟墙，使烟气呈S形曲折地横向冲刷对流管束，再次以对流换热方式将热量传给管束内工质。沿途降低温度后的烟气，进入尾部烟道，与省煤器和空气预热器内的工质进行热量交换后，烟气以较低的温度排出炉外。

（三）水的受热和汽化过程

水的受热和汽化过程主要包括水循环和汽水分离过程。经过水处理后的锅炉给水是由水泵加压，先经过省煤器预热，然后流进上锅筒。

锅炉工作时，上锅筒中的工质是处于饱和状态下的汽水混合物。位于烟温较低区段的对流管束，因受热较弱，汽水工质的密度较大；而位于烟气高温区的水冷壁和对流管束，因受热强烈，相应地工质密度较小；从而密度大的工质则往下流入下锅筒，而密度小的工质则向上流入上锅筒，形成了锅水的自然循环。此外，为了组织水循环和进行疏导分配的需要，一般在炉墙外还设置有不受热的下降管，借此将工质引入水冷壁的下集箱，而通过上集箱上的汽水引出管将汽水混合物导入上锅筒。

借助上锅筒内装设的汽水分离设备，以及在锅筒空间中汽水本身的密度差，汽水混合物得到分离；蒸汽在上锅筒顶部引出后进入蒸汽过热器中，而分离下来的水仍回落到上锅筒下半部的水空间。锅筒中的水循环也保证了与高温烟气相接触的金属受热面得到冷却，是锅炉能长期安全可靠运行的必要条件。而汽水混合物的分离设备则是保证蒸汽品质和蒸汽过热器可靠工作的必要设备。

四、锅炉参数和型号表示

（一）锅炉参数

锅炉参数主要是用来描述锅炉大小的数据。锅炉大小是和锅炉单位时间内所传递的热量多少密切相关的。蒸汽锅炉一般需要四个参数就能将锅炉的大小描述清楚，分别是：(1)蒸发量，t/h 或 kg/s；(2)出口蒸汽压力，MPa；(3)出口蒸汽温度，℃；(4)给水温度，℃。

蒸发量是指在确保锅炉安全的前提下，锅炉长期连续运行时单位时间内所产生的蒸汽的数量。蒸发量又称为“出力”或“容量”，单位是 t/h 或 kg/s。蒸发量有最大蒸发量、经济蒸发量与额定蒸发量之分。

锅炉最大的蒸发量是指锅炉在连续运行时，不考虑其经济效果，每小时最多能产生的蒸汽量。经济蒸发量是指锅炉在连续运行中，热效率达到最高时的蒸发量，一般约为最大蒸发量的75%～80%。锅炉的额定蒸发量是指锅炉采用设计的燃煤品种，并在设计参数下运行，也就是在规定的蒸汽质量(压力、温度)和一定的热效率下，长期连续运行时，每小时所产生的蒸汽量。新锅炉出厂时，铭牌上所示的蒸发量，指的就是这台锅炉额定蒸发量。

锅炉最大的蒸发量习惯上也常用该工况下的主蒸汽流量(t/h)来表示。锅炉最大蒸发量一般为锅炉设计保证值。锅炉设计压力及水循环可靠性应满足该工况的要求，在该工况下炉膛应无严重或高结渣倾向，辅机参数都应满足本工况条件需要。

实践证明，如果锅炉的蒸发量降低到额定蒸发量的 60%时，锅炉热效率会比额定蒸发量时的热效率低 10%～20%。只有锅炉的蒸发量在额定蒸发量的 80%～100%时，其热效率值为最高。因此，锅炉的蒸发量在额定蒸发量的 80%～100%范围内才最为经济。

锅炉蒸汽压力和温度是指过热器主汽阀出口处的过热蒸汽压力和温度。对于无过热器锅炉，用主蒸汽阀出口的饱和蒸汽压力和温度表示。锅炉给水温度是指进省煤器的给水温度，对无省煤器的锅炉指进锅炉锅筒的水的温度。对产生饱和蒸汽的锅炉，蒸汽的温度和压力存在一一对应关系。其他锅炉，温度和压力不存在一一对应关系。

（二）锅炉型号

为了规范锅炉的表示方法，我国制定了《工业锅炉产品型号编制方法》(JB/T 1626—2002)和《电站锅炉产品型号编制方法》(JB/T 1617—1999)。

我国的工业锅炉和生活锅炉型号由三部分组成，各部分之间用横短线相连，如图 1－3 和图 1-4 所示。

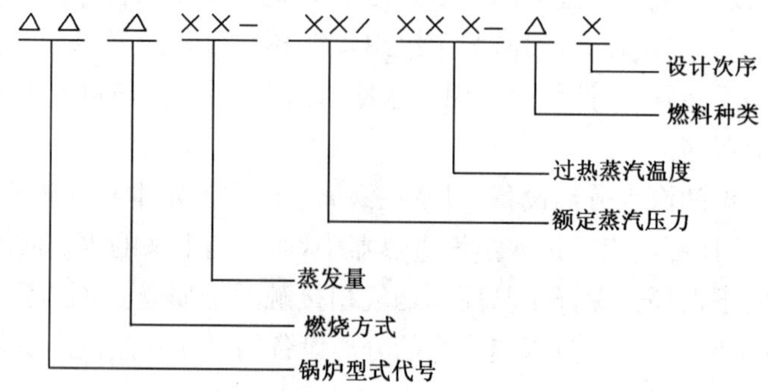

图 1－3　工业锅炉型号表示

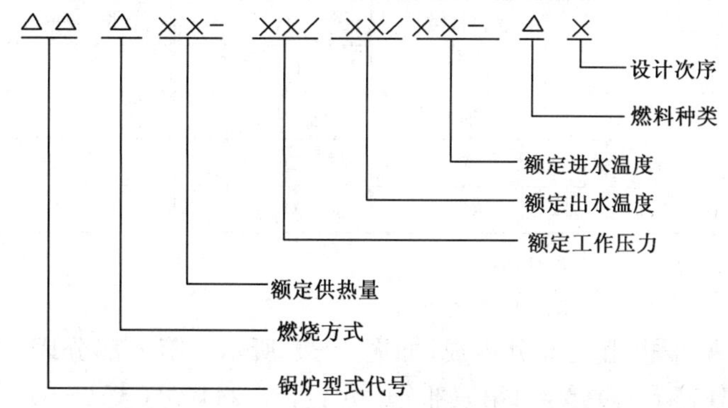

图 1-4　生活锅炉型号表示

第一部分分三段，分别表示锅炉型式代号(用汉语拼音字母作代号，见表 1-2)、燃烧方式(用汉语拼音字母作代号，见表 1-3)和蒸发量(用阿拉伯数字表示，单位 t/h；热水锅炉为供热量，单位 MW；余热锅炉以受热面表示，单位为 m^2)。

表 1-2　工业锅炉型式代号

锅炉型式	代　号	锅炉型式	代　号
立式水管	LS(立，水)	单锅筒横置式	DH(单，横)
立式火管	LH(立，火)	双锅筒纵置式	SZ(双，纵)
卧式内燃	WN(卧，内)	双锅筒横置式	SH(双，横)
单锅筒立式	DL(单，立)	纵横锅筒式	ZH(纵，横)
单锅筒纵置式	DZ(单，纵)	强制循环式	QX(强，循)

表 1-3　燃烧方式代号

燃烧方式	代号	燃烧方式	代号	燃烧方式	代号
固定炉排	G(固)	倒转炉排加抛煤机	D(倒)	沸腾炉	F(沸)
活动手摇炉排	H(活)	振动炉排	Z(振)	半沸腾炉	B(半)
链条炉排	L(链)	下饲炉排	A(下)	室燃炉	S(室)
抛煤机	P(抛)	往复推饲炉排	W(往)	旋风炉	X(旋)

快装式水管锅炉在型号第一部分用 K(快)代替表 1-2 中的锅筒数量代号。快装纵横锅筒式锅炉用 KZ(快，纵)；快装强制循环式锅炉用 KQ(快，强)。

常压锅炉的型号在第一部分中增加字母 C。

第二部分表示工质参数，对工业蒸汽锅筒锅炉，分额定蒸汽压力和额定蒸汽温度两段，中间以斜线相隔。蒸汽温度为饱和温度时，型号第二部分无斜线和第二段。对热水锅炉，第二部分由三段组成，分别为额定压力、出水温度和进水温度，段与段之间用斜线隔开。

第三部分表示燃料种类及设计次序，共两段。第一段表示燃料种类(用汉语拼音字母作代号，见表 1-4)，第二段表示设计次序(用阿拉伯数字表示)，原型设计无第二段。

表 1-4 燃料种类代号

燃料种类	代号	燃料种类	代号	燃料种类	代号
无烟煤	W(无)	褐煤	H(褐)	稻壳	D(稻)
贫煤	P(贫)	油	Y(油)	甘蔗渣	G(甘)
烟煤	A(烟)	气	Q(气)	煤矸石	S(石)
劣质烟煤	L(劣)	木柴	M(木)	油页岩	YM(油母)

注:(1)同时燃烧几种燃料,主要燃料放在前面。

(2)余热锅炉无燃料代号。

我国电站锅炉型号也由三部分组成,如图 1-5 所示。第一部分表示锅炉制造厂代号(表 1-5);第二部分表示锅炉参数;第三部分表示设计燃料代号(表 1-6)及设计次序。

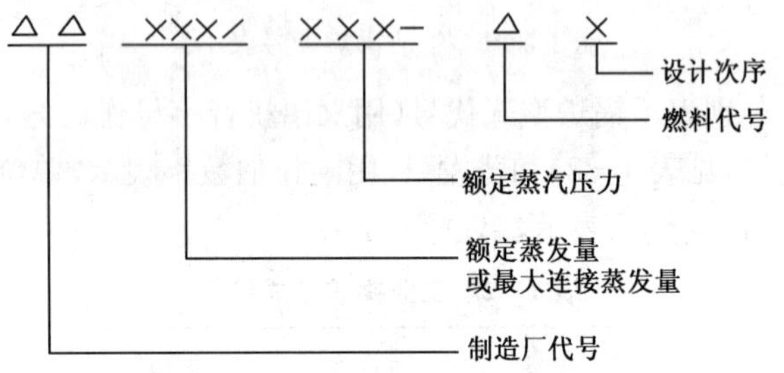

图 1-5 电站锅炉产品型号编制方法

表 1-5 某些电站锅炉制造厂代号

锅炉制造厂名	代号	锅炉制造厂名	代号	锅炉制造厂名	代号
北京锅炉厂	BG	杭州锅炉厂	NG	武汉锅炉厂	WG
东方锅炉厂	DG	上海锅炉厂	SG	济南锅炉厂	YG
哈尔滨锅炉厂	HG	无锡锅炉厂	UG		

表 1-6 设计燃料代号

设计燃料	代号	设计燃料	代号	设计燃料	代号
燃煤	M	燃气	Q	可燃煤和油	MY
燃油	Y	燃其他燃料	T	可燃油和气	YQ

使用联合设计图样制造的电站锅炉型号,可在型号第一部分工厂代号后再加 L 表示。

五、锅炉的性能指标

锅炉的性能指标主要是指锅炉的技术经济性指标。锅炉的技术经济性指标通常用经济性、安全可靠性及机动性三项指标来表示。

(一)锅炉的经济性

锅炉的经济性主要指锅炉热效率、锅炉成本、锅炉煤耗率和锅炉厂用电率等。

1. 锅炉热效率

锅炉的热效率 η 是指锅炉正常运行时每单位时间内送入锅炉的全部热量中被有效利用的百分数,即锅炉有效利用热量 Q_1 与单位时间内锅炉输入热量 Q_r 的比例。

$$\eta = \frac{Q_1}{Q_r} \tag{1-1}$$

锅炉有效利用的热量 Q_1 是指单位时间内工质在锅炉中所吸收的总热量，包括水和蒸汽吸收的热量以及排污水和自用蒸汽所消耗的热量。而锅炉的输入热量 Q_r 是指单位质量或体积燃料输入锅炉的热量，它是指燃料的收到基低位发热量。

锅炉实际运行中只用锅炉热效率来说明锅炉运行的经济性是不够的，因为锅炉的热效率只反映了燃料和传热过程的完善程度，为了提高锅炉热效率，锅炉增加的附属设备的消耗没有显示，所以它只是一个能真实说明锅炉运行的热经济性指标。目前生产的工业锅炉和生活锅炉热效率在60％～80％。现代电站锅炉的热效率都在90％以上。电站锅炉相比工业锅炉和生活锅炉的热效率相对高些。

2. 锅炉成本

锅炉成本一般用成本中的重要经济性指标——钢材消耗率表示。钢材消耗率是指锅炉单位蒸发量所用的钢材质量，单位是 t/(t/h)，它是反映锅炉制造成本的经济性指标。

锅炉参数、循环方式、燃料种类及锅炉部件结构对钢材消耗率均有影响。由于钢材、耐火材料等价格经常变化，为了便于比较，往往用钢材消耗量来表示锅炉成本。增大单机容量和提高蒸汽参数是减少金属消耗量和投资费用的有效途径。

工业锅炉的钢材消耗率在 5～6t/(t/h)；电站锅炉的钢材消耗率在 2.5～5t/(t/h)范围内。在保证锅炉安全、可靠、经济运行的基础上，应合理降低钢材消耗率，尤其耐热合金钢材的消耗率。

3. 煤耗率和厂用电率

煤耗率是指电厂每发出(或供应)1kW·h 的电所消耗的煤量。厂用电率则为辅助设备用电量与机组发电量的比例。厂用电率与辅助设备的配置选型密切相关，尤其是燃料制备系统，还受燃料品种、燃烧方式影响。

煤耗还与机组参数有关，参数越高，供电煤耗越低。但是，燃料种类、负荷方式、厂房布置条件、单机容量以及一些条件也影响供电煤耗。所以，只有在相同的条件下才能比较参数和煤耗的关系。

(二)锅炉的安全可靠性

安全可靠是锅炉生产的首要任务。锅炉不能发生任何人身及非人身重大事故，如人员伤亡、承压容器和燃烧系统爆炸、停运、燃烧系统的再燃等。不影响人身安全或不造成设备重大损伤的事故也应尽量减少。锅炉的安全可靠性常用下列三种指标来衡量。

(1)连续运行的时间：两次检修的运行时间(用 h 表示)。

(2)事故率：

$$\text{事故率} = \frac{\text{事故停用时间}}{\text{运行总时间} + \text{事故停用时间}} \times 100\% \tag{1-2}$$

(3)可用率：

$$\text{可用率} = \frac{\text{运行总时间} + \text{备用总时间}}{\text{统计期间总时间}} \times 100\% \tag{1-3}$$

锅炉的安全可靠性统计一般以一年作为一个周期。锅炉连续运行小时数越多，事故率越低，可用率越高，表明锅炉工作越可靠。目前中国电站锅炉的较好指标是：连续运行的时间在

4000h 以上；可用率约为 90%。

（三）锅炉的机动性

随着现代社会生活方式和用电负荷的变化，用户对锅炉的运行方式提出了更多的新要求。也就是要求锅炉运行有更大的灵活性和可靠性。在电站负荷方面，除基本负荷、调峰负荷和循环负荷外，还应具有承担最低负荷的能力。从运行压力来看，存在定压、滑压等运行方式。因此，机动性的要求是：快速改变负荷，经常停运及随后快速启动的可能性和最低允许负荷下持久运行的可能性。这些要求已成为锅炉产品的重要性能指标。另外，燃煤锅炉在遇到煤质降低、燃用劣质燃料、燃料品种改变等，都会降低机组的机动性。

六、锅炉燃料及燃烧

凡是可以燃烧并能放出较大热量的物质，都称为燃料。燃料是锅炉的"粮食"，锅炉中所需的热量来自燃料燃烧放出的热能。为了组织好锅炉燃料的燃烧过程，就必须掌握所用燃料的种类、组成和特性，及其对燃烧过程的要求和影响。燃料燃烧时，需要一定的空气量，空气量的多少直接影响着燃料燃烧的效果和热量的利用率。

（一）燃料的种类

燃料的种类很多，按自然物态的不同，锅炉燃料可分为固体燃料、液体燃料和气体燃料三大类；按获得方式不同又可分为天然燃料和人工燃料。目前我国锅炉用的燃料主要是煤炭，也用重油和燃气。燃料分类见表 1－7。

表 1－7 燃 料 分 类

类 别	天 然 燃 料	人 工 燃 料
固体燃料	木柴、泥煤、烟煤、石煤、油页岩	木炭、焦炭、泥煤砖、煤矸石、甘蔗渣、可燃垃圾等
液体燃料	石油	汽油、煤油、柴油、沥青、焦油
气体燃料	天然气	高炉煤气、发生炉煤气、焦炉煤气、液化石油气

燃料特性是锅炉设计、运行的基础。对于不同的燃料，要相应采用不同的燃烧设备和运行方式。所以，对于锅炉设计及运行人员，必须了解锅炉燃料的性能特点，才能保证锅炉运行的安全性和经济性。

（二）燃料的组成及作用

固体燃料的成分有：碳（C）、氢（H）、硫（S）、氧（O）、氮（N）、水分（W）和灰分（A）。其中 C、H、S 为可燃成分。

液体燃料的成分有：碳（C）、氢（H）、硫（S）、氧（O）、氮（N）、水分（W）和灰分（A），成分中碳和氢含量较高，水分和灰分较少。

气体燃料有天然气和人造气两类。天然气分气田气和油田伴生气两种。气田气主要成分是甲烷；油田伴生气除含甲烷外，还有丙烷、丁烷等烷烃类，CO_2 含量也比气田气高。

1. 固体燃料和液体燃料

（1）碳（C）：碳是各种燃料中的主要可燃成分。1kq 碳完全燃烧时能放出 32783kJ 的热量；在缺氧或燃烧温度较低时会形成不完全燃烧产物一氧化碳，仅放出 9270kJ 的热量。与其他可燃成分比较，碳的着火温度较高，所以含碳量越多的燃料（如无烟煤）越不容易着火燃烧。煤中所含的碳量一般占煤的 20%～75%，含碳量随煤的形成年代增长而上升。油类燃料中碳的含量达 83%～88%。

(2)氢(H):氢是燃料中重要的可燃成分。1kq 氢完全燃烧时能放出 120370kJ 的热量,比碳更高,是碳燃烧放出热量的三倍多,氢容易着火燃烧。因此,含氢量越多的燃料(重油及天然气),不仅发热量高,而且容易着火。煤中含氢量为 3%～5%,油类燃料中含氢量为 11%～14%。

(3)硫(S):硫是燃料中的一种有害成分。尽管硫也是一种可燃物质,但其热值很低,1kq 硫在完全燃烧时仅能放出 9040kJ 的热量。而且硫的燃烧产物是 SO_2 和 SO_3 气体,与烟气中水蒸气相遇反应生成亚硫酸 H_2SO_3 和硫酸 H_2SO_4,在锅炉低温受热面凝结后产生强烈的腐蚀作用,排入大气会对周围环境造成严重污染,是形成酸雨的主要物质。按照硫在燃料油中的含量多少可将燃料油分为:高硫油,硫含量大于 2%;含硫油,硫含量 0.5%～2%;低硫油,硫含量小于 0.5%。

我国煤中硫的含量极少,煤中的硫一般以三种形态存在,有机硫(与碳、氢、氧等结合成复杂的化合物)、黄铁矿硫(FeS_2)和硫酸盐硫(硫酸钙、硫酸镁和硫酸铁等)。硫酸盐一般不再氧化,表现为灰分。锅炉用煤的含硫量一般为 1%～1.5%,一些煤种含硫 3%～5%,个别的高达 8%～10%。含硫量高于 2%的煤称为高硫煤,必须做脱硫处理,若不处理对周围环境危害严重。

(4)氧(O)和氮(N):氧和氮是燃料中的内部杂质,均不能燃烧。氧是燃料中反应能力最强的成分,燃烧时能与氢化合成水,降低了燃料热值。氮是燃料中的惰性而有害成分,燃烧时燃料中氮易转化成为氮氧化合物,排放后对环境造成污染。燃料中含有氧及氮的成分越多,相对而言燃料中的可燃成分就减少,燃料燃烧时放出的热量也就减少。煤中氮的含量约占燃料的 0.1%～2.5%,氧的含量一般小于 2%,泥煤中氧的含量可高达 40%。氧含量随煤的碳化程度加深而减少。

(5)水分(M):水分是燃料中的主要杂质之一。它不仅不能燃烧,还要吸收炉内的热量发生汽化,降低炉内的温度。含水量越多的燃料,越不容易着火燃烧,而且影响燃料的燃烧速度,增大烟气量,增加排烟热损失,加剧锅炉尾部受热面的腐蚀和堵灰。液体燃料中水分含量一般在 1%～5%范围内变动。褐煤含水量可达 40%～60%。

(6)灰分(A):灰分是夹杂在燃料中的不可燃的矿物质,也是燃料的主要杂质。燃料

中灰分越多,可燃成分就越少,燃烧也越困难;同时锅炉除灰量大,操作复杂而繁重;大量飞灰从烟囱飞出,污染周围环境;燃用灰分多的燃料,受热面容易积灰;灰分熔点过低,会在炉排和炉内受热面上结渣,破坏锅炉正常燃烧和传热过程;烟气中携带灰粒较多、烟气流速较高时,会磨损锅炉金属表面,降低锅炉寿命。固体燃料中的灰分含量变化很大,多的可达 50%～60%,少的为 4%～5%。燃料油中灰分含量极少,一般小于 0.05%。

2.气体燃料

气体燃料是以碳氢化合物为主的可燃气体及不可燃气体的混合物,其中还含有一些水蒸气、焦油和灰尘等杂质,这些杂质极少可忽略。锅炉所使用的气体燃料主要是天然气。

气体燃料中主要的可燃气体成分有甲烷、乙烷、氢气、一氧化碳、乙烯、硫化氢等,不可燃气体成分有二氧化碳、氮气和少量的氧气。

(1)甲烷:无色气体,微有葱臭,难溶于水,低位发热量为 35906kJ/m^3,最低着火温度是 540℃。甲烷与空气混合后可引起强烈爆炸,其爆炸极限范围是 5%～15%。空气中甲烷浓度达到 25%～30%时才具有毒性。

(2)乙烷:无色无臭气体,难溶于水,低位发热量为 64396kJ/m^3,最低着火温度 515℃,爆炸极限范围 2.9%～13%。

(3)氢气：无色无臭气体，难溶于水，低位发热量为 10794kJ/m^3，最低着火温度 400℃，极易爆炸，在空气中爆炸极限范围 4%～75.9%。

(4)一氧化碳：无色无臭气体，难溶于水，低位发热量为 12644kJ/m^3，最低着火温度 605℃，若含有少量的水蒸气既可降低着火温度，在空气中爆炸极限范围 12.5%～74.2%。一氧化碳是一种毒性很大的气体，空气中含有 0.06%即有害于人体，含有 0.2%时可使人失去知觉，含 0.4%时致人死亡。空气中允许一氧化碳质量浓度为小于 0.02g/m^3。

(5)乙烯：无色气体，具有窒息性的乙醚气味，有麻醉作用，低位发热量为 59482kJ/m^3，最低着火温度为 425℃，在空气中爆炸极限范围 2.7%～3.4%，浓度达到 0.1%时对人体有害。

(6)硫化氢：无色气体，具有浓烈的腐蛋气味，易溶于水，低位发热量为 23383kJ/m^3，硫化氢易着火，最低着火温度为 270℃，在空气中爆炸极限范围 4.3%～45.5%。毒性大，空气中含有 0.04%时有害于人体，含 0.1%时致人死亡，空气中允许硫化氢质量浓度为小于 0.01g/m^3。

(三)燃料成分的几种表示方法

对锅炉燃料组成成分进行分析，固体燃料和液体燃料的组成成分用质量分数来表示，气体燃料组成成分用体积分数来表示。

固体燃料和液体燃料中的水分和灰分因开采、运输和储存的不同变化较大，而且水分还与气候条件有关，但是燃料中的碳、氢、硫、氧和氮的含量是不会变的。所以为了更确切地说明燃料的特性，评价和比较各种燃料，将固体燃料和液体燃料的分析结果常用收到基、空气干燥基、干燥基和干燥无灰基来表示燃料在不同条件下各种成分的质量分数。以常用的固体燃料煤为例，进行以下的取样分析。

(1)收到基成分：燃料的收到基成分是用即将进入锅炉的煤，取样分析，分析所得的各种成分的质量分数，用斜体表示，收到基用下角码“ar”表示，其组成成分可表示为：

$$C_{ar} + H_{ar} + O_{ar} + N_{ar} + S_{ar} + A_{ar} + M_{ar} = 100\% \tag{1-4}$$

(2)空气干燥基成分：空气干燥基成分是用即将进入锅炉的煤取样，经过自然风干失去外在的水分后，分析所得的组成成分的质量分数，用斜体表示，空气干燥基用下角码“ad”表示，其组成成分可写成：

$$C_{ad} + H_{ad} + O_{ad} + N_{ad} + S_{ad} + A_{ad} + M_{ad} = 100\% \tag{1-5}$$

由于除去了大部分水分，空气干燥基成分要比收到基稳定一些，但是仍含有水分的不稳定因素。

(3)干燥基成分：干燥基成分是用即将进入锅炉的煤，经烘干除去全部水分后，分析所得的组成成分的质量分数，用斜体表示，干燥基用下角码“d”来表示，其组成成分可写成：

$$C_{d} + H_{d} + O_{d} + N_{d} + S_{d} + A_{d} = 100\% \tag{1-6}$$

干燥基中因无水分，固体灰分不受水分变动影响，灰分含量相对比较稳定。为了更明确地表示燃料特性的稳定组分，采用干燥无灰基来表示煤的组成成分。

(4)干燥无灰基成分：干燥无灰基成分是将煤中的水分和灰分全部扣除后，其他各组成成分的质量分数，用斜体表示，干燥无灰基用下角码“daf”来表示，其组成成分可写成：

$$C_{daf} + H_{daf} + O_{daf} + N_{daf} + S_{daf} = 100\% \tag{1-7}$$

以上四种成分表示方法要根据具体情况和需要加以选用。在锅炉的热力计算中都采用收到基成分来计算。这四种表示方法之间存在一定换算关系，列于表 1-8，这些换算关系是根据能量守恒原理得到的。

表 1-8　燃料成分不同表示方法的换算关系

换算关系	所求收到基	所求空气干燥基	所求干燥基	所求干燥无灰基
已知收到基	1	$\frac{100-M_{ad}}{100-M_{ar}}$	$\frac{100}{100-M_{ar}}$	$\frac{100}{100-M_{ar}-A_{ar}}$
已知空气干燥基	$\frac{100-M_{ar}}{100-M_{ad}}$	1	$\frac{100}{100-M_{ad}}$	$\frac{100}{100-M_{ad}-A_{ad}}$
已知干燥基	$\frac{100-M_{ar}}{100}$	$\frac{100-M_{ad}}{100}$	1	$\frac{100}{100-A_{d}}$
已知干燥无灰基	$\frac{100-M_{ar}-A_{ar}}{100}$	$\frac{100-M_{ad}-A_{ad}}{100}$	$\frac{100-A_{d}}{100}$	1

(四)燃料的发热量

燃料的发热量(或称热值)是指单位质量(气体燃料用单位标准体积)的燃料在完全燃烧时放出的热量,单位是 kJ/kg(kJ/m^3)。发热量是燃料的重要燃烧特性指标之一。

燃料的发热量有高位发热量 Q_{gw} 和低位发热量 Q_{dw} 两种。高位发热量是指燃料的最大可能发热量,即每 kg 燃料完全燃烧后所放出的热量,这个热量包括燃料燃烧时所生成的水蒸气的汽化潜热,即认为水蒸气全部凝结成水。实际燃料在锅炉中燃烧后,排出的烟气温度还相当高,烟气中的水蒸气仍处于汽态,不可能凝结成水放出汽化潜热。从高位发热量中扣除水蒸气的汽化潜热后,称为低位发热量。显然,在锅炉热力计算中是以燃料收到基的低位发热量为计算依据的。

(五)燃料燃烧计算

燃料燃烧实际上就是燃料中的可燃成分和空气中的氧气在高温下进行剧烈化合,并放出大量热量的化学反应过程。只要燃料选用和处理适当,燃烧设备和炉膛结构合理,燃烧规律掌握正确等,不但可以节约燃料,保护环境,还可以避免发生炉膛爆炸等重大事故,对保证锅炉安全、经济运行有着重大意义。

为了使燃料燃烧过程能够顺利进行,必须根据燃料燃烧特性,创造有利的燃烧必需条件:第一,保持一定的高温环境,以便能产生急剧的燃烧反应;第二,供应燃料在燃烧中所需充足而适量的空气;第三,采取适当措施以保证空气与燃料能很好接触、混合;第四,要有足够的燃烧时间并及时排除燃烧产物(烟灰和灰渣)。燃料燃烧所需要的空气量及燃烧产物生成量,可以通过化学反应方程式计算得出。计算结果是针对每 kg 固、液体燃料或每 m^3 气体燃料完全燃烧而言的,计算出的空气量都是指不含水蒸气的干空气。理论计算时,所有气体都可认为是理想气体,即 1kmol 各种气体的容积都为 22.4m^3;并且忽略空气中稀有气体的成分,认为空气只是氧气和氮气的混合物,其体积比 21:79,由此计算所得结果。计算这里不做讲解,只介绍一些相关概念。

(1)燃料燃烧的理论空气需要量及理论燃烧产物生成量。燃料燃烧的理论空气需要量和理论燃烧产物生成量是指每 kg(或每 m^3)燃料在完全燃烧时所需要的空气量和燃烧产物生成量。

(2)实际空气需要量及实际燃烧产物生成量。在锅炉运行时,为了保证燃料完全燃烧,实际上所需要的空气量总比理论计算上所需要的空气量要大些。这是因为受锅炉燃烧技术、结构等的限制，不能做到空气与燃料的理想混合、燃烧。如对1kg燃料只供给理论空气需要量，则一部分燃料将因接触不到空气而不能完全燃烧。为了减少燃料不完全燃烧热损失，实际供给的空气量一定要大于理论计算空气需要量。

(3)实际空气需要量与理论计算空气需要量两者之比称为过量空气系数。过量空气并不参与燃烧反应，它将吸取炉内的热量带到炉外，增加锅炉热损失，使得锅炉热效率降低。所以，锅炉燃料燃烧时，过量空气系数选取很重要，采用太大的过量空气系数对于锅炉燃烧获取热量是不利的。因此，在保证锅炉燃料完全燃烧的情况下，应尽量选择较小的过量空气系数，也就是最佳的过量空气系数。在一般情况下，燃煤锅炉最佳的过量空气系数在1.2～1.5之间；燃气锅炉最佳的过量空气系数在1.03～1.10之间；燃油锅炉最佳的过量空气系数在1.05～1.10之间。实际燃烧产物生成量与理论燃烧产物生成量的差别在于燃烧产物中多了过量空气量。在保证燃料充分燃尽的前提下，尽可能降低过量空气系数。

(4)漏风系数。许多锅炉为微负压燃烧，即锅炉的炉膛、烟道等处均保持一定的负压，以防止燃烧产物外漏。此时，外界空气将从炉膛、烟道、人孔、看火孔等不严密处漏入炉内，使得锅炉的烟气量随着烟气流程而一路增大。这会增加锅炉排烟热损失，使得锅炉热效率降低。锅炉各部件所处烟道内漏入的空气量与理论空气量的比值，称为该烟道的漏风系数。锅炉各烟道漏风系数的大小取决于负压的大小及烟道的结构型式，一般在0.01～0.1之间。若锅炉为微正压燃烧，则烟道的漏风系数为零。

七、锅炉热平衡

锅炉的热平衡是研究锅炉燃料燃烧所产生的热量被利用的情况：有多少热量被有效地利用，又有多少热量被锅炉各项热损失所消耗。研究的目的是为了减少锅炉的各项热损失，提高锅炉的热效率。

热效率是锅炉的重要技术经济指标，它的高低标志着锅炉发展的完善程度和运行的管理水平。提高锅炉的热效率就可以节省燃料。它是锅炉运行管理的一个重要方面，也是节省能源的重要途径。

(一)锅炉热平衡的组成

被送入锅炉内的燃料由于种种原因不可能完全燃烧，而燃烧放出的热量也不会完全被有效利用，必有一部分热量损失掉。为了确保锅炉的热效率，就需要建立锅炉在正常运行工况下的热量的收支平衡关系——锅炉热平衡。

为了分析方便，锅炉的热平衡是以1kg固体或液体燃料(气体燃料以$1m^3$)进行研究的。1kg燃料带入炉内的热量及锅炉有效利用热量和损失热量之间的关系根据锅炉热量收入和支出的项目，就可以列出如下的热量平衡方程式：

$$Q_r = Q_1 + Q_2 + Q_3 + Q_4 + Q_5 + Q_6 \tag{1-8a}$$

式中 Q_r——1kg燃料带入锅炉的热量，kJ/kg；

Q_1——锅炉有效利用的热量，kJ/kg；

Q_2——锅炉排出烟气所带走的热量，称为排烟热损失，kJ/kg；

Q_3——锅炉燃料中未燃烧的可燃气体带走的热量，称为气体不完全燃烧热损失，kJ/kg；

Q_4——锅炉燃料中未燃烧的固体燃料带走的热量，称为固体不完全燃烧热损失，

kJ/kg；

Q_5——锅炉散失的损失，称为散热损失，kJ/kg；

Q_6——锅炉其他热损失，kJ/kg。

式(1－8a)还可以用各种热量所占的百分数来表示：

$$q_1 + q_2 + q_3 + q_4 + q_5 + q_6 = 100\% \tag{1-8b}$$

$$q_1 = \frac{Q_1}{Q_r} \times 100\% \qquad q_2 = \frac{Q_2}{Q_r} \times 100\% \qquad q_3 = \frac{Q_3}{Q_r} \times 100\%$$

$$q_4 = \frac{Q_4}{Q_r} \times 100\% \qquad q_5 = \frac{Q_5}{Q_r} \times 100\% \qquad q_6 = \frac{Q_6}{Q_r} \times 100\%$$

锅炉的热效率 η 为：

$$\eta = q_1 = 1 - (q_2 + q_3 + q_4 + q_5 + q_6) \tag{1-9}$$

对于工业锅炉，每 kg 燃料带入锅炉的热量就是燃料收到基的低位发热量。

(二)锅炉热平衡试验

在锅炉制造厂对锅炉新产品移交验收的鉴定试验中，锅炉使用单位对新投产锅炉的运行试验中，改造后的锅炉进行热工技术性能鉴定试验以及运行锅炉燃烧调整试验中，都必须进行热平衡试验。热平衡试验的目的是：

(1)确定锅炉的热效率。

(2)确定锅炉的各项热损失，并分析造成各项热损失的原因和寻求降低热损失的方法。

(3)确定不同工况下锅炉各项工作指标，如过量空气系数、排烟温度及过热蒸汽温度等与锅炉负荷的关系。

锅炉热效率测定可用热平衡试验的方法进行，试验时必须使锅炉在稳定工况下运行，测定方法有正平衡法和反平衡法两种方法。

1. 正平衡法

正平衡法又称为“直接测量法”，是在试验过程中直接测定输入锅炉的热量和锅炉输出的热量，根据锅炉的热效率公式获得：

$$\eta = \frac{Q_1}{Q_r}$$

正平衡法要求锅炉在比较长的时间内保持稳定运行工况，即保持试验期间锅炉压力、负荷一定，试验始末保持燃烧状态稳定和锅筒水位不变，这在锅炉运行中是难以精确做到的。对于大型燃煤锅炉，尤其是中间仓储式制粉系统，测量燃料消耗量是相当困难而又不易测准的。此外，正平衡法只能求出锅炉的热效率，不能通过测定找出影响锅炉热效率的原因和提高热效率的途径。此法多用于测定小型锅炉的热效率。

2. 反平衡法

反平衡法又称为“间接测量法”，是通过测定锅炉的各项热量损失，由式(1－9)来计算，得到锅炉的热效率值。

此法常用在较大型锅炉上，以利于对锅炉进行全面的分析，找出影响锅炉热效率的各种因素，从而加以改进。

小型锅炉热平衡试验通常以正平衡法为主，反平衡法为辅。对于大型锅炉，由于不易准确地测定出燃料的消耗量，因此锅炉热效率主要靠反平衡法求得。

对于热平衡试验，在精度上也有一定的要求：在只进行正平衡试验时，要求进行两次测试，且要求两次测试的锅炉热效率偏差要在4%以内；当同时进行正、反平衡试验时，两种方法所测定的锅炉热效率偏差要在5%以内；如只进行反平衡试验，也要进行两次，要求两次测试的锅炉热效率偏差在6%以内。

当全面进行锅炉鉴定时，必须既做正平衡试验又做反平衡试验，热效率的偏差要在规定范围内。

（三）锅炉的各项热损失

1. 锅炉的排烟热损失 q_2

锅炉排烟热损失是指锅炉排烟带走的热量造成的热损失。排烟热损失是锅炉热损失最主要的一项。排烟温度越高，过量空气系数越大，排烟热损失也越大。对于大中型锅炉，热损失约占4%～8%，小型锅炉这一数值可能更高。

影响排烟热损失的主要因素是排烟温度和烟气容积。通常排烟温度每升高12℃左右，可使排烟热损失约增加1%。合理的排烟温度应该根据排烟热损失和受热面的金属消耗费用，通过技术经济比较来确定。排烟热损失大小还与燃料性质有关。当燃用含水量和含硫量较高的煤时，为了避免或减轻低温受热面的腐蚀，不得不采用较高的排烟温度。同时燃煤水分增多，排烟容积也增大，都会使排烟热损失变大。

再有炉膛出口过量空气系数、沿烟气流程各处烟道的漏风以及某些受热面上发生结渣、积灰或结垢，都会使排烟温度升高。故要经常吹灰和减少漏风，选择最佳的炉膛出口过量空气系数。

2. 固体不完全燃烧热损失 q_4

固体不完全燃烧热损失指的是部分固体颗粒在炉内未燃烧或未燃尽就被排出炉外而造成的热损失，这些未燃尽的颗粒可能随灰渣从炉膛中被排除掉，或以飞灰形式随烟气一起逸出，也称为机械不完全燃烧热损失。在锅炉设计时固体不完全燃烧热损失可按燃料种类和燃烧方式进行选用。

影响固体不完全燃烧热损失是燃煤锅炉主要的热损失之一，通常仅次于排烟热损失。影响这项损失的主要原因是燃料的性质、燃烧方式、炉膛型式和结构、燃烧器设计和布置、炉膛温度、锅炉负荷、运行水平、燃料在锅炉内的停留时间和与空气的混合情况等。

煤粉炉中，落到冷灰斗中的灰渣只占入炉总灰量的一小部分，所以由灰渣中的可燃物造成的机械不完全燃烧热损失通常只占0.1%～1.0%，绝大部分机械不完全燃烧热损失是由飞灰中的可燃物造成的。燃煤的挥发分越高，煤粉越细，灰分越少，则这项损失也越小。另外，延长煤粉在锅炉炉内的停留时间，也会降低该项损失。运行中过量空气系数减小，一般会使机械不完全燃烧热损失增大。

3. 可燃气体不完全燃烧热损失 q_3

可燃气体不完全燃烧热损失是由于一些可燃气体未燃烧放热就随烟气离开锅炉而造成的热损失，也称为化学不完全燃烧热损失。正常燃烧时，锅炉只要供风适当，混合良好，炉温正常，锅炉这项热损失是不大的。在进行锅炉设计时，可燃气体不完全燃烧热损失可按燃料种类和燃烧方式选用。煤粉炉 q_3 为0；燃油和燃气炉 q_3 为0.5%；火床炉 q_3 为0.5%～1.0%。

影响可燃气体不完全燃烧热损失的主要原因是燃料的性质、炉膛的过量空气系数、燃烧器的结构和布置、炉膛温度和炉内空气动力工况等。

一般燃用挥发分较多的燃料时，炉内可燃气体量增多，容易出现不完全燃烧。炉膛容积过小、烟气在炉内流程过短时，会使一部分可燃气体来不及燃尽就离开炉膛，从而使化学不完全燃烧热损失增大。

4. 锅炉的散热损失 q_5

当锅炉工作时，锅炉本体及锅炉范围内各种管道、附件的温度高于周围环境温度，这样就会通过自然对流和辐射向周围散热，这个热量称为散热损失。散热损失的大小主要决定于锅炉散热表面积大小、水冷壁的敷设程度、炉墙结构、保温隔热性能及周围环境温度等。锅炉运行经验表明，锅炉的散热损失随着锅炉的容量的增大而减小。这是因为当锅炉容量增大时，燃料消耗量近似成正比地增加，而锅炉的散热表面积却增加得稍慢，因此，相应于单位燃料的散热表面积是减小的，故散热损失随锅炉容量增大而减小；再有锅炉运行经验表明，锅炉的散热损失与锅炉的运行负荷是成反比变化的。

锅炉的散热损失一般约在 1.5%～3.5%之间。

5. 锅炉的其他热损失 q_6

锅炉的其他热损失主要指灰渣带走的物理热损失。燃用固体燃料时，由于从锅炉中排出的灰渣还具有相当高的温度（约 600～800℃）而造成的热量损失称为灰渣物理热损失。其大小决定于燃料的灰分、燃料的发热量和排渣方式等。灰分高或发热量低或排渣率高的锅炉，这项热损失就大。另外，在大容量锅炉中，由于某些部件要用水或空气冷却，而水和空气所吸收的热量又不能送回锅炉系统中应用时，就造成了冷却热损失。

总之，锅炉热效率高低，是衡量锅炉结构是否先进、运行操作技术水平是否高的标准，也是锅炉设备等综合性经济指标。通常所说的锅炉热效率，是指锅炉在新产品鉴定时的热效率，也就是锅炉设计工况下，经过精心调试，受热面上没有烟灰和水垢等条件下测得的热效率。但是，用户在使用中实际运行时的热效率由于管理和操作等原因，比鉴定时的热效率约低 10%左右。

资料链接

1. 什么是燃料？燃料应该满足的条件有哪些？

答：(1)燃料是指燃烧之后可以获取大量热能的物质。

(2)燃料需要满足的条件：就单位数量而言，燃烧时能放出大量的热量；能方便而很好地燃烧；在自然界中蕴藏量丰富，能大量开采，价格低廉；燃烧产物对人体、动植物、环境等有较小危害或无害。

2. 重油的特性指标有哪些？

答：重油的特性指标有黏度、凝点、闪点、燃点、含硫量和灰分含量等。

(1)黏度：表征液体燃料流动性能的指标。黏度越小，流动性能越好；黏度越大，流动性能越差。重油的黏度随温度升高而减小。

(2)凝点：表征燃油丧失流动性能时的温度。将燃料油样品放在倾斜 45°的试管中，经过 1min，油面保持不变时的温度作为该油的凝点。燃油的凝点高低与燃油石蜡含量有关。含石蜡多的油，其凝点高。

(3)闪点和燃点:在常温下,随着油温升高,油表面上蒸发出的油气增多,当油气和空气的混合物与明火接触而发生短促闪光时的油温称为燃油的闪点;燃点是油面上的油气和空气的混合物遇到明火能着火燃烧并能持续5s以上的最低油温。

(4)含硫量:燃油的含硫量高,会对锅炉低温受热面产生腐蚀。按含硫量多少,燃油可分为低硫油($S_{ar}<0.5\%$)、中硫油($S_{ar}=0.5\%\sim2\%$)和高硫油($S_{ar}>2\%$)三种。一般说来,当燃油的含硫量高于0.3%时,就应注意低温腐蚀问题。

(5)灰分:重油的灰分虽少,但灰分中常含有钒、钠、钾、钙等元素的化合物,所生成的燃烧产物的熔点很低,约600℃,对壁温高于610℃的受热面会产生高温腐蚀。

3. 解释DZ4-1.25-W、SHS10-1.24/250-A2和QXW2.8-0.7/95/70-A2锅炉型号。

答:DZ4-1.25-W表示单锅筒纵置式链条炉排炉,蒸发量4t/h,压力1.25MPa,饱和温度,燃用无烟煤,原型设计。

SHS10-1.24/250-A2表示双锅筒横置式室燃锅炉,蒸发量10t/h,压力1.25MPa,过热蒸汽温度250℃,燃用烟煤,第二次设计。

QXW2.8-0.7/95/70-A2表示强制循环式往复炉排热水锅炉,额定供热量2.8MW,额定工作压力0.7MPa,额定出水温度95℃,额定进水温度70℃,燃用烟煤,第二次设计。

4. 锅炉本体指哪些部件?锅炉机组包括哪些?

答:锅炉本体主要是指由锅筒、集箱、受热面及其间的连接管道、燃烧设备、炉墙和构架等组成的整体。锅炉本体也称锅炉的主要部件。

锅炉机组是指由锅炉本体及配合锅炉本体工作的其他设备或机械构成的成套装置。这些配合锅炉本体工作的其他设备或机械统称为锅炉的辅助设备。

5. 煤灰的熔融性及其三个特征温度是什么?

答:煤燃烧后残存的煤灰不是一种纯净的物质,没有固定的熔点,即没有固态和液态共存的界限温度。煤灰受热后,从固态逐渐向液态转化,这种转化的特征就是熔融性。

煤灰的熔融性采用角锥法来测定。根据灰锥在受热过程中形态变化,用三个特征温度表示煤灰的熔融性质。变形温度,是指锥顶变圆或开始倾斜;软化温度,是指锥顶弯至锥底或萎缩成球形;流动温度,是指锥体呈流体状态能沿平面流动。变形温度、软化温度和流动温度是液相和固相共存的三个温度,不是固相向液相转化的界限温度,它们仅仅表示煤灰形态变化过程中的温度间隔。

6. 锅炉与一般机械设备有哪些不同的特点?

答:(1)锅炉是一种密闭的容器,具有爆炸危险。

(2)锅炉工作条件恶劣,极易造成损坏。

(3)锅炉的用途十分广泛,与国民经济关系相当密切。

7. 简述锅炉水循环。

答:(1)水循环原理。

锅炉水循环是指锅炉内的水和汽混合物在锅炉受热面组成的闭合回路中有规律、连续流动的过程。锅炉水循环按其循环方式不同可分为自然循环和强制循环两种。自然循环是依靠受热部分水的密度小于不受热部分水的密度从而形成压力差促使锅水流动。强制循环是利用水泵压头强迫锅水流动。

(2)循环倍率。

自然循环蒸汽锅炉中的水,每经过一次循环,只有一部分水转化为蒸汽。通常将进入循环回路的水量称为"循环流量"，它与该循环回路中产生蒸汽量的比值称循环倍率：

$$循环倍率=\frac{循环流量}{循环回路中的蒸汽量}$$

水循环好的锅炉，各受压部件受热均匀，热应力小，炉水的升温和汽化可以加快，从而缩短点火至正常供汽的时间。

(3)水循环故障。

改善锅炉水循环，是保证锅炉安全、经济运行的关键之一。当锅炉结构不合理或运行不当时，就容易出现汽水分层、循环停滞、循环倒流和下降管带汽等故障。

汽水分层：当锅炉的水冷壁管水平或接近水平布置时，管中流动的汽水混合物流速不高时，因蒸汽比水轻，汽泡就要上浮集聚，蒸汽在管子的上部流动，水在管子下部流动，使蒸汽和水在管子内分层流动。由于蒸汽的导热性能差，管子上部很容易过热烧坏。因此，汽水混合物的上升管或引出管不能水平布置，而且倾斜度一般不应小于15°。

循环停滞：由于结构原因造成锅炉局部受热面管子供水不足，或者在同一循环回路中，当并联的各上升管受热不均匀时，受热弱的管中汽水混合物的密度必然大于受热强的管中汽水混合物的密度，在下降管供水有限的情况下，受热弱的管内可能流速降低，甚至处于停止不动的状态，这种现象称为循环停滞。这时，上升管内的蒸汽如果不能及时被携带走，就可能造成管壁过热爆管事故。因此，锅炉的结构应尽量使每根管子受热均匀，使下降管向水冷壁管的配水均匀，以保证水循环正常可靠。

循环倒流：当并联的各上升管受热严重不均匀时，受热最强的管中汽水混合物上升力强，流速过大而产生抽吸作用，致使受热最弱的管中汽水混合物朝着与正常循环方向相反的方向流动，这种现象称为循环倒流。如当汽泡的上升速度与水的向下流动速度相等时，便会造成汽泡停滞，形成"汽塞"，造成汽塞管段过热爆管。

下降管带汽：锅炉在正常运行时，下降管中是不允许有蒸汽的，否则，水要向下流，汽要向上浮，两者互相顶撞，既增加了流动阻力，又减少了循环水量，严重时还会形成汽塞，使水循环停止，造成水冷壁管普遍缺水而烧坏。为此，下降管不易受热，最好将下降管设置在上锅筒的底部，并保证下降管入口与锅筒最低水位间的高度不小于下降管直径的4倍，以免由于炉水进入下降管时产生抽力，将蒸汽带入管内。

任务1.2　锅炉的结构

学习任务

(1)学习锅炉的发展概况。

(2)学习锅炉的各种受热面的作用及结构。

(3)学习锅炉的通风。

(4)学习锅炉的除灰和除尘运行操作。

学习目标

(1)熟悉锅炉的发展概况。

(2)掌握锅炉的各种受热面的作用及结构。

(3)掌握锅炉的通风设备。

(4)小组合作完成锅炉除灰和除尘的运行操作。

学习内容

锅炉的结构，是根据所给定的蒸发量或供热量、工作压力、蒸汽温度或额定进出口水温、燃料性质和燃烧方式等，并遵循《锅炉安全技术监察规程》(TSG G0001—2012)和强度计算标准等有关规定确定的。一台合格的锅炉，不论属于哪种形式，都应满足"安全运行、节约能源、消烟除尘、保产保温"的总要求。

一、锅炉发展概况

锅炉的出现和发展已有200多年的历史，在18世纪就出现了圆筒锅炉。由于生产力的不断发展，要求增大锅炉的容量和参数，于是在圆筒锅炉的基础上，从加大锅炉受热面和提高经济性等方面着手，对圆筒锅炉进行了一系列改造，使它向着两方面发展：火管锅炉和水管锅炉。

第一个发展方向，是设法在锅筒内部增加受热面。最初在锅筒内加装一个火管(或称火筒)，即单火管锅炉，俗称"科尼茨"锅炉，燃料在火管内燃烧；以后增加为两个火管，即双火管锅炉，俗称"兰开夏"锅炉。为了进一步增加受热面，后来又发展用小直径的烟管代替火管，形成了烟管锅炉和火管、烟管组合锅炉，并把烟管锅炉的燃烧室由锅炉内部移到了锅炉的外部，这类锅炉通称为火管锅炉。

火管锅炉的工作特点是：高温烟气在火管或烟管中流动冲刷，低温工质——水在火筒或烟管外吸热和蒸发。其优点是结构简单、维修方便、水容积大、能适应负荷的变化和对水质要求低等。但是，火管锅炉的炉膛矮小，四周又被作为辐射受热面的筒壁所包围，因此炉温低，燃烧条件差，不能燃用劣质煤。而且烟气是纵向冲刷壁面，传热效果差，排烟温度高，所以这种锅炉的热效率较低。此外，火管锅炉还有容量小、气压低、钢材耗量大和烟管内容易积炭等缺陷。

到了19世纪，锅炉开始向另一个方向发展，即在锅炉的外部增加受热面，这就形成了一系列的水管锅炉。水管锅炉的工作特点是汽、水在管内流动吸热，烟气在管外作横向冲刷流动放出热量。与火管锅炉相比，水管锅炉在燃烧条件、传热效果和受热面增大等方面，都从根本上得到了改善；而且提高了锅炉的蒸发量，金属耗量大为下降。因此，水管锅炉的出现给锅炉的发展带来了一次飞跃。

水管锅炉可以分为横水管和竖水管两种类型。最早出现的是整联箱横水管锅炉，由于整联箱太大，具有弹性差、强度不够等特点，于是就逐渐改进为波浪形分联箱锅炉，俗称"拔柏葛"锅炉。为了便于更换水管和清除水垢，联箱上开了很多手孔，这就增加了制造的困难，联箱的金属耗量也增大，同时横水管的水循环较差，易出故障，因此这种锅炉已很少生产，从而开始研究竖水管锅炉。

竖水管锅炉开始采用的是直水管，后来发现弯水管相比直水管不仅富有弹性，而且布置也方便，于是就出现了多锅筒(3～6个)弯水管锅炉。以后随着传热学理论的发展，对炉膛内传热规律有了进一步的了解，认识到炉膛内辐射受热面的吸热比对流受热面要强得多，所以锅炉向着减少对流受热面、增大辐射受热面的方向发展。锅筒数目逐渐减少，演变成双锅筒、单锅筒锅炉，以至发展到现代的无锅筒锅炉——直流锅炉，这不仅节约了钢材，也简化了制造工艺。与此同时，蒸汽过热器、省煤器及空气预热器等辅助受热面逐渐被采用，使锅炉设备更加完善。

总之，锅炉的发展史就是为了增加蒸发量、提高蒸汽参数、减少耗煤、节省钢材和改进工艺过程的历史。锅炉的发展过程见图1-6。

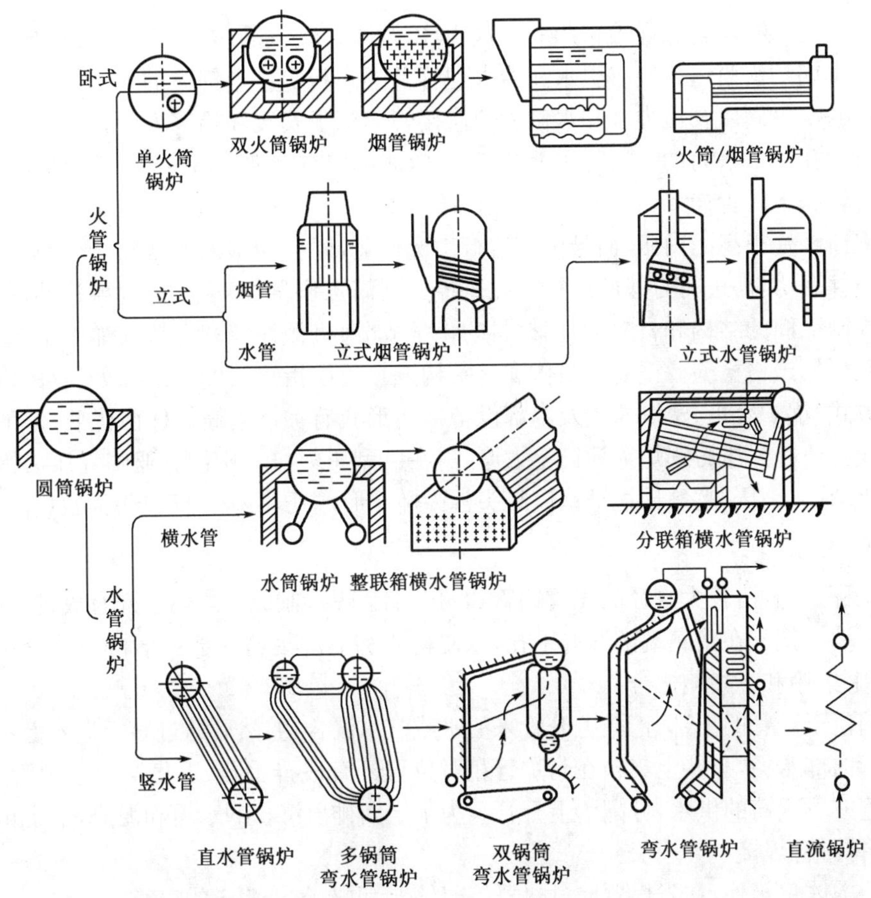

图1-6　锅炉的发展过程简图

二、锅炉受热面

工质在锅炉中的吸热是通过布置在锅炉里的各种受热面来完成的。由于受热面所处的烟温区域不同,它们所起的作用也不同。工质进入锅炉后从给水被加热、蒸发,直至额定参数的过热蒸汽从锅炉送出,经历了三种不同的加热状态。锅炉的受热面根据工质所处的热力学状态不同分为加热受热面、蒸发受热面和过热受热面。

(一)锅筒和集箱

1.锅筒

锅筒是自然循环和强制循环锅炉中,接受省煤器来的给水、连接循环回路,并向过热器输送饱和蒸汽的圆筒形容器。锅筒是锅炉中最重要的且价格昂贵的厚壁承压部件。锅筒的主要作用有:(1)锅筒是工质加热、蒸发、过热三过程的连接枢纽,保证锅炉正常的水循环;(2)锅筒内部有汽水分离装置和连续排污装置,在锅炉运行中排除锅水中的盐水和泥渣,保证锅炉蒸汽品质;(3)锅筒容积大,蓄水多,具有一定蓄热能力,在锅炉负荷变动时有一定的缓冲能力;(4)锅筒上有压力表、水位计、事故放水阀、安全阀等设备,保证锅炉安全运行。

在水管锅炉上，通常上面有一个锅筒，也称为汽包或汽鼓；下面有时有1～2个锅筒，有的也称为水鼓或泥鼓。

上锅筒的内部有均匀分配给水用的配水槽，以及改善蒸汽品质用的汽水分离器和连续排污装置。热水锅炉锅筒内部装有引水和给水配管及隔水板等。上锅筒的外部装有主汽阀、副汽阀、安全阀、空气阀以及压力表和水位表的连接管。为了安装和检修方便，在上锅筒的封头或顶部开有人孔。下锅筒的一端封头上开有人孔，底部装有定期排污装置。在上、下锅筒之间用许多上升管和下降管连接，整个部件呈弹性结构。

由于锅筒承受很高的内压，而且由于运行工况变化，还会随壁温的波动产生热应力，因而锅筒工作条件恶劣，需进行有效的运行工况监控。锅筒工作条件复杂，出现事故的后果严重，必须严格控制锅筒的结构和材料，所用材料的化学成分、机械性能和焊接与加工工艺质量，必须经过一系列的严格检验。锅筒由筒体和封头构成。筒体指锅筒的圆筒部分，它的内径和长度与循环方式、锅炉容量、蒸汽参数及内部设备结构形式有关。锅筒筒体由优质、厚的锅炉钢板卷制而成。亚临界压力锅炉锅筒筒壁太厚，需在巨型压力机上压制。亚临界压力锅炉锅筒封头常为半球形，高压、超高压锅炉锅筒封头常为椭球形，中压锅炉锅筒封头为较扁的椭球形。

2. 集箱

集箱也称联箱，由较大直径的无缝钢管和两个端盖焊接制成。集箱上开有成排管孔，用于与炉管的一端焊接。在集箱端部开有手孔，以便检验和清洗集箱内部。集箱按其所在位置不同，通常有上集箱和下集箱之分。

上集箱位于炉管的上部，汇集上升管来的水或汽水混合物，然后通过导管引入上锅筒。为了清扫炉管内部水垢，有些上集箱在与炉管相对位置开有成排手孔；下集箱位于炉管的下部，接受下降管或下锅筒的供水，分配给上升管。为了定期排出沉积的水垢和泥渣，下集箱底部有开孔，并与排污管焊接。

除锅炉本体集箱外，在省煤器和过热器等部件上，也有各自相应的集箱。

（二）锅炉水冷壁

1. 水冷壁的作用

锅炉的水冷壁是布置在炉膛四周、紧贴着炉墙连续排列、基本上呈立式布置，管内流动介质一般为水或汽水两相混合物的受热面。若锅炉为蒸汽锅炉，水冷壁主要为蒸发受热面；若锅炉为热水锅炉或超临界压力锅炉，则水冷壁主要为加热受热面。

水冷壁的上部与锅炉上锅筒直接连接，或先经过上集箱再与上锅筒连接。上锅筒内的炉水，经过下降管流入下锅筒及下集箱，然后经过水冷壁吸收热量，逐渐形成汽水混合物，再回到上集箱，进入上锅筒。

在自然循环锅炉炉膛内，如果管内工质向上流动，水冷壁也称上升管。水冷壁的基本作用为：(1)吸收炉膛内火焰的辐射热量。由于炉膛内火焰温度较高，且烟气流速很低，因此这种吸热主要通过辐射方式来进行，在炉膛出口处将烟气的温度冷却到足够低的程度。(2)保护炉墙。由于水冷壁的存在，使得火焰只能部分接触或完全不接触炉墙，从而起到保护炉墙的作用。(3)水冷壁还能起到悬吊炉墙、防止炉墙结渣等作用。

2. 水冷壁的类型

水冷壁的类型主要有光管式水冷壁、模式水冷壁、销钉式水冷壁和内螺纹管水冷壁四种。

(1)光管式水冷壁是通过锅筒及集箱连接起来的一排布置在炉墙内侧的光管受热面。光管式水冷壁是由内外壁均光滑的普通无缝钢管弯制而成,如图 1-7(a)所示,一般是贴近燃烧室炉墙内壁、互相平行地垂直布置,上端与锅筒或上集箱相连,下端与下集箱相连。

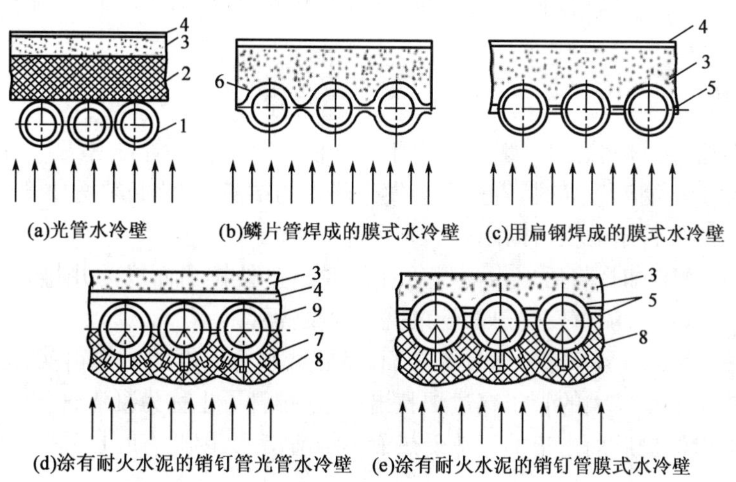

图 1-7　水冷壁结构图

1—管子;2—耐火层;3—绝热层;4—护板;5—扁钢;6—鳞片管;7—特制销钉;8—耐火水泥;9—耐火材料

光管式水冷壁外边是炉墙,紧靠光管式水冷壁是一层耐火层、一层绝热层(保温层)和护板。光管式水冷壁布置时,紧靠第一层是耐火层,或者为了减轻炉墙重量,将水冷壁的一半埋在炉墙中,这种炉墙称为敷管式炉墙。这种炉墙的主要优点是炉墙温度较低,炉墙可以减薄,安装方便、节省材料,能够减轻锅炉的重量。

光管式水冷壁具有制造、安装简单等优点。它的缺点是保护炉墙的作用小,炉膛漏风严重。由于焊接工艺的限制,以前普遍采用光管式水冷壁,现代只有小型锅炉由于受制造成本的限制,采用光管式水冷壁,大部分锅炉采用膜式水冷壁。

(2)膜式水冷壁就是各光管之间用鳞片或扁钢(厚度 5～6mm)焊接成的一组管屏。有两种形式,一种是光管之间焊扁钢形成的膜式水冷壁,另一种是由轧制成型的鳞片管焊成的水冷壁,分别如图 1-7(b)和图 1-7(c)所示。

膜式水冷壁对炉墙保护好,炉墙的重量、厚度大为减少。膜式水冷壁的炉墙只需要保温材料,不用耐火材料,因而可采用轻型炉墙;同时,膜式水冷壁的金属耗量增加不多。此外,膜式水冷壁的气密性好,大大减少了炉膛漏风,甚至可采用微正压燃烧,提高了锅炉热效率。由于膜式水冷壁蓄热能力小,炉膛燃烧室升温快,冷却也快,可缩短启炉和停炉时间。

采用膜式水冷壁由于有以上显著的优点,因而得到广泛应用。现代大型锅炉几乎全部采用膜式水冷壁。膜式水冷壁也有缺点,主要是制造工艺比较复杂,设计时必须考虑到它的这一特点。

(3)销钉式水冷壁:对于燃烧低挥发分煤的炉膛,为保持燃烧区火焰的高温,以利于低挥发分煤粉的着火,往往在燃烧器布置区域的炉墙上敷设一定数量的保温卫燃带。卫燃带一般采用在水冷壁管子上焊以销钉并敷以铬矿砂等耐火材料构成,如图 1-7(d)和图 1-7(e)所示。销钉的作用是使铬矿砂材料与水冷壁牢固地连接在一起,使之不易脱落,又可将铬矿砂表面的热量部分传递给水冷壁内的工质,避免温度过高而烧毁。

(4)内螺纹管水冷壁:对于亚临界压力自然循环和控制循环锅炉,为了防止膜态沸腾过早产生,推迟汽水混合物传递的恶化,在炉内布置燃烧器的高负荷区域,多采用螺纹管替代内壁光滑的光管制造水冷壁。这种管子可降低管子的壁面温度,又可推迟两相流体传热的恶化。超临界和超超临界压力锅炉的下辐射区,也多采用内螺纹管制造水冷壁,以强化流体与壁面的传热。

(三)凝渣管

后墙水冷壁管穿过炉膛出口烟道时,由于管子横向节距较小管排密集,当锅炉燃用煤等固体燃料并且炉膛出口烟温较高时,管排上会发生严重的结渣,为此必须增加管子的横向节距以避免烟道堵塞。加大管子的横向间距办法有两种:

(1)当 $p<9.8$MPa 时,将后墙水冷壁管在炉膛出口处拉稀而成为几排管子,此时管束仍为蒸发受热面,这样的对流蒸发受热面管束就称为凝渣管束。

(2)当 $p\geq9.8$MPa 时,不需要蒸发受热面,将后墙水冷壁管的上集箱就布置在折焰角处,然后通过一排较粗节距较大的管子穿过炉膛出口,这排管子也称为凝渣管。

凝渣管束可以保护后面密集的过热受热面不结渣堵塞,因此有时也称为防渣管束。

(四)锅炉管束

对于低压锅炉,由于蒸发吸热量较大,仅布置水冷壁还不足以满足需要,还要布置对流蒸发受热面,也就是锅炉管束。典型的锅炉管束见图 1-8。

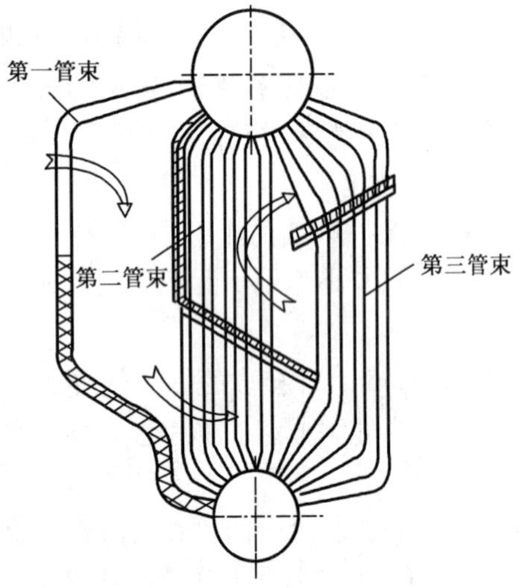

图 1-8　锅炉管束的布置

锅炉管束又称对流管束。锅炉管束就是布置在上、下锅筒之间的密集管束,一般用直径 38~51mm 的锅炉钢管组成。管束与锅筒可以是胀接,也可以是焊接。管内的水及汽水混合物自然循环流动,受热强的管子为上升管,受热弱的管子为下降管。为了充分吸收烟气热量,通常在管束中用耐火砖或铸铁板把烟道隔成几个流程,同时各流程的烟气流通截面随烟气温度降低而逐渐缩小,以保持足够高的烟气流速。有时为了防止烟气从炉膛流入管束时结渣而堵塞烟气通道,把入口处几排管子的节距加大。

烟气冲刷管束一般有横向冲刷和纵向冲刷两种形式。当横向冲刷时,烟气流动方向与管束垂直,其传热效果优于纵向冲刷形式。同时横向冲刷时,管子错排(叉排)的传热效果也优于纵向冲刷形式。但伴随着传热效果的提高,烟气流动阻力也相应加大。锅炉管束中的管子较多,若管束中间某根管子损坏(通常多是因腐蚀而损坏),修理十分困难,只能在锅筒中把管子两头堵住焊起来,这也是这种结构的一大缺点。

事实上,在低压小容量锅炉中,除水冷壁和凝渣管外,其他用于加热或蒸发的受热面都可称为锅炉管束或对流管束。

(五)蒸汽过热器

蒸汽过热器(简称过热器)是把锅筒中所产生的饱和蒸汽在压力不变的条件下再加热到具

有一定温度的过热蒸汽，以满足生产工艺需要的换热设备。

电站锅炉产生的蒸汽是用来带动热机的，对蒸汽参数要求高，过热器是必须有的，它的作用除了将饱和蒸汽加热到具有一定过热度的合格蒸汽外，还要求在锅炉变工况运行时，保证过热蒸汽温度在允许范围内变动。对于工业锅炉，有无过热器取决于生产工艺是否需要；对于生活采暖锅炉则一般不装过热器。

1. 过热器分类

过热器由蛇形无缝钢管及进、出口集箱组成。饱和蒸汽经过锅筒，引入过热器进口集箱，而后分配经过并联的蛇形管受热升温至一定值，再汇集于出口集箱，并由主蒸汽管送出。过热器依据受热面的放置情况、传热方式及烟气与蒸汽的流向来分类。

(1)按过热器的放置形式不同，蒸汽过热器可分为垂直式和水平式两种。国内目前采用垂直式布置的较多，它的结构简单，吊挂方便，积灰挂渣较少，但不易排出积水，容易积垢影响传热，在停炉时过热器内有积水容易引起管内壁的腐蚀。水平式过热器流水方便，不易积垢，但容易积灰，在锅炉高负荷情况下，烟气温度和流速较高时，支架容易被烧坏。

(2)按传热方式不同，蒸汽过热器可分为对流式、辐射式和半辐射式三种形式过热器。

对流式过热器是指布置在对流烟道内，主要吸收烟气对流放热的过热器，全靠烟气的流动冲刷对流式过热器管而获得热量。

辐射式过热器是指布置在炉内壁上直接吸收炉膛辐射热的过热器，它主要靠高温辐射获得热量。辐射式过热器有多种布置方式，若辐射式过热器布置在炉膛内壁上，称为墙式过热器，结构与水冷壁相似；若辐射式过热器布置在炉顶，称为顶棚过热器；若辐射式过热器布置在尾部竖井的内壁上，称为包裹过热器；若辐射式过热器悬挂在炉膛上部，称为前屏过热器。

半辐射式过热器是指布置在炉膛上部或炉膛出口烟窗处，既吸收炉膛内的直接辐射热又吸收烟气的对流放热的过热器，通常又称为屏式过热器。过热器布置在炉膛前上方称前屏，布置在炉膛后上方称后屏。布置在炉膛整个上方的屏称大屏。

辐射式和半辐射式过热器多用于高参数、大容量的锅炉上。

(3)对流式过热器按照烟气与蒸汽的相互流动方向不同，可将过热器管及连接系统布置成逆流式、顺流式、双逆流式和混流式等多种形式。纯逆流式，温差大，节省金属，但管子壁温高，故高温过热器常采用混流布置。

对于逆流布置的过热器，蒸汽温度高的那一段处于烟气高温区，金属壁温高；但由于平均传热温差大，受热面可小些，比较经济，该布置方式常用于过热器的低温级(进口级)。对于顺流布置的过热器，蒸汽温度高的那一段处于烟气低温区，金属壁温较低，安全性好；但由于平均传热温差最小，需要较大的受热面，金属耗量大，不经济。所以，顺流布置方式多用于蒸汽温度较高的高温级(最末级)。对于混流布置的过热器，低温段为逆流布置，高温段为顺流布置，低温段具有较大的平均传热温差，高温段管壁温度也不致过高，混流布置方式广泛用于中压锅炉。高压和超高压锅炉过热器的最后一级也常采用混流式布置方式。

过热器在布置时，为了防止过热器管壁烧坏，不应布置在烟温很高的区段(如炉膛内)，但要考虑到保持合理的传温差，所以工业锅炉的蒸汽过热器一般布置在烟温为800～900℃的烟道中。这种布置的过热器是以对流的方式进行热量交换的，也称为对流式过热器。

2. 过热器基本结构

图1-9为过热器的基本结构。

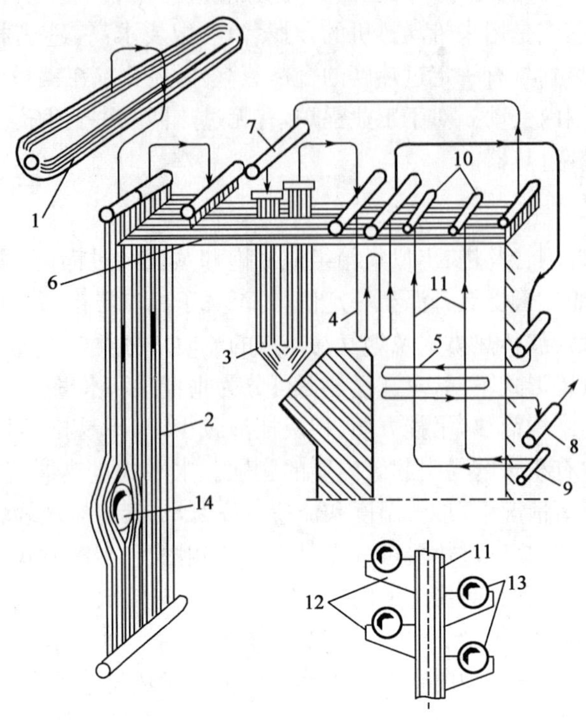

图 1-9　过热器的基本结构

1—锅筒；2—二行程在炉膛上的辐射式过热器；3—炉膛出口处屏式过热器；4—立式对流过热器；5—卧式对流过热器；6—顶棚过热器；7—喷水减温器；8—过热蒸汽出口集箱；9—悬吊管进口集箱；10—悬吊管出口集箱；11—过热器悬吊管；12—支撑搁条；13—水平过热器蛇形管；14—燃烧器

过热器系统的布置，应能满足蒸汽参数的要求，并且具有灵活地调温手段，还应保证运行中管壁不超温和具有较高经济性等，其复杂性与锅炉参数有关。当蒸汽参数（特别是蒸汽压力）提高时，水的加热热量增大，汽化热减小，水蒸气的过热热量增大，使锅炉受热面的布置也相应发生变化。

中压锅炉一般容量不大，炉膛的辐射传热基本上与蒸发所需的热量相当，需要的过热器少，因此，一般只采用直接布置于锅炉凝渣管后面（沿烟气流向）的对流式过热器，系统比较简单，主要考虑顺流、逆流的合理布置，以保证管壁的安全和尽量节省金属用量。

高压以上的锅炉，由于水的汽化热减少，需要的蒸发受热面少，为了防止结渣，限制炉膛出口烟温，则需要将部分过热器移到炉膛内部，即采用辐射、对流组合式过热器系统。

辐射式过热器由于热负荷较高，应作为低温过热器。对于国产高压以上锅炉的过热器系统都采用了串联混合流组合方式，其基本组合模式为“顶棚过热器、包覆过热器、低温对流过热器、半辐射过热器、高温对流过热器”。这种组合模式的特点是既能获得比较平稳的气温特性，又能保证有较大的传热温差，还能节省过热器受热面积。

过热器的分级或分段，应以减少热偏差为原则，每级焓增不宜过大。各级或各段间的蒸汽温度的选取应考虑钢材的性能。过热蒸汽的减温器一般设置在两级或两段之间。因此，过热器的分级或分段，还应考虑汽温调节的反应速度问题。减温器以后（沿蒸汽流程）的过热器段（出口段）的受热面越少，工质焓增越小，则汽温调节的反应越快。

总之，一般中压锅炉只有对流式过热器，而高压及高压以上的大型锅炉，其过热器则包括两种或三种换热方式的联合过热器。联合过热器的汽温特性较好，当锅炉负荷变化时，汽温变化较为平稳。

3. 过热器的附件

垂直式过热器的出口和水平式过热气的进口应有疏水阀。过热器出口的联箱上应装有安全阀。开炉时为使过热器得到应有的冷却，出口联箱上应装放气阀。过热器出口联箱上还应装有压力表和温度计，进口联箱上也应装温度计。

(六)省煤器

省煤器是利用锅炉尾部烟气的余热，来预热锅炉给水的换热设备，也称为尾部受热面或低温受热面。

1. 省煤器的主要作用

第一，吸收低温烟气的热量以降低排烟温度，提高锅炉热效率，节省燃料；第二，锅炉给水在进入蒸发面之前，先在省煤器内加热，减少了水在蒸发面内的吸热量，充当部分加热受热面或蒸发受热面的作用；第三，在锅筒锅炉中提高了进入上锅筒的给水温度，减少了给水与锅筒壁之间的温差，从而使锅筒热应力降低。

由于进入省煤器的给水温度比较低，它与管外烟气之间的平均温差大。同时，省煤器中的水是靠水泵强制流动，自上而下与烟气呈逆向接触。所以省煤器的传热系数较大。由于传热系数和温差的提高，当降低数值相同的尾部排烟温度时，省煤器所用的受热面仅约为锅炉对流受热面(或称蒸发受热面)的一半，而且省煤器受热面的价格也较低廉。因此，装设省煤器不仅可以减少排烟热损失，提高锅炉效率，节约燃料，还可以使锅炉结构更加紧凑，节省优质钢材和降低制造成本，故省煤器在锅炉中被广泛采用。

需要注意，安装省煤器后，使烟气阻力加大，引风机的功率也要相应加大，同时随着温差的减小，省煤器效果逐渐降低。因此，省煤器受热面的增加，一定要控制在合理的范围；此外，烟气流经省煤器的温度应控制在露点温度以上，以免省煤器外壁凝结水珠，并与烟气中的硫化物结合成硫酸，使管壁腐蚀。

2. 省煤器的种类

省煤器按制造材料的不同，可分为铸铁式省煤器和钢管式省煤器两种；按给水预热程度的不同，分为沸腾式和非沸腾式两种。在工业锅炉中，所采用的多数为铸铁省煤器，它由一根根顺序排列的外侧带有方形鳞片的铸铁管，通过180°弯管串接而成，如图1－10(a)和图1－10(b)所示。

因为铸铁较脆，受冲击能力差，因此铸铁式省煤器只能用作非沸腾式的，其出口温度规定至少低于相应压力下的饱和温度30℃以上。铸铁式省煤器的主要优点是耐磨，耐腐蚀和容易清洗。缺点是比较笨重，容易堵灰和连接法兰易漏水。

钢管式省煤器由并列的蛇形管组成，即可作为沸腾式，又可作为非沸腾式。其优点是强度高，能承受冲击，工作可靠，传热性能好，重量轻，价格低廉；缺点是耐腐蚀性差。由于它的压力不受限制，在高、中压及中等容量以上的锅炉中普遍采用。

铸铁式省煤器已经系列化，设计时可按有关手册使用。

对于含灰量高的劣质燃料，省煤器受热面设计应该采用适当的防磨措施，才能有效地解决磨损问题，这除了在省煤器受热面设计中采用大直径的厚壁管和管束作顺序布置外，主要是针对容易引起磨损的部位，装设各种形式的防磨装置。

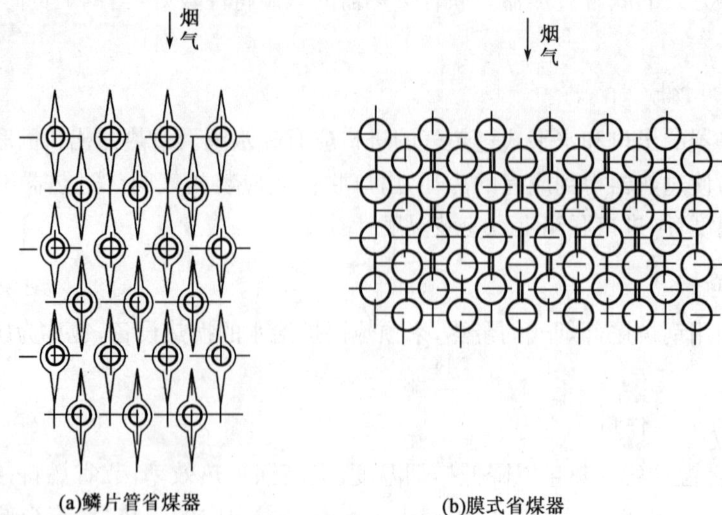

图 1-10　省煤器

3. 省煤器的启动保护

在自然循环和强制循环锅炉中，省煤器在启动时，常常是间断给水。当停止给水时，省煤器中的水处于不流动状态，这时由于高温烟气仍流经省煤器不断地进行加热，就会使部分水汽化，生成的蒸汽就会附着在管壁上或集结在省煤器上段，造成管壁超温烧坏，为了避免水汽化，防止省煤器管过热损坏，省煤器在锅炉启动时应进行保护。

(1)设置旁路烟道对省煤器进行保护，如图 1-11 所示。当锅炉启炉与停炉时，关闭烟道内的挡板，开启旁路烟道挡板，锅炉启炉与停炉时高温烟气流过旁通烟道而不流经省煤器。当省煤器发生故障时，为了不停炉，也使用旁路烟道。

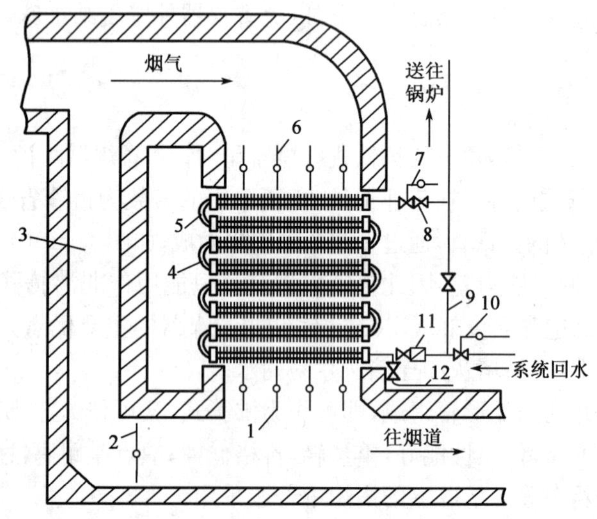

图 1-11　铸铁式省煤器的连接系统

1—烟气挡板；2—旁通烟道挡板；3—旁通烟道；4—铸铁肋片管；5—连接弯头；6—烟道挡板；7—安全阀；8—截止阀；9—旁通阀；10—安全阀；11—截止阀；12—疏水阀

如果没有旁路烟道，还可以采用在省煤器入口的给水管上，装设给水截止阀和给水止回阀。在省煤器与锅筒下部或水冷壁供水包之间装设不受热的再循环管，如图 1－12 所示。借助于再循环管与省煤器中工质的密度差，使省煤器中的水不断循环流动，管壁也因不断得到冷却而不被烧坏。正常循环时，应关闭省煤器再循环阀，避免给水由再循环管短路进入锅筒，导致省煤器缺水而烧坏，同时大量给水冲入锅筒，还会引起水面波动，使蒸汽品质恶化。

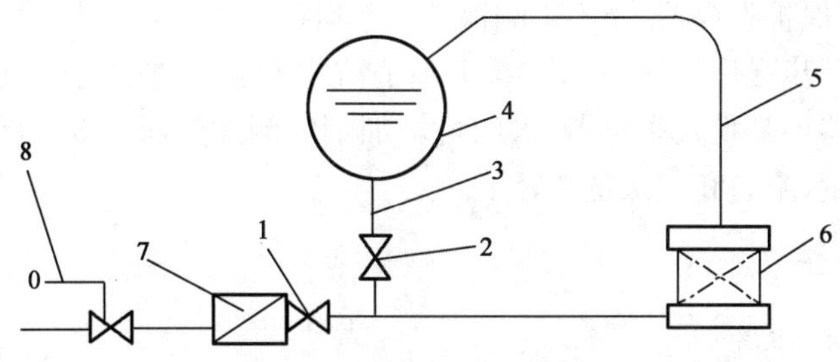

图 1－12　省煤器再循环管

1—给水阀；2—再循环阀；3—再循环管；4—锅筒；5—省煤器出水管；
6—省煤器；7—逆止阀；8—自动调节阀

具体操作是：在锅炉升火时，阀门 1 是关闭的，因此省煤器中的水不流动，很容易发生汽化，烧坏省煤器。这时开启阀门 2，使省煤器与锅筒之间形成循环回路，省煤器中产生的蒸汽即随锅水循环进入锅炉，保护省煤器不被烧坏。锅炉正常运行时，阀门 1 开启，阀门 2 关闭，给水连续不断地流经省煤器进入锅炉。

用再循环管保护省煤器所存在的问题是循环压头低，不易建立良好的流动工况。因此，有的锅炉在省煤器出口与除氧器或疏水箱之间装有一根带阀门的再循环管，如图 1－13 所示。当锅筒不进水时，用阀门切换，使流经省煤器的水回到除氧器或疏水箱。这样，在整个启动过程中可保持省煤器不断进水，以达到启动过程中保护省煤器的目的。

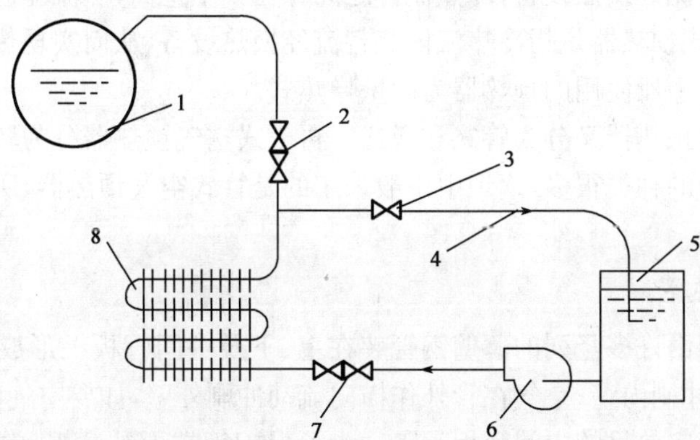

图 1－13　省煤器循环管

1—锅筒；2—给水逆止阀；3—给水截止阀；4—循环管；5—给水箱；
6—给水泵；7—给水逆止阀；8—铸铁省煤器

具体操作是：在锅炉升火时，关闭阀门 2，开启阀门 3 和 7，使省煤器 8 与给水箱 5 之间形成循环回路，省煤器中吸收的热量随着给水的循环进入水箱，省煤器不会被烧坏。锅炉正常运行时，开启阀门 2，关闭阀门 1，给水连续不断地流经省煤器进入锅筒。

(2)在省煤器的入口和通向锅筒的给水管上，都应分别装设给水截止阀和给水逆止阀。

(3)为了保证和监督铸铁式省煤器的安全运行，在其进、出口的管路上安装各种仪表附件。进口装安全阀是为了避免给水管水击，出口装安全阀是为了汽化、超压时泄压。出口安装放气阀，用于启动时排除空气。

(4)省煤器发生故障停止运行时，设置旁路水管和回水管(图1-11)，给水就经旁路水管直接进入锅炉，保证锅炉继续运行。当旁路烟道发生故障，锅炉又不需要进水时，给水就经回水管道流回水箱，既保护省煤器，又不影响锅炉正常运行。

近几年为了进一步强化传热，采用了鳞片管省煤器和膜式省煤器，并取得了一定的效果。无论是鳞片管省煤器还是膜式省煤器，大约可增加烟气侧受热面积30%左右，从而降低了单位蒸发量的金属耗量，阻力和积灰也减轻了。

(七)空气预热器

1. 空气预热器的作用

空气预热器一般都布置在省煤器之后，是利用锅炉尾部烟气的余热来加热燃烧所需空气的热交换设备。进入燃烧室的空气，在空气预热器中吸收烟气的余热，温度得到了提高。从而改善了炉内燃料的着火和燃烧条件，使炉温提高，增强炉内的辐射换热。另一方面，空气预热器也同省煤器一样，是一种有效降低排烟温度的换热设备，所以设置空气预热器，会使锅炉的热效率得到提高。空气预热器作用有：降低锅炉排烟温度，提高了锅炉热效率；改善了锅炉燃料的着火条件和燃烧过程，降低了燃料不完全燃烧热损失，进一步提高锅炉热效率；热空气进入炉膛，提高了理论燃烧温度并强化炉膛的辐射传热，进一步提高锅炉热效率；热空气作为煤粉锅炉制粉系统的干燥剂和输粉介质。因此，空气预热器是现代锅炉的一个重要组成部分。

2. 空气预热器的分类

空气预热器按工作原理不同可分为间壁导热式和再生式(回热式)两种。间壁导热式预热器是指冷热流体同时流经换热设备，冷热流体之间存在一个壁面，热流体通过中间壁面把热量传递给冷流体；再生式预热器是指冷热流体交替流经换热设备，从而实现热流体把热量传递给冷流体的目的。锅炉中所使用的预热器为间壁导热式。

间壁导热式空气预热器又分为管式和板式。再生式空气预热器分为转子转和风罩转等型式。虽然空气预热器的种类很多，锅炉中一般采用的是管式空气预热器，所以这里只介绍管式空气预热器。

3. 管式空气预热器

管式空气预热器由许多竖列的薄壁钢管装在上、下及中间管板上形成管箱。烟气在管内由上向下流动，纵向冲刷内壁；空气在管外作横向流动冲刷外壁，如要空气作多次交叉流动时，可在管箱中间安装相应数目的中间管板间隔。为了保护管端不被磨损，常在管端头内加保护管套。烟气自上而下流经空气预热器后，进入除尘器，然后由引风机引至烟囱排出；空气由鼓风机送入空气预热器的下侧，再由下回转向上，不断吸收烟气中的热量后，从空气预热器上侧流出，送入进入炉膛供给燃烧。

最常用的管式空气预热器有立式(图1-14)和卧式两种。立式空气预热器是烟气在管内由上向下流动，纵向冲刷内壁，空气在管外作横向流动冲刷外壁，常用于燃煤锅炉。卧式空气预热器是烟气管外作横向冲刷管子，空气在管内纵向流动，常用于燃油锅炉。总之，烟气、空气作相互垂直的逆向流动。

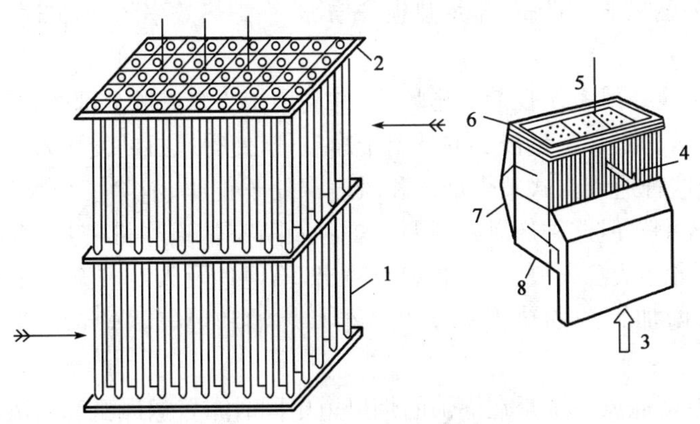

图 1-14　管式空气预热器结构示意图

1—烟管管束；2—管板；3—冷空气入口；4—热空气出口；5—烟气入口；6—膨胀节；7—空气连通罩；8—烟气出口

管式空气预热器优点是无转动部件，结构简单，制造、安装方便，工作可靠，维修工作量少，严密性好。缺点是体积很大，钢材消耗多，漏风量随着预热器管的低温腐蚀和磨损穿孔而迅速增加。目前我国容量在 670t/h 及以下的锅炉采用管式空气预热器的较多。此外，由于管式空气预热器具有漏风量小的优点，在循环流化床锅炉上被广泛应用。

空气预热器一般布置在省煤器之后，处于烟温的最低区域，在燃用含硫多的燃料时，空气预热器的腐蚀比较严重。

总之，蒸汽过热器、省煤器和空气预热器，对于大、中型锅炉，这些受热面已是不可缺少的组成部分，而在锅炉中，是根据实际需要与可能性，以及运行上的经济性，设置一种或几种受热面。在锅炉中应用最为广泛的是省煤器。

三、通风设备

锅炉通风的任务是必须将燃料燃烧所需要的空气连续地送入炉膛，同时将燃烧产物（烟气）连续排出炉外，以保证燃料在炉内稳定燃烧，使锅炉受热面有良好的传热效果。这种连续送风和排除烟气的过程称为锅炉的通风过程。为了使锅炉性能指标达到设计要求，必须正确地选择通风设备。

（一）锅炉通风方式

锅炉中可采用的通风方式有自然通风与机械通风两种形式。

（1）自然通风仅依靠烟囱高度所产生的自生通风能力来克服通风过程的所有流动阻力。这种通风方式不需要送、引风机，不消耗电力，无噪声污染。但由于烟囱高度有限，自生通风能力有限，并且通风能力受季节、昼夜变化的影响，仅适应于固定炉排并且烟气流程短、简单的小型锅炉。现代锅炉普遍采用机械通风方式。

（2）机械通风依靠风机所产生的压头来克服锅炉通风过程的流动阻力，也称作强制通风。根据风机布置的位置和方式，机械通风又分为负压通风、正压通风和平衡通风三种。

①负压通风：负压通风系统仅在烟囱前的烟道中装设引风机来克服全部的通风引力。这种方式适应于对引风机不易造成磨损、通风阻力不大且密封性较好的小型锅炉，如小容量燃气或燃油锅炉。由于这种通风系统中，整个烟风道都处于负压状态，若用于容量较大、受热面复

杂的锅炉，会使锅炉漏风非常严重，排烟热损失增加，锅炉热效率降低，同时增加了引风机的运行电耗。

②正压通风：正压通风系统仅装设送风机，并利用压头来克服全部的通风阻力。这种通风方式由于送风机输送的是含灰量极少的低温干净空气，使得风机的使用寿命增加，运行和维修也比较方便。由于这种通风方式整个烟道和风道都处于正压，消除了炉膛和对流受热面的漏风，提高了锅炉热效率。但这种通风方式要求炉膛及所有烟道严格密封，否则如果密封不严，高温的火焰和烟气将会从看火口、炉门和炉墙喷出，不但危及人身安全，还会影响锅炉房的卫生环境，损坏设备，增加锅炉的热损失。很多小型燃油和燃气锅炉都普遍采用了这种通风方式。

③平衡通风：平衡通风系统是在锅炉的烟风道中同时布置送风机和引风机，利用送风机克服锅炉燃烧设备及风道系统的各种阻力，利用引风机克服全部烟气行程的阻力，并使炉膛出口处保持 20～30Pa 的负压。这种通风方式的特点是送风系统全部处于正压不大的状态（用热空气作干燥风的制粉系统除外），而锅炉全部烟道均处在合理的负压状态。因此整个烟风道的漏风量均较小，送风机、引风机的电功率较低。这样既能有效地调节送引风，满足燃烧需要，锅炉房的安全及卫生条件也较好。

（二）烟囱

锅炉通风方式中，小容量锅炉采用自然通风时，烟囱的作用是利用烟囱中热烟气与大气的低温空气之间的密度差产生的自生通风力来克服锅炉通风过程的阻力，以满足锅炉通风系统要求。

采用强制通风时，克服锅炉通风阻力则是依靠通风设备所产生的压头，烟囱的自生通风力有限，但也必须建造一定高度的烟囱。因此，强制通风时烟囱的作用不是产生足够的自生通风力，而是把烟气中的颗粒物和有害气体散逸到高空之中，通过大气的稀释扩散能力降低污染物的浓度，使锅炉房所在周边地区的环境处于允许的污染程度之下。

烟囱高度对扩散、稀释排放的污染物以及降低污染物的落地浓度起着重要的作用。地面污染物的最大浓度与烟囱有效高度的平方成反比。

（三）风机

当锅炉通风阻力较大、烟囱的抽力不足以克服时，则应装设风机来加强锅炉通风。锅炉的通风设备主要指送风机和引风机，有烟气再循环调节的锅炉还包括再循环风机。风机分为离心式和轴流式两类。在我国，锅炉主要使用离心式风机，其风压不高。当锅炉额定负荷的烟风道总压降和流量确定之后，即可计算风机的各种性能参数，从而选择风机型号。

引风机输送的烟气不仅温度高，且携带灰粒和腐蚀性介质，极易受到磨损和腐蚀，为了延长引风机的工作寿命，引风机叶片和机壳的钢板均较厚，其工作转数不宜高于 960r/min，叶片数目也不宜多，轴承需采用水来冷却，工作温度不能超过允许值。烟气再循环风机则输送温度更高的含尘烟气。送风机输送低温的洁净空气，其工作条件好，因此结构上无特殊要求，转数的选择通常高于引风机。

对于中、小容量的锅炉，只需配置送风机、引风机各 1 台，即一送一引式，一般无须备用。对于容量大于 130t/h 锅炉，则配置送风机、引风机各 2 台，每台风机的流量按锅炉容量的 60%～70%选取，即拥有一定的备用率。

风机的操作步骤与注意事项：

(1)启动之前应先检查风机，风机的防护设备要齐全，壳体内无杂物，入口挡板开关灵活，电气设备正常，地脚螺栓紧固，润滑油充足，冷却水管畅通等。

(2)用手盘车检查，主轴和叶轮应转动灵活，无杂音。

(3)关闭入口挡板，稍开出口挡板，用手指重复点动开、停按钮，观察风机叶轮转动方向应与要求相符。

(4)稍开入口挡板，启动风机。此时要注意电流表的指针迅速跳到最高值，但5～10s后又退回到空载电流值。如果指针不能迅速退回，应立即停用，以免电动机过载损坏。如果重复启动时仍然如此，则应查明原因，待故障排除后再行启动。

(5)待风机转入正常运行，逐渐开大挡板，直至规定负荷为止。正常运行时应保持轴承箱内的油位在轴承位置的三分之二处，而且轴承温度不超过40℃。

四、锅炉的除渣除尘

(一)锅炉除渣

锅炉燃料燃烧后的灰渣，以及烟道和除尘器沉降与收集到的烟灰，必须定期清除，特别当锅炉燃烧劣质煤时，由于灰渣多，更应及时清除，以保持锅炉正常运行和锅炉房及附近的环境卫生，实现文明生产。

除渣的方法：人工除渣、机械除渣和水利除渣三种。

1. 人工除渣

人工除渣的主要工具是手推翻斗车。在放灰渣之前，要用水冷却赤热的灰渣，然后开启炉膛底部的灰渣门，灰渣依靠自重落入翻斗车，由人工推走。

为了保证操作人员的安全，炉膛灰渣门必须牢固可靠，翻斗车要有可靠的制动装置，通行路面平整，并有适当的照明，岔道处要有联络信号。

人工除渣劳动强度大，用水冷却灰渣时产生的大量烟气污染环境，影响操作工人身体健康。因此应通过技术改造，尽可能实现机械除渣。

2. 机械除渣

从出渣口排出的赤热灰渣落入半圆形的水封槽冷却，转动水封槽，可使灰渣在水封槽中通过刮灰器、转轮、推渣器、链条等机械，源源不断落入小车。

螺旋除渣机由齿差行星减速器、螺旋轴、螺旋筒体、螺旋片、渣斗和出渣机下轴承等组成。炉渣从炉排后部落入渣斗内，由螺旋片带到出渣口，旋入小车后被运走。螺旋除渣机运行时应注意以下事项：

(1)减速器和螺旋轴的不同心度要满足设计要求。

(2)要定时向减速器注入20号或30号机油。

(3)减速器壳体温度不应高于50℃，如温度过高应及时查找原因。

(4)螺旋体与螺旋片要有一定的间隙，防止螺旋筒体与螺旋片产生摩擦，如果已经产生摩擦，应及时修理。下轴承不能有颤动声响。

(5)避免让大渣块或其他杂质进入渣坑，防止出渣机被卡住。

(6)除渣机接口与炉排连接处应保证水封，防止大量冷空气进入，破坏正常燃烧。

3. 水力除渣

水力除渣是使从锅炉出来的灰渣落在灰渣沟内，用低压水通过喷嘴产生高速水流将灰渣送入灰渣池中，然后通过抓斗或其他方式将灰渣放入汽车中运走。灰渣池中的水通过沉淀、过滤、澄清后循环使用。

这种除渣方式安全可靠，劳动强度低，维修工作量少，节省人力。采用低压水力除渣时应注意：要有足够的水量，灰渣与冲渣水量之比(即灰水比)以1:20～1:30为宜。如水量有变化，应检查水泵的性能。水泵的压力一般要控制在0.3MPa左右。水泵进水口的位置最好在清水池的正常水位以下，以保证安全运行。否则，要加装底阀，使用时应灌满水，防止底阀泄漏。喷嘴应布置在灰渣流动时阻力最大的位置，并保证灰渣能不间断地被连续输送。一般在锅炉灰渣下落位置、弯头处以及在10～20m间隔的直线距离处都要装喷嘴，喷嘴的高度距沟底镶板面一般约300mm，不得少于150mm否则一旦被大的灰渣挡住会影响除尘效果。喷嘴应与沟底成10°～15°向下倾斜角；渣沟要尽可能直。有弯头时，其弯曲半径应大于2m。两条渣沟相交时应成锐角。渣沟坡度在2%～3%左右。渣池可分为灰渣池与清水池(亦称澄清池)，中间有过滤池。灰渣池内的灰渣应定期清除。要保证灰渣在池内有充分的沉淀时间。水力除渣所用水的品质会越来越恶化，对环境不利。对除渣水要进行加药处理。

(二)锅炉除尘

把粉尘从烟气中分离出来的设备称为除尘器或除尘设备。除尘器是锅炉及工业生产中常用的设施。

1.除尘器启动前的检查

(1)检查操作手柄、锁气器开关是否灵活可靠。检查每个法兰接口、密封垫是否完好。打开落灰斗、储尘池、储尘箱等进行检查，若有灰尘应及时清除。

(2)除尘器运行中，检查各法兰接口和锁气器处有无空气短路现象。

2.除尘器的操作

(1)除尘器停运前应做好除尘的准备工作。准备好除尘用工具，如车、水管等。

(2)除尘器停运后，打开除尘池、除尘箱的密封门，开启自来水阀门，用水浸泡灰除尘。

(3)灰尘浸泡后，清除灰尘，清完后打扫干净。

(4)灰尘彻底清除干净后，应将除尘池内放入半池水，为浸泡灰尘做准备。

(5)关好储尘池、储尘箱的门。否则空气从锁气器开关处进入除尘器，会将烟灰、粉尘带入大气，降低除尘效果。

3.除尘器的维护

密封性能的好坏决定除尘器的除尘效果，因此，除尘器密封性能及其他性能的维护，是除尘器日常维护的重点工作，为此要做到以下几点：

(1)每次保养维护周期，应对除尘器每个法兰口的密封进行彻底维护。

(2)对除尘器储尘池、储尘箱等易造成空气短路部位进行清扫维护。

(3)需要引入自来水的除尘设备，冬季应对自来水管保温。

4.对除尘器的要求

(1)工业锅炉多采用干法除尘，排出的尘粒必须有妥善的存放场地，防止造成二次扬尘继续污染环境。如果采用湿法除尘，应防止除尘器和后部排烟系统腐蚀，在寒冷地区还应采取防冻措施。

(2)除尘器的容量必须与锅炉的排量相适应，并且留有一定的裕量，最好通过计算来确定。

(3)设置除尘器后，增加了排烟阻力，因此需要对原有风机的功率进行核算。

(4)除尘器的要保证质量，各部分的接缝和烟道接口一定要严密，防止漏入空气。

(5)在除尘器运行期间，要经常检查锁气器是否灵活可靠。在定期检修锅炉的同时，必须检修除尘设备，以保证除尘器的完好。

资料链接

1. 卫燃带是什么？

答：对于不易着火的燃料，为使燃料迅速着火和稳定燃烧，常常需要把一部分水冷壁管表面遮盖起来，以减少该部位的吸热量，这部分水冷壁表面称为卫燃带。

2. 在过热器的设计及运行中，应注意的问题有哪些？

答：(1)运行中应保持汽温的稳定，汽温波动不应超过±(5～10)℃。

(2)过热器要有可靠的调温手段，保证运行工况在一定范围内变化时能维持额定的汽温。

(3)尽量防止或减少平行管子之间的热偏差。

3. 卧式空气预热器相比于立式具有什么优点？

答：(1)在烟气、空气温度相同条件下，卧式空气预热器壁温要比立式高 10～30℃，这对改善腐蚀和堵灰有利。

(2)卧式空气预热器的腐蚀部位在冷端几排管子，易于设计上采用可拆结构，便于调换、减少维修工作量，而立式的腐蚀部位是在管子根部，以致整个管箱调换。

(3)高温空气预热器的进口管板不再位于高温烟气中，相应于管板的过热、翘曲和变形等缺陷不易发生，提高了钢珠除灰效果。

4. 简述常用除渣、除尘设备的种类。

答：清除灰渣常用刮板输送机、螺旋出渣机、马丁除渣机和圆盘除渣机等设备。

常见除尘器有简易旋风除尘器、旁路式旋风除尘器、双级涡旋除尘器、旋风除尘器、电除尘器、多管除尘器等。

5. 从安全的角度考虑，对锅炉结构的要求有哪些？

答：(1)选用合格的钢材，经过严格质量检查，保证各承压元件在正常条件下安全工作。

(2)锅炉结构的各部分在运行时，能按设计预定方向自由膨胀。

(3)锅炉各水循环回路的水循环应正常，各受热面在运行中能够得到可靠的冷却。

(4)锅炉各承压部件应有足够的强度，并装有可靠的安全保护设施，防止超压。

(5)承压元件、部件结构的形式、开孔和焊缝的布置应尽量避免或减小各种不同应力的叠加和应力集中。

(6)锅炉的炉膛结构应有足够的承载能力，炉墙应有良好的密封性。

(7)锅炉承重结构在承受设计载荷时，应有足够的强度、刚度、稳定性及防腐蚀性。

(8)锅炉本身应有适当的人孔、检查孔或手孔等，炉墙部位应有适当的检查孔、看火孔、除灰门等，保证对锅炉方便地进行安装、运行操作、内外部检查、修理和清扫工作。

6. 从经济的角度考虑，对锅炉结构的要求有哪些？

答：(1)合理布置锅炉各种受热面，最大限度地减小各种热损失，提高锅炉热效率。

(2)应合理使用钢材，尽量降低“钢汽比”(产生 1t 蒸汽所需要的钢材量)，节约金属，缩小锅炉外形尺寸。

(3)尽量采用机械燃烧设备,并适合使用当地正常供应的煤种。

(4)尽量降低鼓风机、引风机等与锅炉配套的辅机,以及除渣、运煤等辅助设备的耗电量。

(5)应提高机械化自动化水平,尽量采用微机控制,实现安全经济运行。

任务 1.3　锅炉操作安全

学习任务

(1)学习锅炉投入运行前的基本要求。

(2)学习锅炉投入运行前准备工作。

(3)学习锅炉点火前的检查和准备工作。

(4)学习锅炉的点火注意事项。

(5)学习锅炉的运行调节操作。

学习目标

(1)能够独立完成锅炉运行前准备工作。

(2)能够独立完成锅炉点火前的检查和准备工作。

(3)掌握锅炉的点火注意事项。

(4)小组合作完成锅炉锅炉正常运行时对水位、汽温、汽压和燃烧的调节。

(5)通过监视运行参数、定时巡回检查,防止事故发生。

操作技能

一、锅炉投入运行的必要条件

(1)锅炉必须要有使用证。新装、移装锅炉必须经当地技术部门登记建档和定期检验合格,取得使用证才允许投入运行。

(2)锅炉要有完善的管理制度。因为完善的管理制度是锅炉安全运行重要的保证措施。锅炉的类型和用途不同,安全管理制度及操作规程等内容也不同。操作者一定严格按照岗位要求完成工作。

(3)按锅炉铭牌和实际工作需要,明确锅炉运行的实际控制参数。运行中控制参数尤为重要。

(4)司炉人员必须经过培训考试,取得了与实际锅炉相应类别的司炉操作证,并已清楚了解所操作锅炉的状况及其附属设备情况,各类管道及各附件的作用与操作要求,方可上岗操作。

(5)制定了司炉操作规程,并为司炉人员所掌握,使操作运行有所遵循和受其指导。

(6)有完善的水处理措施和合格的岗位人员。

(7)锅炉燃料要备足,并清楚燃料特性及其对锅炉设备的适应情况,必要时可适当进行炉膛改造。

二、锅炉运行前的准备

锅炉在投入运行前应进行内外部件逐项仔细检查和验收，尤其新装、移装、改装或大修后的锅炉，保证设备正常完好地处于准备启动状态；另一方面通过运行前的检查，使运行人员更好地了解和掌握设备的状况。

（一）锅炉本体检查

(1)锅炉内部检查。检查和清除锅筒及集箱内有碍运行的一切附着物及遗留杂物。检查清理各连接管孔。

(2)密闭门孔检查。把人孔、手孔关好并进行密封，必要时要更新密封垫。

(3)进行锅炉上水与水压试验。

对于蒸汽锅炉，上水前打开锅炉上的空气阀，以便向锅炉上水时排出锅炉内空气。如无空气阀可稍提起安全阀让空气排出，向锅炉内上水时速度要缓慢，水温不宜过高，冬季水温在50℃以下。水温高会使受热面温差大而产生内应力，使管子口产生裂缝而泄漏。上水时，应经常检查锅炉的人孔盖、手孔盖、法兰等结合面及排污阀等有无漏水现象。如发现漏水应拧紧螺钉，若仍然漏水，应停止上水，并放水至适当位置，重新更换密封垫，杜绝漏水后还继续上水。

随着锅炉水位的上升，锅炉水位发生变化，检查锅炉高、低水位报警装置和低位水位联锁装置是否动作正确。

如果锅炉需要进行水压试验，应将锅炉灌满水，即将锅炉内空气完全排净后关闭空气阀，再按有关规定进行水压试验(后面有介绍)。水压试验合格后，将锅炉内的一部分水排出，保持正常水位(通常为水位表中间)。

（二）炉膛及烟道内检查

1. 炉膛检查

(1)检查各处膨胀缝是否符合要求。

(2)在不送入燃料的情况下，进行燃烧设备试运转，检查有无障碍。

(3)有燃烧器时，检查燃烧器的装配形状及其各接触点。

(4)燃煤锅炉检查上煤、加煤设备的运转状况及炉排空转状况。

2. 烟道内的检查

对吹灰器、空气预热器、除尘器及引风机调节板等的状态，炉墙、烟道和门孔情况进行检查。确认烟道内各部位均无异常之后，将烟道门孔密闭。

（三）锅炉附件检查

锅炉上的安全附件应按照《锅炉安全技术监察规程》的要求，定期进行校验。运行前应对安全阀、压力表、温度计、水位计、高低水位警报器、超温超压警报器、炉膛测温计，以及排污阀、集汽罐、排气管等进行检查、调试。

1. 水位计清晰度检查

水位计清晰度应从两个方面进行检查：一是照明光线亮度是否影响观察水位计的清晰度；二是水位计玻璃管内壁的污垢、锈迹、附着物是否影响观察水位线的准确位置。

(1)检查水位计的照明亮度。蒸汽锅炉在运行期间，锅炉内水位是否在规定范围内，对锅炉安全运行至关重要。锅炉操作工要时刻严密监视水位，因此在运行前应对水位计后面的照明进行检查，保证有足够的光线和亮度。

(2)检查水位计内壁被污垢、锈迹附着情况。水位计玻璃管(板)内壁被水中的污垢、锈迹污染后，无法观察水位，此时应及时进行清洗，恢复水位计玻璃管(板)的清晰度。

2.压力表量程及阀门灵活度检查

(1)压力表的量程检查项目。检查表壳及玻璃是否完好无损；表盘刻度是否清晰可见；表盘直径是否大于或等于100mm；量程范围是否为工作压力的1.5～3倍；存水弯管和三通是否完好无损。

(2)检查阀门开关的灵活度。压力表与存水弯管之间，三通旋塞必须灵活好用，开关自如。在检查中若发现压力表三通旋塞锈死、无法开启时，应及时更换或进行修复，确保压力表的准确性。

3.安全阀及排气管的检查

安全阀是确保锅炉安全运行的安全附件之一。检查项目包括：安全阀是否完好无损，是否经过校验，且铅封完好；用手抬升安全阀手柄是否灵活好用；安全阀排气管的通径和装置是否符合《锅炉安全技术监察规程》的要求。

4.排污装置的检查

检查排污阀的开闭是否灵活，填料盖的衬料是否留有充分的调节余地，排污管路是否有异常。

5.空气阀和管道的检查

在水压试验后至满水状态，启炉开始至出现蒸汽，空气阀必须保持开的状态；检查汽水管道连接、支撑、疏水及保温等是否符合要求。

(四)燃烧设备检查

1.燃油设备检查

检查从油罐到燃烧器之间的管路、燃料泵、油加热器、滤网等状态是否正常。对新换或修理过的管路，可用蒸汽或压缩空气吹扫线路，除去残存杂物。即使这样，也要注意在使用初期，燃烧器的接点、过滤器等容易出现阻塞现象。

2.气体燃烧设备检查

用检漏液或肥皂水检查气体燃料管路上的旋塞、阀门及各接头是否有漏气。也要仔细检查燃烧器及管路各部分的密封情况，检查燃气切断阀的阀座有无渗漏。

3.燃煤的燃烧设备检查

检查各安装螺栓连接情况，对回转部分要注油。检查炉排空运转情况，炉排有无变形和损伤，以及炉排片的间隙是否合适。

4.煤粉燃烧设备检查

对煤粉燃烧设备各回转部分进行注油，检查粉碎磨煤设备、输煤管路、燃烧器及阀门，在这些控制装置无异常后进行试车，并调节使其达到良好状态。

(五)过热器和省煤器的检查

1. 过热器

检查确认过热器内部没有造成障碍的异物，外部没有损伤，并且内外部均保持清洁。将过热器、集箱手孔等开放部位密闭。

需要对过热器进行水压试验。方法是：将空气阀及出口集箱的疏水阀开启，向过热器送软化水(或脱盐水)，将空气完全排净，至满水状态，关闭阀门。按规定进行水压试验，检查有无泄漏。

运行开始时是否向过热器内注水，这要按设计的结构不同而异，须按制造厂的使用说明书操作。点火前要将出口集箱的空气阀、泄水阀全部打开。中间集箱和入口集箱的疏水阀也打开。

2. 省煤器

检查省煤器内外有无腐蚀等异常后，清扫干净，将其密闭。必要时可对其进行水压试验，具体方法：打开空气阀，上满水，使空气完全排出，关闭空气阀，进行水压试验，确认各处尤其是管头附近无泄漏出现为止。

水压试验时可同时试验省煤器的安全阀(泄放阀)，检查或调整到规定压力时，使省煤器安全阀启跳泄放。完成后，将省煤器出口阀打开。这是因为在锅炉升火时期，锅炉不给水，即不需经省煤器向锅炉供水。而如果没有省煤器旁通烟道，高温烟气仍要流经省煤器，这时为了不使省煤器内水被加热汽化，导致省煤器被烧坏，仍需由水泵给水，水流经省煤器后经出口阀返回水箱。如有旁通烟道，升火时可不开启水泵，只是当锅炉升火转入供汽时，再开动水泵经省煤器向锅炉供水(前面关于省煤器保护有讲解)。

(六)附属设备和自动控制系统的检查

锅炉附属设备的检查，包括检查给水设备、水处理设备和通风设备等；自动控制系统检查，包括检查电路与控制盘、管路、调节阀与操作机构、水位报警器、火焰检测与点火装置；司炉工常用的工具检查等。

以上检查完毕，将检查情况和问题处理予以记录，然后方可启动锅炉。

三、锅炉点火前的检查与准备

锅炉点火时，很容易出现炉膛爆炸(尤其燃油或燃气锅炉)及缺水事故，故必须进行严格的检查和充分的准备。对停用或中断使用过的锅炉，必须做如下的检查和准备，并要完全达到要求，否则不能点火。

(一)锅炉水位检查与调整

根据锅炉水位表检查水位，如果较正常水位低时上水，高时则经排污阀放水，使水位达到规定的正常值；对照两组水位表是否表示同一高度的水位，若有误差，要对两组水位表分头冲洗检查，查出原因并必须将其消除；水位表若与水位表柱相连，则应检查水位表柱连管的阀门是否开通；若水位表玻璃管有污染、清晰度差，必须加以清洗或更新，以免出现水位误差。

(二)压力表检查

检查所用压力表指针的位置，在无压力时，有限止钉的压力表指针应在限止钉处，没有限止钉的压力表，指针离零位的数值应不超过压力表规定的允许误差。不符合要求的应及时更换。

（三）给水系统的检查与准备

检查储水罐内的水量，要确认水量充足并使水管路及阀门畅通。进行手动及自动给水操作试验，确认其性能良好、动作正确。

（四）排污装置的检查与排污

点火前锅炉应进行排污，即使没有必要排污，也要对排污阀门做试验性排污操作检查，确认良好后将阀门完全关闭。

（五）燃料和通风设备检查与准备

若为液体燃料应检查油罐油量，气体燃料应检查气体储量，同时确认油量及气压正常合适，启动油加热器，使油保持适当的温度。检查通风设备的阀门，使其开度大小合适。

对燃煤管路、过滤网、燃料泵的状态，管路上阀门的开闭，均应进行检查，确保没有异常。对燃煤锅炉的加煤设备，检查确认是否符合使用要求。检查通风装置的调节机构性能，并使其处于合适开度。

（六）自动控制装置的检查与准备

合上电源开关，由电源指示灯确认控制盘是否接通。检查介质（空气、油、水等）管路及燃料管路上的各阀门的开闭状态，确保它们无泄漏和异常。

检查水位控制装置，在规定的最高及最低水位限处，能否正确地停止水泵和启动水泵。检查调节阀的开闭是否符合要求。确认低水位报警器能正确动作。

检查火焰检测器的受光面及保护镜是否清晰透明，各联锁系统的限制器是否正常。

（七）炉内通风换气

将烟道闸板打开，启动引风机换气。若自然通风换气及烟道较长多弯，换气时间一般不少于 10min；用机械引风机换气，一般不少于 5min。

四、锅炉点火

完成点火前的准备后，便可进行锅炉点火操作。点火操作如不严格按操作顺序进行，则有引起事故灾害的可能。尤其燃油、燃气及燃煤粉的锅炉，错误操作可能引起烧伤的危险。点火时必须采取侧身防范回火的姿势操作。

点火时，即使事前已经经过检查，也要再次检查锅炉水位是否正常；炉内通风换气是否充分；空气与燃料的供给是否已完成。点火时用木柴和其他易燃物引火，严禁用挥发性强烈的油类或易爆物引火。此时如烟囱抽力不足或没有抽力，可在烟囱底部烧一些木柴，以加强通风；长期停用比较潮湿的烟道，点火时容易向外喷火伤人，点火前也要用木柴在烟囱底部加热，使烟囱内空气温度升高，促进通风。当炉水温度达到 60℃时，开始投入燃料，扩大燃烧面积。当蒸汽从空气阀（或提升的安全阀）中冒出时，即可关闭空气阀（或安全阀）。再关闭灰门，开大烟道挡板，适当加强通风和火力，进行升火。

在锅炉刚点燃时，无论有什么理由，也不能使其达到激烈燃烧的程度。因为燃烧强烈升温太快，使锅炉整体产生不同膨胀，可能损坏锅炉部件以及导致砖墙开裂，尤其铸铁锅炉急冷急热,可能产生裂缝。

五、锅炉运行与调节

锅炉正常运行中,操作上最重要的是保持锅炉水位稳定、维持锅炉内压力一定和调整好燃烧。即使有完备的自动控制装置,也不可完全依赖它,操作者必须经常不断地监视锅炉运行状态。

(一)水位的调节

蒸汽锅炉水位的变化会使炉水的汽压、汽温产生波动,甚至发生满水或缺水事故。所以,锅炉在运行中应尽量做到均匀连续地给水,保持水位在正常水位线附近,可以有轻微的波动。

锅炉的正常水位一般在水位计的中间,在运行中应随负荷的大小进行调整;在高负荷时,应稍低于正常水位,以免负荷减少时造成高水位;在低负荷时,应稍高于正常水位,以免负荷增加时造成低水位。上下变动的范围不宜超过中水位的±40mm。

给水时间和方法要适当,如给水间隔时间长,一次给水过多则汽压很难稳定,在燃烧减弱时给水,会引起汽压下降。所以手烧炉应避免在投煤和清炉时给水。

在负荷变化时,可能出现虚假水位。因为当负荷突然增加很多时,蒸发量不能很快跟上,造成汽压下降,水位会因锅筒内的汽、水两相的压力不平衡而出现先上升再下降的现象;反之,当负荷突然降低时,水位会出现先下降后又上升的现象。所以,在监视和调整水位时,要注意判断这种暂时的假水位,防止误操作。

(二)汽温的调节

有蒸汽过热器的锅炉,对过热蒸汽的温度要严加控制。汽温偏低时,蒸汽作功能力降低,汽耗量增加,甚至会损坏用汽设备。过热蒸汽的温度超过规定值,过热器的金属材料会因为过热而导致强度降低,从而威胁锅炉的安全运行。

过热蒸汽温度变化主要与烟气放热情况有关,流经过热器的烟气温度升高、烟气量加大或烟气流速加快,都会使过热蒸汽温度上升。过热蒸汽温度变化也与锅炉水位高低有关,水位高时,饱和蒸汽夹带水分多,过热蒸汽温度下降;水位低时,饱和蒸汽夹带水分少,过热蒸汽温度上升。在小型锅炉上调节汽温,一般是通过调节给煤量和送风量,改变燃烧工况来实现的。大型锅炉一般通过减温器来调节过热蒸汽温度。

热水锅炉的温节调节,就是调节其出口温度,基本方法就是用加强或减弱燃烧来提高或降低出水温度。

(三)汽压的调节

锅炉运行时,必须保持汽压的稳定,要求经常监视压力表的指示值,不得超过最高许可工作压力。锅炉超压,安全阀应迅速开启进行排汽。锅炉汽压的变化,反映了蒸发量与蒸汽负荷之间的关系。蒸发量大于蒸汽负荷时,汽压上升;蒸发量小于蒸汽负荷时,汽压下降。所以,对于锅炉汽压的调节也就是蒸发量的调节,而蒸发量的大小又取决于司炉人员对燃烧的调节。

当锅炉负荷增加时,汽压下降,此时应根据锅炉实际水位高低进行调整,如果水位高时,应先减少给水量或暂停给水,再增加给煤量和送风量,加强燃烧,提高发热量,满足负荷的需要,使汽压和水位稳定在额定范围内,然后再按正常情况调节燃烧和给水量;如果水位低时,应先增加给煤量和送风量,在强化燃烧的同时,逐渐增加给水量,保持汽压和水位正常。

当锅炉负荷减少时，汽压升高，如果锅炉水位高时，应先减少给煤量和送风量，减弱燃烧，在适当减小给水量或暂停给水，使汽压和水位稳定在额定范围内，然后再按正常情况调节燃烧和给水量；如果锅炉水位低时，应先加大给水量，待水位恢复正常后，再根据汽压变化和负荷需要情况，适当调节燃烧和给水量。

(四)燃烧的调节

锅炉要保持在一定压力下使用，必须依据负荷的变化调节燃烧，相应增减燃烧量，而燃烧量的增减，必须在调整燃料供给量的同时相应地变化空气量，调整通风。风量调整跟不上，将出现不完全燃烧、冒黑烟或空气量过剩，使锅炉的热效率降低。

锅炉正常燃烧，包括均匀供给燃料、合理送风和调节燃烧三个基本内容。三者互相联系，相辅相成，达到锅炉安全、经济和稳定运行的目的。燃烧调节操作随燃烧设备不同而异，但原则相同，即加强燃烧时，应先调节通风后增加燃料，减弱燃烧时，应先减少燃料后减小通风。

1. 正常燃烧指标

首先要维持较高的炉膛温度。锅炉层状燃烧时，燃料层上部温度以1100～1300℃为宜，火焰颜色为橙色；悬浮燃烧时，燃料中心温度应保持在1300℃以上，火焰颜色为白中带橙色；沸腾燃烧时，沸腾层温度最好保持在900～1000℃。

其次要保持适当的过量空气系数。炉膛出口过量空气系数过高，将使排烟热损失增加；反之，可能造成燃料的不完全燃烧。对于手烧炉过量空气系数一般应为1.3～1.4；机械化燃烧炉为1.2～1.4；煤粉炉和燃油气炉为1.15～1.25；沸腾炉为1.05～1.1。还应保持适当的二氧化碳含量。烟气中二氧化碳的体积与烟气总体积的比值，称为烟气的二氧化碳含量。锅炉正常燃烧时，烟气中的一氧化碳的含量应尽量减小，一般不允许超过0.5%。锅炉正常燃烧时，如果燃料不变，烟气中二氧化碳的数量基本不变。但烟气总量却受过剩空气量的影响。过剩空气量增加，烟气总量随之增加，二氧化碳含量则相应减少；反之，二氧化碳含量就增加。

尽量降低锅炉排烟温度。对蒸发量≥1t/h的锅炉，排烟温度在250℃以下；蒸发量≥4t/h的锅炉，排烟温度应在200℃以下；蒸发量≥10t/h的锅炉，排烟温度应在160℃以下。锅炉排烟最低温度的确定，还应考虑不低于烟气露点温度，以防止低温腐蚀。

降低灰渣可燃物。锅炉灰渣中可燃物含量多少，与燃料质量、燃烧设备和操作条件有关，应尽量降低到最低水平。对于手烧炉灰渣可燃物应在15%以下；机械化燃烧炉应在10%左右；煤粉炉即使燃烧劣质煤，也应在5%以下。

尽可能提高锅炉热效率。要求蒸发量为1t/h以下的锅炉热效率达到60%以上；蒸发量为1～2t/h的锅炉达到65%以上；蒸发量为2～4t/h的锅炉达到70%以上；蒸发量为4t/h以上的锅炉达到75%以上。

2. 燃煤锅炉燃烧调节一般要领(燃油、气锅炉一般为自动调节)

锅炉燃料量与燃烧所需空气量要相配合适，并且两者要充分混合接触。炉膛尽量保持一定高温，特殊情况除外。应保持火焰在炉内合理均布，防止火焰对锅炉炉体及砖墙强烈冲刷，经常监视火焰的流动情况。

注意不能骤然增减燃料量。增加燃料量时，应首先增加通风量，再增加燃料量；减少燃料量时，先减少燃料量，在减少通风量。绝不能颠倒程序。还要防止不必要的空气侵入炉内，以保持炉内高温，减少热损失。

锅炉燃烧时，防止出现不均匀燃烧和避免结焦现象发生。燃烧时还要防止出现燃烧气体外逸，以免烧坏绝缘材料和保温材料。时刻注意风压表，调整通风压力，使其保持稳定。

根据排烟温度、氧及二氧化碳的含量及通风量的计算值，努力调整好燃烧。但也要知道不同燃烧设备的调节燃料方法是有所差异的。

3.通风调节内容

(1)锅炉正常运行时，一般应维持19～29Pa的炉膛负压。负压过低，易使火焰喷出，损坏设备或烧伤人员；负压过高，会吸入过多的冷空气，降低炉膛温度，增加热损失。

(2)炉膛负压的大小主要取决于风量。炉膛负压的调节，主要调节送风量和引风量。送风量大而引风量小时，炉膛负压小；送风量小而引风量大时，炉膛负压大。在增加风量时，应先减少送风，后减少引风。风量是否适当，除使用专门仪器进行分析外，还可以通过观察炉膛火焰和烟气的颜色，或在炉门观察窗前放置一根棉纱，看其是否轻微吸向炉膛。

(3)风量适当时，火焰呈麦黄色或者亮黄色，烟气呈灰白色。风量过大时，火焰白亮刺眼，烟气呈白色。风量过小时，火焰呈暗黄或暗红色，烟气呈黑色。

(五)锅炉正常运行时日常定期工作及注意事项

(1)锅炉在运行时，水位计的水位须保持在正常水位附近，可以有轻微波动。每班要冲洗水位计1次，保持水位计的明亮、清晰、清洁、不漏水、不漏气。

(2)锅炉运行时应经常注意压力表，保持正常压力，不让指针超过锅炉许可工作压力的红线标记。每班核对低水位计、远传水位计和压力表1～2次。

(3)每周将安全阀手动提升放汽试验1次，每月至少要校验安全阀1次。

(4)每班至少排污1次，排污量按水质化验情况或计算求得，如1次不够，可增加次数。定期排污易在低负荷高水位进行。排污设备不正常时，禁止排污。

(5)每班必须检查锅炉和水冷壁的排污阀以及过热器、省煤器的疏水阀的严密性。

(6)有非沸腾式省煤器的锅炉，必须使水不间断通过省煤器，省煤器出口水温低于锅炉水温40℃，防止水在省煤器内沸腾。当锅炉停止进水时，应开启旁路烟道挡板，关闭通过省煤气的烟道挡板。

(7)运行中应保持锅炉本体、附属设备及锅炉房清洁，每班吹灰1～2次。

(8)每天试验高低水位报警器1次；每小时巡回检查锅炉人孔、手孔、水汽管道阀门有无泄漏，各种安全附件及仪表是否正常；从炉门观察炉膛水冷壁管有无变形、结渣、漏水；炉内燃烧是否正常，有无偏烧、结焦、前后部火焰起止不正常情况；烟道是否堵塞；炉墙和保温材料有无裂纹、脱落；检查各辅机，注意轴承冷却情况，温升是否正常，电动机的电流是否正常，转动部分有无不正常声音和振动声等。

(9)每小时对锅炉的各种参数记录1次。在生产中，锅炉运行情况比较复杂，为了掌握运行情况和变化，以便调节燃烧、改进操作、防止锅炉事故的发生，必须按时把实际情况准确地记录下来，所以锅炉运行记录也是交接班的重要内容之一。

任务1.4　锅炉的维护保养

学习任务

(1)学习锅炉的烘炉、煮炉操作。

(2)学习锅炉的水压试验操作。

(3)学习锅炉的停炉操作。

(4)学习锅炉的排污和吹灰的操作。

(5)学习锅炉设备保养。

学习目标

(1)能够独立完成锅炉的烘炉、煮炉操作过程。

(2)能够独立完成锅炉的水压试验操作过程。

(3)小组合作完成锅炉停炉、排污和吹灰操作、故障处理操作。

(4)小组合作完成锅炉设备保养。

(5)通过监视运行参数、定时巡回检查,防止事故发生。

操作技能

锅炉是在高温、高压状态下连续运行的热工设备,为了使其能安全运行,避免发生事故,必须对锅炉进行维护保养。锅炉保养包括运行前的水压试验、烘炉、煮炉、点火、升压和并汽等环节的操作,正常运行中对锅炉水位、压力、温度、燃烧和炉膛压力等的调节,排污和吹灰的操作,以及停炉后的一些维护保养等内容。

一、水压试验

(一)水压试验的目的

锅炉在制造、安装、修理、改造和运行等各个环节的检验中,水压试验是重要的检验手段之一,但是它不是锅炉检验的唯一手段,它既不能代替别的检验方法,更不能用水压实验的方法来确定锅炉的工作压力。水压实验的目的是检查锅炉受压元件的严密性和耐压强度,但主要是检验其严密性。

(二)水压试验操作

水压试验压力应符合《锅炉安全技术监察规程》的规定。

1. 工作压力的水压试验和超水压试验

锅炉承压部件经过检修后应进行工作压力的水压试验,遇有下列情况之一的应进行 1.25 倍工作压力的超水压试验:停炉时间连续 1 年以上;连续 6 年未进行超水压试验;水冷壁更换 50%及以上,省煤器或过热器全部更换;主要承压部件(汽鼓、联箱)经过焊补或更换;新安装的锅炉。

2. 水压试验前的检查与准备工作

水压试验前应由检修部门提出工作票;水压试验前拿到各阀门位置锅炉水压操作票;检查各膨胀指示器,应完整、正确记录其指示值;联系汽机班长进行锅炉上水,上水应为合格的除氧水,上水时间冬季不少于 2h,夏季不少于 1h,可从疏水或给水管路上水,应完全经过省煤器。

水压试验应在停炉检验后进行。必要时应做强度校核,不能用水压试验方法确定锅炉运行压力。为了暴露检查部分,必要时应拆去局部绝热层或其他附件以利检查。除试验所用管路外,锅炉范围内其余管路上的阀门都应采取可靠的隔断措施。水压试验用水温度以 20～

70℃为宜，试验时周围环境温度应高于5℃，低于5℃时必须有防冻措施。

水压试验前，锅炉内要上满水，不得残留空气。水压试验时的试验压力以锅炉上的压力表为准。此表应预先校验合格。水压试验合格标准应符合《锅炉安全技术监察规程》的规定。

3. 水压试验的升压操作

(1)水压试验时，当各空气阀来水后，停止上水，关闭各空气阀，然后利用给水小旁路缓慢升压，升压速度一般控制在每 min 不超过 0.2MPa。

(2)当升压至 2.0MPa 时，应关闭升压阀门，观察压力升降情况，若升降很快，应查明原因后根据情况再继续升压，将压力升到工作压力。

(3)若进行超水压试验，当汽鼓压力升至工作压力时，应暂停升压，检查承压部件有无漏水湿润等异常现象，若情况正常，解列就地水位计，再将压力缓慢升至超水压试验压力，保持 20min 后，立即降至工作压力进行检查。在检查期间压力保持不变。

(三)水压试验合格标准

(1)在受压元件金属壁和焊缝上没有水珠和水雾；

(2)铆缝和胀口及附件密封处，在降到工作压力后不漏水；

(3)水压试验后，用肉眼观察，没有发现残余变形。

当试验不合格，对于有渗漏部位的缺陷，允许返修。返修后应重新进行水压试验。

(四)锅炉放水

水压试验完毕后，根据情况全部或部分放出炉水，如水质合格，应放至疏水箱，当汽包压力降至零时，开启空气阀，以便放水工作顺利进行。

(五)水压试验的注意事项

(1)试压时，检查人员应将需要检查的部位事先列出需检项目和画出受检元件草图，以备试验时记录和防止漏检。

(2)水压试验应在白天进行，便于观察和检查。

(3)当水压试验时发现渗漏，应当使表压力降到零后方能修理，禁止带压修理。

(4)对制造、重大修理和改造中的锅炉受压元件和部件，移装时的原部件及元件、部件损坏而重新制作的受压元件、部件以及省煤器铸件，应单独进行水压试验。待锅炉组装后，需做整体水压试验。

(5)锅炉水压试验后，应拆除所有管座上的盲板和堵板。

(6)锅炉在水压试验时，要求用手压泵升压，不应用电动或气动锅炉给水泵升压，因这类泵流量大，升压快，很不易控制，很容易使压力超过规定值而损坏锅炉。

(7)水压试验必须用水进行，严禁用气压试验来代替水压试验。

(8)水压试验压力必须按照规定执行，不准任意提高试验压力。

(9)水压试验结果应有记录备查，并有检验人员签字和注明检验日期。

二、烘炉

新砌筑、移装、改装或大修后的锅炉，以及长期停用的锅炉，由于炉墙、烟道砌体、各类保温以及黏合灰浆和涂料中都含有许多水分，如事先不设法除去这些水分而直接投入运行，则因水分受高温蒸发膨胀会造成炉墙、烟道和保温结构的损坏。因此锅炉在投入运行前，必须用火焰或其他热源按一定的要求进行烘烤而使其干燥。烘炉是一项很重要的工作，若操作不当也同样会引起炉墙砌筑裂纹、剥落、变形等损坏或降低其使用寿命。

（一）烘炉应具备的条件和烘炉前的准备工作

(1)锅炉本体及其附属装置全部组装完毕并经检查合格和水压试验合格。水压试验合格和锅炉安装检验合格应得到当地劳动部门的认可。

(2)安全附件、热工仪表和电气仪表经检验安装合理。

(3)炉墙砌筑与保温工作已经完成，耐火混凝土炉墙已超过其养护期。

(4)燃烧设备、鼓风和引风等燃烧系统在冷态下试运转合格，能随时投入运行。

(5)烘炉前各处的膨胀指示器应完好，并调到零位。

(6)应将锅筒上的空气阀和过热器的疏水阀开启(有过热器时)。

(7)燃烧火焰烘炉和热风烘炉时，关闭各烟道门孔和炉门，只打开烟道阀门；用蒸汽烘炉时，开启所有烟道门孔及炉门。

(8)用灰浆试样法控制烘炉情况时，在炉墙上设灰浆取样点；用测温法时应装设温度计。

(9)烘炉前锅炉水位应低于正常水位。绘制烘炉计划温升曲线，纵坐标为烘炉温度，横坐标为烘炉时间。

（二）烘炉方法

烘炉的时间长短与锅炉形式、容量大小、炉墙结构及所用材料、砌筑季节以及砌筑后自然干燥时间的长短有关。一般重型炉墙的烘炉时间为 7～15d；轻型炉墙为 3～7d，若炉墙潮湿，气候寒冷，烘炉时间还应适当延长。

常用的烘炉方法有三种，即燃烧火焰烘炉、热风烘炉和蒸汽烘炉。燃烧火焰烘炉适用于各种类型炉墙；热风烘炉适用于轻型炉墙；蒸汽烘炉适用于具有水冷壁的锅炉。对于中小型循环流化床锅炉一般采用燃烧火焰烘炉方法，对于大型循环流化床锅炉经常采用两种或三种方法烘炉。

1. 燃烧火焰烘炉

火焰应设在炉膛中央，开始用木柴燃烧烘烤，并调节烟道阀门，使烟气缓慢移动。炉膛负压要保持在 4.9～9.8Pa，炉水温度 70～80℃，维持小火烘烤 2～3d 后可转入燃煤烘烤，火势由弱逐渐加大，燃烧应均匀，不得忽冷忽热、时断时续，烟气温度应均匀上升。

链条炉排锅炉在烘炉过程中，应将燃料分布均匀，不得堆积在前、后拱处，应定期转动炉排和清除灰渣，以防烧坏炉排。

烘炉过程中温度上升情况，应按过热器后(或相当位置)烟气温度测定。不同的炉墙结构，其烟气升温也不一样。

当采用重型炉墙时，第一天温升不宜超过 50℃，以后每天温升控制在 10～20℃，后期烟温不应高于 220℃；当采用砖砌轻型炉墙时，第一天温升不应超过 80℃，后期烟温不应高于 160℃；当采用耐热混凝土炉墙时，在正常养护期满后(矾土水泥的约为 3 昼夜；硅酸盐、矿渣硅酸盐水泥的约为 7 昼夜)，质量检查合格方可开始烘炉。烘炉温升每小时不应超过 10℃，后期烟温不应高于 160℃，在最高温度范围内，持续时间不应少于 24h。

如果炉墙特别潮湿，应适当减慢温升速度，延长烘炉时间。

在烘炉时，应每小时将观察到的温度进行记录，并绘制成实际烘炉曲线，这条曲线应符合烘炉前绘制的计划曲线。

烘炉时锅内水温逐渐提高，一般控制烘炉到第三天，锅水才加热到轻度沸腾，当水位下降时，可补充给水，以免发生缺水事故。

2. 蒸汽烘炉和热风烘炉

蒸汽烘炉适用于水冷壁管较多的锅炉。当有蒸汽来源时，可用 0.29～0.39MPa（3～4kgf/cm^2）的饱和蒸汽从水冷壁下集箱的排污阀处连续、均匀地送入锅炉，逐渐加热锅水，锅内水温控制在 90℃左右，锅内水位应保持正常（可通过排污的方法维持）所需水位。

当有热风来源时，轻型炉墙可采用热风烘炉，热风温度不应超过 200℃。第一天温升不应超过 40℃，以后增温应均匀，温升速度用调节热风量来实现。

开启必要的烟道门孔和炉门，以排除潮气使炉墙各部均能烘干（热风烘炉时，只打开烟道阀门，加强自然通风）。

蒸汽烘炉或热风烘炉的后期可补用火焰烘炉。与火焰烘炉一样，在雨季或炉墙过于潮湿时，烘炉时间应适当延长。

在烘炉期间，应经常检查炉墙，注意控制温度，防止炉墙产生裂纹和鼓凸变形。

（三）烘炉的合格标准

1. 灰浆试样法

用炉墙灰浆试样法，在燃烧室两侧墙中部的炉排上方 1.5～2m 处（或燃烧器上方 1～1.5m处）和过热器（或相当位置）两侧墙中部，取耐火砖、红砖的丁字交叉缝处的灰浆样各约 50g，其含水率应低于 2.5%。

2. 测温法

用测温法时，在燃烧室两侧墙中部的炉排上方 1.5～2m 处（或燃烧器上方 1～1.5m 处），由红砖墙外表面向内 100mm 处温度应达到 50℃，并继续维持 48h；或过热器（或相当位置）两侧墙耐火砖与隔热层结合处温度达到 100℃，并继续维持 48h。

烘炉结束后，应用耐火泥将炉墙上所有排气孔堵塞严密。

（四）烟囱烘干

新建、改建或修复后的砖烟囱和水泥烟囱，均需经烘干后才能使用。与锅炉炉墙同时砌筑的烟囱，可利用烘炉的热源同时将其烘干。改建或修复后的烟囱，可在烟道内或烟囱下部的灰坑底部单独燃烧木材进行烘干，但要防止基础混凝土过热。

三、煮炉

（一）煮炉的目的

炉烘干之后，要进行煮炉。煮炉是除去锅炉受压元件、部件及水循环系统内部所积存

的污物、铁锈及安装过程中残留的油脂，以确保锅炉内部清洁，保证锅炉的安全运行和获得优良品质的蒸汽，并提高锅炉的热效率。一般当炉墙红砖灰浆含水率降低到 10%或者红砖墙的温度达 50℃时，烘炉、煮炉可同时进行，以缩短时间和节约燃料。

（二）煮炉的药剂

煮炉需要在锅炉的锅水中加入碱类药物，加碱量要根据锅炉内的污垢、锈蚀程度来确定。

加碱量一般可以分为三类。

第一类：制造出厂不久即将安装的锅炉，炉内有较薄的铁锈和安装时残留的油脂污物；

第二类：制造出厂时间较长，露天存放保养不好，锅内有较厚的铁锈和油脂污物；

第三类：移装或大修后的锅炉，锅内除有铁锈和安装残留的油脂外，还积有水垢。

因此各类锅炉在煮炉时所加的碱量也不相同。具体用药量是：第一类，氢氧化钠（NaOH）及磷酸三钠（$Na_3PO_4 \cdot 12H_2O$）加药量2～3kg/t锅水；第二类，氢氧化钠（NaOH）及磷酸三钠（$Na_3PO_4 \cdot 12H_2O$）加药量3～4kg/t锅水；第三类，氢氧化钠（NaOH）及磷酸三钠（$Na_3PO_4 \cdot 12H_2O$）加药量5～6kg/t锅水；以上药品按100%的纯度计算，当无磷酸三钠时，可用无水碳酸钠（Na_2CO_3）代替，数量为磷酸三钠的1.5倍。对于第一类锅炉也可单独使用碳酸钠，其用量为6kg/t锅水。

（三）煮炉的方法

这些药品多为粉状或块状，因此事先应将药品溶化成溶液，即在容器中盛热水，将药品投入溶化搅匀（一般配成浓度为20%的溶液），并除去杂质。加药时，锅炉应保持最低水位，然后将配制好的药液从锅筒上部入孔或安全阀法兰孔中加入炉内，也可采取炉内加药设备、碱液泵等办法往炉内加药。加药后，向锅炉内上水至最高水位。煮炉期间应定期从锅筒和水冷壁下集箱取水样分析，监视锅水碱度的变化，一般每小时取样1次，排污前后各取样1次。当锅水碱度低于50mmol/L时，应向炉内补充加药。

在炉膛内升起微火，缓慢地使锅水沸腾，产生的蒸汽从锅筒上的空气阀或抬起安全阀排出。当锅炉内产生压力时，可冲洗水位表和压力表存水弯管。当锅炉内的压力为0.2～0.3MPa（2～3kgf/cm^2）时，对人孔、手孔及锅炉范围内的法兰螺栓进行一次紧固，应检查所有接口有无渗漏，并可试验高低水位报警器、低地位水位计。在煮炉后期应使锅炉内的压力保持在工作压力的75%左右，煮炉时间一般为24～72h，煮炉时间的长短与炉型、容量和锈蚀及油污程度有关。如在较低压力下煮炉，则应适当延长煮炉的时间。

煮炉完毕，应让锅炉自然冷却，然后打开锅筒上的空气阀并开启排污阀将锅水排出，并清除锅筒、集箱内的沉积物，冲洗锅炉内部和参与药液接触过的阀门、水位表的水连接管等。检查锅筒和集箱内壁应无油垢，擦去附着物后金属表面应无锈斑，管路与阀门（包括排污阀）应清洁无堵塞，即为煮炉合格。

在煮炉过程中，为避免因排污、给水使锅水碱度下降而再需加药的困难，在煮炉过程中不排污，煮炉后期的压力为锅炉工作压力的50%，连续煮炉48h，然后停炉自然冷却后放水、冲洗、检查。检查结果如不符合要求，可再做第二次煮炉，此时可按第一类锅炉加药煮炉即可。

（四）煮炉合格标准

（1）锅筒和集箱内壁无油垢。

（2）擦去附着物后金属表面无锈斑。

四、停炉

锅炉停炉分为：压火停炉（热备用停炉）、正常停炉（冷备用停炉）和紧急停炉（事故停炉）三种。前两种是按企业的生产调度在中断燃烧之前缓慢地降低负荷，直至使锅炉的负荷降到零为止。后一种是锅炉在工作条件下突然发生事故，紧急中断燃烧，使锅炉的负荷急剧地降低到零。

锅炉的压火停炉应采取措施保留储存在锅内的热量，不使锅炉迅速冷却。长期停炉时，锅炉要进行冷却，但应缓慢进行，防止锅炉冷却过快。紧急停炉往往使受热面损坏，为了防止事故的扩大应使锅炉迅速降温、降压。

锅炉停炉时的冷却时间与锅炉的大小、结构及砖墙的形式有关。一般中小型工业锅炉为24h左右，大型锅炉为36～48h左右。

(一)压火停炉

企业生产活动中，常会遇到短时间内不需要热负荷(一般不超过24h)。为了避免启停时间和经济上的损失，保证锅炉在短时间里能很快带上负荷，停炉时必须维持炉火的红火和锅内的一定压力。这种热备用停炉称为压火停炉。

压火停炉的次数应尽量减少，否则将会缩短锅炉的使用寿命。

压火前，首先应减少风量和给煤量，逐渐降低负荷，同时向锅炉给水和排污，使水位高于正常水位线。在锅炉停炉停止供汽后，将锅炉给水自动控制改为手动操作，并应停止风机，关闭主气阀，开启过热器疏水阀和省煤器的旁路烟道，关闭省煤器的正路烟道，同时，进行压火操作。

压火操作分压满炉操作与压半炉操作两种。压满炉时，用湿煤将炉排上的燃煤完全压严，然后关闭风道挡板和灰门，并打开炉门，如能保证在压火期间不复燃，也可以关闭炉门。压半炉时，是将煤扒到炉排前部或后部，使其聚集在此，然后用湿煤压严，关闭风道挡板和灰门，并打开炉门，如能保证在压火期间不复燃，也可关闭炉门。

压火期间司炉不得离开操作岗位，应经常检查锅炉内汽压、水位的变动情况；检查风道挡板、灰门是否关闭严密，防止压火的煤灭火或复燃。

当需要锅炉供汽扬火时，应先进行排污和进水，同时要冲洗水位表，把炉排上的煤扒平，逐渐加上新煤，恢复正常燃烧。待汽压上升后，再及时进行暖管、并炉和供汽工作。

(二)正常停炉

正常停炉就是有计划停炉。经常遇到的是锅炉定期检修、节假日期间或供暖季节已过，需要停炉。正常停炉应遵照锅炉安全操作规程所规定的停炉操作步骤，按顺序进行。一般而言，锅炉的正常停炉是先停止向炉膛供给燃料，停止送风，减低引风。与此同时，逐渐降低锅炉的负荷，相应地减少锅炉上水，但应维持锅内水位略高于正常水位。对燃油、燃气和燃煤粉的锅炉，炉膛停火后，引风机至少要继续引风5min以上才能停。锅炉停止供汽后，应隔绝与总汽管的连接，排汽泄压，使锅内压力不能超过最高允许压力。待锅内无汽压时，开启空气阀，以免锅内发生真空。当锅水温度降至70℃以下时方可放水，并清洗和铲除锅内水垢。当炉温降低时，必须及时除灰和清理受热面上的积灰。

对于燃油和燃气的锅炉，停炉时要特别注意防止炉温的急剧降低。在停炉后应立即将风门、灰门等关闭，以避免冷空气侵入炉膛。另外，燃油锅炉停炉后，为了防止油管内存油凝结，应用蒸汽吹扫管道，但严禁向无火焰的炉膛内吹扫存油。

停炉后需要认真检查，检查电源是否真正关闭；检查有无炉膛余热引起锅炉压力上升危险；给水阀、排水阀、截阀等有无泄漏出现；停炉后蒸汽压力值；操作终了时水位高低；检查蒸汽阀有无泄漏；检查燃料输送管线、炉内、室内是否有残煤和煤尘；检查排出的炉灰渣，是否处理完，周围是否有可燃物；油管、汽管、燃烧器接头、阀、泵等有无渗漏，要逐一做好记录。

（三）紧急停炉

紧急停炉又称为事故停炉。一般是锅炉发生了事故或有事故险肇时，为了避免事故的扩大而采取的紧急措施。紧急停炉时炉温、压力变化很大，所以必须采取一定的技术措施，防止出现并发事故或事故继续扩大。

紧急停炉的具体操作：

（1）立即停止供给燃料和送风，减小引风。

（2）要迅速扒出炉膛内的燃煤，用沙土、湿炉灰等压在燃煤上，使炉火熄灭，但禁止向炉膛内浇水。

（3）将锅炉与蒸汽母管完全隔断，开启空气阀、安全阀和过热器疏水阀，迅速排放蒸汽，降低锅炉压力。

（4）炉火熄灭后，开启省煤器旁通烟道挡板，关闭主烟道挡板，打开灰门和炉门，促进空气流通，加速冷却。

（5）因缺水事故而紧急停炉时，严禁向锅炉给水，并不得进行开启空气阀或提升安全阀等有关排汽的调整工作，以防止锅炉受到突然的温度或压力变化而扩大事故。如无缺水现象，可采取排污和给水交替的降压措施。

（6）因满水事故而紧急停炉时，应立即停止给水，关小烟道挡板，减弱燃烧，并开启排污阀放水，使水位适当降低。同时，开启主汽管、分汽缸和蒸汽母管上的疏水阀，防止蒸汽大量带水和管道内发生水冲击现象。

燃油、燃气锅炉的紧急停炉与上述方式基本相同，不同之处为首先停止燃烧器的运行，然后打开烟道挡板，对炉膛与烟道进行换气、冷却。

五、锅炉停炉保养

锅炉停炉放出锅水后，锅内湿度很大，通风又不良，锅炉金属表面长期处于潮湿状态，这样在氧和二氧化碳作用下，锅炉金属表面很快腐蚀生锈，这样的锅炉再投入运行后，锈蚀处在高温锅水中继续发生强烈的电化学腐蚀，致使腐蚀加深和面积的扩大，锅炉金属壁减薄，必然使锅炉受压元件强度降低，从而威胁锅炉的安全运行和缩短锅炉的使用寿命。因此要保证锅炉的安全经济运行，就必须做好锅炉停炉后的防腐保养工作。

锅炉停炉后的防腐保养基本原则是：不允许空气进入汽水系统；保持锅炉管子表面干燥；在金属表面造成防腐薄膜，以隔绝空气；将金属表面浸在防腐剂的水溶液中。

常用的防腐保养方法有热力保养、湿法保养、干法保养和充气保养等几种。热力保养适用于热备用锅炉；湿法保养适用于短期（一般不超过 1 个月）停用锅炉；干法和充气保养适用于长期停用锅炉。当前以湿法和干法保养应用最广。

（一）热力保养（压力保养）

（1）保持给水压力法。在锅炉内充满除氧合格的给水，用水泵顶起压力为 1～1.5MPa。每天分析水中的溶解氧情况，使其保持含氧不超过规定值。冬季应有防冻措施。

（2）保持蒸汽压力法。停用的锅炉，利用锅炉中的余压保持 0.05～0.1MPa，使锅水温度稍高于 100℃以上，锅内有压力可以阻止外界空气进入锅筒。为保持锅水的温度，可以定期在炉膛内生微火，也可利用其他锅炉的蒸汽来加热锅水。

这种方法操作简单，有利于锅炉的再启动，适用于短期停用的锅炉，一般停炉时间不超过 1 周。

(二)湿法保养

湿法保养是用防腐剂的水溶液充满汽水系统,借以防腐。湿法保养适用于停用时间较短的锅炉。一般指停用期不超过1个月,且需要时能迅速升火使用。湿法保养是在锅炉内充满碱性溶液,使锅炉受热面的金属表面形成一层碱性保护膜,以保护受热面不被氧化腐蚀。

具体的防腐方法简介如下:

(1)联氨法。联氨法是用除氧剂联氨配成保护性水溶液充满汽水系统。在锅炉停用后不放水,用加药泵将氨水和联氨注入,使之充满汽水系统,保持水中过剩联氨浓度为150～200mg/L,pH值大于10。如果锅炉是在大修后进行保养,则应先往锅炉内上满经过除氧的除盐水,然后再往水中加氨水和联氨,上完水后应将锅炉点火升压到0.4～0.6MPa放出水中氧,待炉水含氧合格后,停止燃烧,加入药液。

(2)氨液法。氨液法是将锅炉汽水系统充满含氨量很大(800～1000mg/L)的水,这时钢铁不会被氧腐蚀。锅炉充氨前,应将存水放掉,立式过热器内的存水应用氨液将积水顶出。

(3)湿法保养最常用氢氧化钠、碳酸钠和磷酸三钠碱性药品保养。氢氧化钠用量为每t水加入2kg;碳酸钠用量为每t水加入10kg;磷酸三钠用量为每t水加入5kg。操作时用热水在专用的容器内配制碱溶液,缓慢倒入锅水中,并搅拌均匀。

锅炉停炉后,将锅水放尽,清除锅内的水垢和泥渣,关闭所有的人孔、手孔、阀门和门孔等,与其他运行的锅炉完全隔离。然后将软化水注入锅炉至最低水位,再用专用泵将配好的碱性防腐液注入锅炉后。当保护溶液全部注入后,开启给水阀,将软化水注满锅炉(包括过热器和省煤器),灌满后,将锅水加热到100℃,直至锅水从空气阀中冒出,此时关闭空气阀和给水阀,再开启专用泵进行水循环,以使锅炉内各处的碱性防腐液的浓度混合均匀。在保养期间,要定期生微火烘炉,以保持受热面外部干燥;要定期开泵进行水循环,使各处溶液浓度一致;要定期检查所有门孔是否有泄漏,如有泄漏应及时予以清除;还要定期取液体化验,如若碱度降低,应予以补充。冬季还要采取防冻措施。

当锅炉准备点火运行时,应将所有防腐液排尽,并用清水冲洗干净。

加碱注意事项:(1)必须根据锅炉水容积计算药品用量,保证碱溶液浓度适当。(2)药品加入锅水前,一定要配制成碱溶液,严禁将固体碱直接倒入锅水中。(3)配制碱溶液时一定要戴好防护用品,避免碱与人体接触,如接触应迅速用清水冲洗干净。(4)有条件的单位应使用专用加药泵加药。

此法也适用于较长时间停用的小容量锅炉。在北方地区,冬季采用此法时应注意保持室温,以免冻裂设备。

(三)干法保养

干法保养是保持停用锅炉内部金属表面干燥,或使金属表面与空气隔绝,从而达到防腐目的。

锅炉停用后将锅水放尽,清除锅内的水垢和泥渣,并使受热面干燥(最好采用热风法干燥),然后在锅筒和集箱内放置干燥剂,并严密关闭锅炉汽、水系统上的所有阀门、人孔和手孔,使之与外界大气完全隔绝。干燥剂可盛于敞口容器(如搪瓷盘、木槽等)中,沿锅筒长度方向均匀排列。如果锅炉采用热风烘干保养必须有热风资源。保养时有两种方法:一是用热风将锅炉内的水分烘干,再用干燥剂来保养锅炉;二是在锅炉停用期间始终用热风作干燥剂来保养锅炉。

1. 锅炉热风烘干法

当锅炉停用后，汽压降至0.5MPa以上时，将锅炉带压放水。当水放净后，利用锅炉余热或利用点火设备在炉内保持微火，烘干金属表面。实践证明，它对防止金属腐蚀能起到很大作用。

锅炉热风烘干法保养操作步骤(用热风)：

(1)锅炉停用后，将锅炉内水放尽。

(2)打开锅筒上的人孔和集箱上的手孔。

(3)将热风从炉膛上的任一人孔或看火孔送入锅炉内，待水分完全蒸发后停止送风。

(4)将锅筒、集箱内沉积物、水垢等清除干净，同时将炉膛、烟室、炉墙、烟道彻底清扫干净。

(5)关闭所有孔门，隔断进风口，隔绝汽、水及排污管道，打开锅炉顶部的放空阀门。

(6)定期向锅炉通入热风，具体时间间隔以保持锅炉内干燥为准。

2. 干燥剂法

此方法适用于小型锅炉的停用防腐。它是利用加入吸湿能力很强的干燥剂，使汽、水系统保持经常干燥。

干操剂法操作步骤(用干燥剂)：

(1)锅炉停止运行后，待锅水温度降至60～70℃时，将锅水放尽。打开锅筒上的人孔和集箱上的手孔，依靠锅炉余热促使锅内水分蒸发。

(2)隔断锅炉进风口，关闭炉膛炉门、看火门，封闭出渣口和进煤口等。

(3)将热风从停用锅炉的炉膛炉门或看火孔中的任意一个送入，利用热风的热量加热停用锅炉，使其残留的水分完全蒸发。

(4)当锅炉内水分完全蒸发后，停止送热风。将锅炉的汽水进出管、排污管、出烟口与在用的锅炉隔断。

(5)将锅筒内的沉渣、水垢彻底清除干净，同时将所有集箱的沉渣、水垢也彻底清除干净。

(6)进入炉膛及烟室内，将烟垢、积灰及受热面和炉墙上的结焦物清扫干净。清扫时用钢刷清扫到露出金属光泽为止，但不得损伤金属表面。

(7)给锅筒内壁涂1～2层防锈漆，给炉膛及烟室内的锅筒、集箱、炉管壁刷1层防锈油。

(8)从锅筒上的人孔、集箱上的手孔处放入准备好的干燥剂。炉膛内也必须放入干燥剂，最后将人孔、手孔、看火门等密封。

(9)放入干燥剂后15d打开人孔、手孔等，检查干燥剂是否失效，并及时更换失效的干燥剂，以后每隔1个月检查1次干燥剂。

常用的干燥剂有无水氯化钙、生石灰和硅胶等。

失效的氯化钙和硅胶取出后，加热烘干后可重新再用。干燥剂失效的特征是：生石灰吸水潮解后由块状变成粉状；氯化钙潮解后由块状变成粉状，甚至糊状。

干法保养防腐效果好，适用于锅炉长期停炉保养。

(四)充气保养

锅炉清除水垢和泥渣后，应使受热面干燥(最好采用热风法干燥)，然后使用钢瓶内的氮气或氨气，从锅炉高处充入汽、水系统，迫使重量较大的空气从系统最低处排出，并保持汽、水系统的压力为0.05～0.1MPa即可。由于氮气很稳定，又无腐蚀性，故可防止锅炉在停炉期间发生腐蚀。若充入氨气，即可驱除气、水系统内的空气，又因其呈碱性，更有利于防止氧腐蚀。

当气压下降时，应补充气。

由于气体的渗透性强(尤其是氨气，泄漏时有臭味)，故采用充气保养时，应在总气阀、给水阀和排污阀处采用盲板加橡胶垫；人孔和手孔处也应换成橡胶垫圈，并拧紧螺栓封闭严密。

此法适用于工业锅炉的长期停炉保养。

(五)选择停炉保养方法的原则及注意事项

1. 按停炉时间的长短

停炉时间较短且处于随时即可投入运行的锅炉，宜采用热力保养法；停炉时间在 1～3 个月的，可采用湿法保养或干法保养；停炉时间较长的(如季节性使用的锅炉)，宜采用干法保养或充气保养方法。

2. 按环境温度的高低

选择锅炉停炉保养方法时，应考虑到气候季节和环境温度，一般冬季不宜选用湿法保养，如采用湿法保养，必须保持锅炉房的环境温度在 5℃以上。

3. 汽、水系统外部的防腐保养

(1)在清洗水垢和泥渣的同时，应清除汽、水系统外部及烟道内的烟灰、清除炉排上的灰渣；

(2)对于停炉时间较长的锅炉，汽、水系统外部(包括锅壳式锅炉的炉胆、燃烧室)应采用干法保养，并应定期检查干燥剂是否失效，如已失效，必须及时更换；

(3)停炉期间应保持锅炉房干燥和做好防雨工作，对于地势较低的锅炉房，应采取措施防止地下水的侵入；

(4)锅炉附属设备和各种阀门经过检修后，应刷防腐漆或涂抹润滑油脂。

六、锅炉排污

将锅炉中的污垢排出炉外的过程称为排污。锅炉排污装置的主要作用是降低锅炉炉水的含盐量，避免发生汽水共腾，保证蒸汽品质；其次是排出积聚在锅筒和下集箱底部的泥渣、污垢，通过排污使锅水的水质控制在允许的范围内，使受热面保持清洁，以确保锅炉安全、经济运行；排污也在锅炉停炉和锅炉满水时起放水的作用。

(一)排污的分类

1. 定期排污

定期排污又称为间断排污和底部排污。定期排污的目的，是为了排除锅内的黏质物、水垢、泥渣、沉淀物和腐蚀产物等。

2. 连续排污

连续排污也称为表面排污或上部排污，多用于大中型锅炉。这种排污方式是连续不断地将上锅筒蒸发面以下 100～200mm 之间含盐浓度较高的锅水排出，以求降低锅水表面的碱度，减少氯离子和悬浮物等，防止汽水共腾的发生和减少锅水对锅筒的腐蚀。排污量应根据对炉水的化验结果确定，并通过调节排污管上针型阀的开度来实现。

为了提高锅炉热效率，可使排污水先流入压力膨胀箱，将压力降低后产生的二次蒸汽回收利用，废水由膨胀箱排出。

(二)对排污装置的要求

(1)排污装置的安装部位。

在锅筒、每组水冷壁下集箱的最低处,都应装定期排污装置;在过热器及每组省煤器的最低处,也应装定期排污装置,此装置还可用来放水;有过热器的锅炉一般应在上锅筒内装设连续排污装置。

定期排污管和锅筒、集箱等部分结合处,要注意排污管应不高于结合件的内壁,否则会影响排污效果。

连续排污管一般分有支管与无支管两种。无支管的是在主管上均匀分布钻有 5～10mm 的孔,来吸出污水;有支管的,连续排污管支管的端部应位于正常水位下 30～40mm,此时效果较好。

(2)排污管的选择。排污管的公称直径为 20～65mm,通常采用 40～50mm 的无缝管,并且以厚壁无缝管为宜。锅炉和排污阀之间的排污管尤其不能用有缝钢管,也不允许采用螺纹连接。

(3)蒸发量≥1t/h 或工作压力≥0.69MPa(7kgf/cm^2)的锅炉,排污管应装两个串联的排污阀。排污阀公称通径的选择同上述排污管的选择要求。

定期排污管道上串联安装两个排污阀,可以是两个快开式的,也可以为一个快开式的和一个慢开式的(靠近锅炉)。

每台锅炉应装独立的排污管,排污管应尽量减少弯头,保证排污通畅并接到室外安全的地点或排污膨胀箱内。

排污不能排在室内,必须排到室外排污池或排污膨胀箱内,排污池和排污膨胀箱都不能密闭。若采用有压力的排污膨胀箱,则箱上应装安全阀,以防止排污时发生爆炸事故。

(4)几台锅炉的定期排污如合用一个总排污管,必须有妥善的安全措施。尤其要防止某一台锅炉停止检修而其余锅炉运行时,因排污而发生检修人员的人身伤害事故。

(三)排污操作方法

如图 1-15 所示,定期排污操作方法有两种。

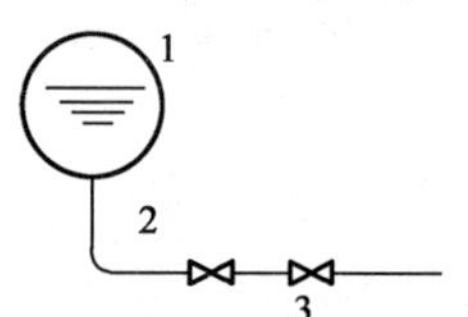

图 1-15　排污阀串联装置

1—锅筒;2—慢开阀;3—快开阀

(1)先开启快开阀,再慎重地稍开启慢开阀,预热排污管道后再全开慢开阀,然后间断关、开快开阀进行快速排污。排污结束,先关闭慢开阀,再关闭快开阀。这种操作方法慢开阀容易磨损,排污后在两个阀门之间无积水。

(2)先开启慢开阀,再间断关、开快开阀,进行快速排污。排污结束,先关闭快开阀,再关闭慢开阀。这种操作方法慢开阀受到保护,当快开阀损坏时可以不停炉更换或修理,但排污后在两个阀门之间存有积水,使快开阀两端压力不平衡,容易泄漏。此外,由于积水的温度低于锅炉温度,在下次排污时,又不能进行暖管,因此容易产生水击。为了防止水击现象,可在排污后,稍开快开阀放尽积水后关闭。

上述两种操作方法都可采用(一般认为后者好),其共同的要求是,先开启的阀门后关闭,后开启的阀门先关闭,重点保护先开启后关闭的阀门。否则,两个阀门均易磨损泄漏,既不经济又不安全。

(四)定期排污注意事项

不允许两台炉同时排污;不允许两个排污阀同时排污;排污时如发现管道水冲击或水压过低及其他异常情况时,应暂停排污,待正常后再进行排污;一般每日白班进行一次定期排污,每一循环回路的排污阀全开后排污时间不超过 30s。

七、吹灰

锅炉受热面被火焰辐射或烟气冲刷的一侧容易积存灰垢,特别是在对流烟道里的对流受热面上。受热面上的沉积灰垢增加热阻,从而降低了锅炉热效率。据测定,受热面上积灰 1mm 厚时,锅炉热损失要增加 4%～5%,严重时积灰堵塞烟道,使锅炉无法运行下去而被迫停炉停产。锅炉受热面积灰后,还会加速管壁的腐蚀。总之,锅炉积灰将使锅炉的出力和热效率降低,受热面的腐蚀加速。因此在锅炉运行中,加强对锅炉受热面的吹灰是极为重要的。吹灰的间隔时间根据炉型和煤质来确定,但在锅炉运行时,应一开始即正常投入吹灰装置,否则,如果锅炉受热面上已粘结成灰垢不易清除。一般情况下,火管锅炉最好每班不少于 1 次,水管锅炉每班不少于 2 次。

(一)吹灰操作

吹灰前必须检查吹灰设备和阀门应无泄漏,并应保暖,以免水分进入烟道,使积灰粘结。吹灰应按顺着烟气的流向逐级进行,即先吹水冷壁,再吹过热器、对流管束,然后吹省煤器、空气预热器,使积灰随烟气流经烟道,进入锅炉尾部的除尘器,而不至落在邻近的受热面上。吹灰时应增大炉膛负压,一般保持负压在 49Pa($5mmH_2O$)。如果有过热蒸汽时,应用过热蒸汽吹灰。当有压缩空气时,最好用压缩空气吹灰,尤其是鳞片式省煤器管,不要用饱和蒸汽吹灰。带有铸铁省煤器而且有旁路烟道的,在吹省煤器前的受热面时,应关闭省煤器烟道,开启旁路烟道。吹灰完毕后,应关严汽阀、开启疏水阀,防止凝结水漏入而腐蚀受热面管道。同时恢复正常炉膛负压,开启省煤器烟道,关闭旁通烟道。

(二)日常吹灰的方法

除定期清扫之外,日常除灰一般采用蒸汽吹灰、空气吹灰和药物清灰三种除灰方法。

1. 蒸汽吹灰

(1)吹灰的蒸汽压力一般在 0.8～1.3MPa,最高不超过 2.0MPa,压力过高或过低不得进行吹灰。

(2)全开吹灰系统疏水阀,稍开吹灰汽门进行暖管,疏水排尽后关闭疏水阀。

(3)全开吹灰汽阀,启动吹灰器开始吹灰。

(4)每次吹灰每台吹灰器吹灰次数不得少于 3 次。

(5)吹灰完毕,关闭吹灰汽阀,开启疏水阀,吹灰后应全面检查吹灰汽阀及疏水阀的严密性,吹灰器停用时,不得有蒸汽漏入炉内,以防吹损受热面。

2. 空气吹灰

空气吹灰是利用压缩空气,将积存在受热面上的烟灰吹走。为了保证吹灰效果,空气压力通常不低于 0.7MPa。空气吹灰的操作顺序和注意事项与蒸汽吹灰基本相同。

空气吹灰具有操作方便、吹灰范围广、比较安全等优点,但需要有压缩空气设备,因此使用较少。

3. 药物清灰

药物清灰是将由硝酸钾、硫黄、木炭等混合粉末组成的清灰剂投入炉膛，被烧成白色或橘色的烟雾，与积存在受热面上的烟灰起化学反应，使烟灰疏松、变脆后脱落。

锅炉清灰剂有氧化型和催化型两种。燃煤锅炉使用氧化型清灰剂，在锅炉负荷高峰时，将其直接投在炉排高温区；燃油锅炉使用催化型清灰剂，利用压缩空气将其雾状喷入炉膛即可。药物清灰剂是近年研制出的产品，使用效果良好，具有省时、省力的特点，但费用较高。

清灰剂用量根据锅炉容量和烟垢的厚度而定。容量为2t/h的锅炉每次用量50kg氧化型清灰剂，4t/h锅炉用75kg，6t/h锅炉用100kg，10t/h锅炉用150kg，20t/h锅炉用250kg，依次累加。

锅炉清灰剂的出现，使锅炉清灰工作变得方便易行。一般每6个月对锅炉进行一次清灰，即可保证锅炉的热效率。

(三)吹灰注意事项

(1)吹灰应在低负荷下顺烟气流向逐个进行，使被吹落的积灰流进除尘器；吹灰不应两个或几个吹灰器同时进行，以免压力下降过多而使炉膛形成正压；汽压下降过多时，应停止吹灰。

(2)吹灰时要注意安全，操作时应戴好手套、眼镜，人站在侧面操作。

(3)锅炉停用之前一定要吹灰，燃烧不稳定时不要吹灰。

资料链接

1. 烘炉时的注意事项有哪些？

答：(1)烘炉时应特别注意控制升温速率和恒温温度，温度偏差应符合要求，一般应保持在±20℃以内。

(2)烘炉投油时应按《工业锅炉运行规程》(JB/T 10354—2002)进行操作，注意控制燃烧器出口温度不高于规定值(如600℃)。

(3)烘炉应连续进行，每1～2h分别记录炉膛温度、燃烧器温度、旋风分离器出口烟气温度、冷渣器等处烟气温度，注意观察锅炉膨胀情况，并记录锅炉各部分的膨胀值，不得有裂纹或凹凸等缺陷，如发现异常应及时采取补救措施。

(4)烘炉人员应严格控制烘炉温度，如发现温度偏离要求值，应及时通过增减木材、调整风量或调节油压来进行调整。

(5)烘炉过程中应经常检查炉墙情况，防止出现异常。

(6)烘炉可根据炉温情况适当投煤控制温度。

(7)利用蒸汽烘炉时，应连续均匀供气，不得间断。

(8)重型炉墙烘炉时，应在锅炉上部耐火砖与红砖的间隙处开设时临时湿气排出孔。

2. 循环流化床锅炉烘炉过程的三个阶段是什么？

答：第一阶段主要是为了排出物理水或游离水，最初升温速率可控制在10～20℃/h之间，100℃后控制升温速度在5～10℃/h之间，当温度在110～150℃之间时，恒温保温一定时间(如重型炉墙、绝热旋风分离器等在几十至近百小时)。

第二阶段主要是为了析出结晶水，升温时控制升温速率在15～25℃/h之间，在300℃后控制升温速度在15℃/h左右并约在350℃温度下保温一定时间。

第三阶段为均热阶段，控制一定的升温速度并在550℃下保温一定时间，然后再升温至工作温度。

3. 简述常用干燥剂的种类及其用量。

答：常用干燥剂有无水氯化钙、生石灰、硅胶三种。一般情况下，放入的干燥剂数量是根据锅炉的水容积来计算的，加生石灰（CaO、块状）时，按2～3kg/m^{3}计算；用工业无水氯化钙（$CaCl_2$，粒径10～15mm）时，按1～2kg/m^{3}计算；用硅胶（放置前应先在120～140℃烘箱中干燥）时，按1～2kg/m^{3}计算。

4. 干燥剂失效判断及处理方法是什么？

答：干燥剂使用一段时间后，当它吸收了锅炉内较多的水分后，就会失去干燥作用，此现象称为干燥剂失效。因此，放入锅炉内的干燥剂要定期检查。当生石灰变成粉末或有发胀现象时，说明干燥剂已失效，必须更换新的生石灰。对于无水氯化钙和硅胶，如果发现由原来分散的颗粒变成粘连的块状时，说明已失效。对于失效的无水氯化钙和硅胶，可放入烘干箱中，将温度调至120～140℃进行烘干处理，待水分析出后，无水氯化钙和硅胶形态恢复到原颗粒形状时，可继续使用。

5. 锅炉排污操作注意事项有哪些？

答：(1)操作排污阀的人员，若不能直接观察到水位表的水位时，应与水位表的监视人员共同协作进行排污。

(2)排污时不能进行其他操作。若必须进行其他操作时，应先停止排污，关闭排污阀后再去进行。

(3)排污操作结束后，关闭排污阀，并检查排污管道出口，确认没有泄漏。

(4)排污管若完全固定死，则会在与锅炉的连接部位产生应力。因此，必须使排污管路有伸缩的自由。当埋设在地下时，应安放在大管、瓦管或暗沟内，不应直接埋入地下，并防止地下埋设管堵塞。

(5)排污管的转弯处，会受到排污水汽的反向作用力，所以每隔适当距离应加固定支撑。

(6)排污管位于烟道内的部分，应用石棉绳、耐火砖等进行可靠绝热，并经常进行检查。对于外燃式横烟管锅炉尤其要注意。

6. 锅炉什么情况下进行要水压试验？

答：锅炉水压试验的目的是检查锅炉受压元件的严密性和耐压强度，在对锅炉作内外部检验之后，遇到下列情况之一时，均应做水压试验：

(1)新制造、新安装的锅炉。

(2)对锅炉主要受压元件进行重大修理、改造或移装的锅炉。

(3)锅炉运行在6年以上。

(4)停用1年以上，需要恢复运行的锅炉。

(5)对锅炉受压元件有怀疑，需要进行水压试验来判断锅炉受压元件情况。

7. 锅炉水压试验的技术要求有哪些？

答：(1)环境温度与水温的确定。

水压试验时的环境温度必须在5℃以上，低于5℃时必须采取防冻措施，以防设备冻坏。水压试验时用水温度应高于露点温度，以防锅炉受压元件表面结露，影响效果。但也不宜过高，以防汽化和产生过大的温度应力，一般用水温度在20～70℃为宜。

(2)加压设备的要求。

锅炉水压试验时，加压设备选择手动试压泵或专用电动试压泵，严禁用锅炉房现有的锅炉给水泵加压。

(3)升压速度的规定和降压方法。

锅炉进行水压试验时，应缓慢升压，升压速度应控制在0.05～0.1MPa/min。锅炉水压试验结束后降压时，也不能过快，应将放水阀门微开，缓慢泄压。放水时，降压速度应控制在0.05～0.2MPa/min。

情境二　煤粉炉的运行与操作

任务 2.1　煤粉炉制粉系统的运行与操作

学习任务

(1)学习煤粉炉制粉系统的启动操作。
(2)学习对煤粉炉制粉系统的要求。
(3)学习煤粉炉制粉系统运行监视。
(4)学习煤粉炉制粉系统的停止操作。
(5)学习煤粉炉制粉系统的故障分析与处理。

学习目标

(1)能够独立完成制粉系统启动前的准备工作。
(2)能够根据制粉系统的初始状态,制订启动方案。
(3)小组合作完成煤粉炉制粉系统的启动操作、正常运行的监视维护工作、故障处理操作、停运操作。
(4)通过监视运行参数、定时巡回检查,防止事故隐患的发生。

操作技能

制粉系统的任务是安全可靠和经济地制造和运送锅炉所需的合格煤粉。从原煤仓出口开始,经给煤机、磨煤机、分离器等一系列煤粉的制备、分离、分配和输送设备,包括中间储存等相关设备和连接管道及其部件和附件,直到煤粉和空气混合物均匀分配给锅炉各个燃烧器的整个系统,简称制粉系统。

煤粉制造是煤粉炉的重要工作之一。它的任务是将煤干燥并制成合格的煤粉,然后送入炉膛燃烧。制粉系统主要有中间储仓式制粉系统、直吹式制粉系统和半直吹式制粉系统三类。中间储仓式制粉系统中,磨成的煤粉先储存在煤仓内,随后根据负荷要求再由煤粉仓送入炉膛内燃烧。配备中间储仓可使磨煤机与锅炉之间具有相对的独立性,锅炉在低负荷时,磨煤机仍可保持在高负荷下运行。直吹式制粉系统不设煤粉仓,磨煤机磨制好的合格煤粉直接送入炉膛内燃烧,磨煤机磨制的煤粉量,应与锅炉负荷同步调节。

本部分只介绍中间储仓式制粉系统的运行。中间储仓式制粉系统又分为乏气送粉制粉系统和热风送粉制粉系统。

一、中间储仓式乏气送粉制粉系统

(一)中间储仓式乏气送粉制粉系统启动前的检查

制粉系统首次启动、检修后的启动或运行中出现故障重新启动之前,都必须对所属设备进

行全面检查，确认具备启动条件后方可启动。

(1)工作现场的检查。现场要清洁，照明要好，检修后脚手架要拆除。设备周围及管道上无积粉、自燃现象发生的隐患。

(2)系统各防爆门的检查。各防爆门完整严实，无杂物，管道保温良好，无漏风、漏粉现象。各入孔阀门，粗粉分离器调节挡板装置完整。各锁气器应关闭严密，动作灵活，锥形帽与下粉管同心，不得卡住和偏离。

(3)旋风分离器的检查。旋风分离器的下粉筛子完整，无积粉及杂物，并在投入位置。保温良好，其下部导向挡板位置正确。

(4)煤粉仓的检查。煤粉仓封闭要严密，煤粉漂子要完好，指示要与实际相符，吸潮管无堵塞及泄漏现象。

(5)所有的表计齐全，指示正确。

(6)润滑油系统的检查。润滑油系统正常，油泵出、入口门应开启，并开启磨煤机出入口大瓦供油门。油箱油液面为油箱高度1/2～2/3。

(7)冷却水系统的检查。冷却水系统畅通，回水无堵塞和溢流。

(8)减速传动装置完好，安全罩齐全牢固；木屑分离器完好、可靠并投入运行；给煤机各部件完好，操作调理灵活；各风门挡板开启灵活，传动装置完整。标志明确，开关方向与实际指示一致。

(9)原煤仓煤量充足，振动器完好，连接牢固。蒸汽消防系统完好，各阀门关闭严密。

(二)中间储仓式乏气送粉制粉系统启动操作

中间储仓式乏气送粉制系统是排粉机，兼作一次风机。该系统启动(停机)的操作与锅炉和制粉系统所处的状态有关。不同的状态，中间储仓式乏气送粉制粉系统的启动(停机)操作不同，下面仅介绍磨煤机备用时中间储仓式乏气送粉制粉系统的启动和停机操作。

(1)首先启动润滑系统，保证磨煤机润滑正常。

(2)开启电动机，启动时间应不超过45s。如果超过45s应停止启动，查明原因后再启动。进行风路切换(因锅炉启动后需由排粉机供应一次风)。

(3)开启磨煤机入口混合风门及调整门，然后逐渐开启旋风分离器至排粉机入口的调整门。逐渐关闭热风管至排粉机入口的混合门和调整门。

(4)在风路切换过程中，应严格监视和调节一次风，一次风压应尽量稳定，风路切换后，对磨煤机的暖风机和制粉系统进行暖管。

(5)当磨煤机出口温度达到60～65℃时，启动磨煤机和给煤机，同时调整给煤量和通风量。

(6)磨煤机入口风压、进出口风压差、出口温度应处于正常值。

(7)设备启动后应检查磨煤机、给煤机、电动机等运转是否正常；输煤管路、风路以及转动设备的方向、电流大小等是否正确。

(三)中间储仓式乏气送粉制粉系统停机操作

(1)首先停止给煤机，待磨煤机空载后停止磨煤机。

(2)之后切换排粉机风门系统，缓慢开启排粉机入口热风门的同时，逐渐关小磨煤机入口热风门和排粉机入口乏气门，直至关闭严密。注意保持排粉机出口风压稳定。

(3)最后停止磨煤油泵运行，拉开制粉系统联锁。

二、中间储仓式热风送粉制粉系统的启动和停机

中间储仓式热风送粉制粉系统的启、停操作亦随锅炉和制粉系统的状态不同而不同。现仅对磨煤机、排粉机备用时的启动和停机操作介绍如下。

(一)中间储仓式热风送粉制粉系统启动前的检查

中间储仓式热风送粉制粉系统的启动前的检查同中间储仓式乏气送粉制粉系统启动前的检查。

(二)中间储仓式热风送粉制粉系统启动操作

(1)制粉系统启动前各阀门、挡板位置如下:

①旋风分离器下粉管导向挡板倒至粉仓。粉仓及输粉螺旋吸潮气管挡板关闭。

②原煤仓插板开启。

③排粉机入口挡板关闭。排粉机出口三次风门关闭。

④三次风冷却风门开启。

⑤磨煤机入口总风门关闭;磨煤机入口热风门关闭;磨煤机入口再循环风门关闭;磨煤机入口冷风门开启。

(2)启动油泵,投入油泵联锁。

(3)开启排粉机出口三次风门。启动排粉机,缓慢开启排粉机入口挡板,注意保持炉膛负压稳定。

(4)开启磨煤机入口总风门,稍开热风门,进行暖管。当磨煤机出口气粉混合物温度升至额定,启动磨煤机和给煤机。

(5)开大热风门,关小冷风门,逐渐增加给煤量,调整系统风压(根据需要可投入再循环)控制磨煤机出口温度,投入制粉联锁。

(三)中间储仓式热风送粉制粉系统停机操作

(1)首先开启冷风门,减少给煤量,关闭磨煤机入口再循环阀门。

(2)停止给煤机运行,关小热风门,控制磨煤机出口温度不高于70℃。待磨煤机空载后停止磨煤机,同时停止磨煤机入口热风门。

(3)抽净存粉,当磨煤机出口温度低于60℃时,缓慢关闭排粉机入口挡板及磨煤机入口总风门,注意保持炉膛负压不应变化过大。

(4)停止排粉机运行,关闭排粉机入口挡板。关闭排粉机出口三次风门,关闭粉仓吸潮阀门。开启三次风冷却风门。

(5)最后停止磨煤机油泵运行,拉开油泵联锁和制粉系统联锁。

三、对中间仓储式制粉系统的要求

(1)在排粉机出口与磨煤机入口之间,设有乏气再循环管,可使部分乏气回到磨煤机中再循环,以便于磨煤通风(输送风)、干燥通风和一次风(或三次风)三者之间风量的协调。

(2)在煤粉仓顶部设有吸潮管,以将其潮气吸出,防止煤粉受潮结块。

(3)对于煤粉具有爆炸性的燃料(如烟煤),在磨煤机和排粉机的进、出口,分离器和煤粉仓顶部以及煤粉管道最高部位等处设有防爆门,以防止煤粉发生爆炸时损坏制粉设备。

(4)从磨煤机至排粉机入口整个处于负压运行，在磨煤机入口处一般维持200Pa的负压，沿煤粉流动方向，负压逐渐增大。

(5)在排粉机入口部位管道上要设有冷风门或来自一次风机或送风机的冷风管，用冷风调节介质温度快捷方便。但冷风的吸入，与漏风一样会使锅炉排烟温度升高。所以，制粉系统尽量不吸入或少量吸入冷风。

四、制粉系统的运行监视

(一)给煤量的调节

制粉系统运行时，磨煤机的给煤量和出煤粉量是否平衡，可以通过磨煤机出口风压差、出口温度以及磨煤运转声音和电流变化情况来判断。

(二)风量调节

由于制粉系统中的通风量既影响煤粉干燥，又影响磨煤量，同时还影响锅炉的燃烧过程，故对于制粉系统的调整，主要是控制制粉系统的运行操作风门调节风量。

(三)出力调节

制粉系统出力的调节是通过对给煤量、通风量及磨煤机进口热风温度的调节来完成的。

(四)煤粉细度调节

增加磨煤机的通风量，可使煤粉变粗；反之，可使煤粉变细。

(五)煤粉水分的调节

煤粉在磨煤机内的干燥程度，用磨煤机出口气粉混合物来衡量。出口温度高，对煤的磨碎和锅炉燃烧有利。在保证不发生煤粉爆炸的前提下，应尽量保持较高的出口温度。

(六)制粉系统的防爆监视

制粉系统在启动过程中很容易发生煤粉爆炸，这是因为磨煤机出口温度不易控制，系统中的煤粉没有抽尽，煤粉发生氧化甚至自燃，为此在运行中应进行监视。

五、制粉系统的故障

(一)制粉系统煤粉爆炸

制粉系统煤粉爆炸现象：制粉系统煤粉爆炸时，系统负压变正，从不严密处向外冒烟、冒火；有巨大响声，防爆门破裂，排粉机电流增大；煤粉仓煤粉自燃时，粉仓温度升高，粉仓上部盖板灼热并有瓦斯气味，从不严密处向外冒烟；给粉机来粉不正常，燃烧不稳定，严重时将一次风管烧红或燃烧器烧坏。

制粉系统煤粉爆炸原因：煤粉易自燃和爆炸是煤粉的特性之一。在风粉气流当中，当煤粉在空气中的浓度达到1.2～2.0kg/m^{3}时；制粉管道空气中氧含量大于17.3%(体积分数)时；煤粉过细，煤的挥发分较大时；运行中出现断煤或调整不当使磨煤机出口温度过高时；管道内部积粉自燃或有外来火源时；未定期降粉，致使煤粉仓壁粘粉自燃等，均有可能使制粉系统发生煤粉爆炸。

制粉系统煤粉爆炸处理：发生制粉系统爆炸时，要立即停止制粉系统运行。乏气送粉系统可先停止球磨机运行，联锁装置使给煤机自动停止、冷风门自动开启。手动限制排粉机入口乏气门开度，保持一次风稳定，使锅炉恢复正常运行，然后进行风路切换。

对于热风送粉系统，先停止排粉机运行，联锁装置使球磨机、给煤机停止，冷风门自动开启。手动关闭排粉机入口挡板，保持锅炉正常运行。查找煤粉爆炸原因，并彻底进行消除，确认消除火源后，可重新启动制粉系统。

（二）磨煤机故障

磨煤机是制粉系统的主要设备，其作用是将煤块破碎并磨制成煤粉，并对煤粉进行干燥。煤在磨煤机中的磨制过程，主要受到撞击、挤压和研磨三种力的作用。但对不同形式的磨煤机，煤在磨制过程中所受的主要作用力是不同的，磨煤机工作中易出现的故障分析如下。

1. 磨煤机内部着火

磨煤机内部着火的现象：磨煤机出口温度不正常地升高，周围有灼热感，磨煤机入口铁皮烧红或从检查孔处向外冒烟火。

磨煤机内部着火的原因：磨煤机出口温度过高；原煤斗自燃的煤进入磨煤机；前一次停止磨煤机运行时，机内残留的煤粉未抽净且间隔时间较长而引起自燃；检修时不注意或因操作不当点燃了磨煤机内的煤粉。

磨煤机内部着火的处理：立即停止制粉系统运行，马上关闭各风门，开启蒸汽灭火门灭火或用水喷成雾状灭火，确认火已熄灭，即可清理内部，重新启动。

2. 磨煤机满煤

磨煤机满煤现象：球磨机入口负压变正，出口温度下降，压差值到最大；排粉机及三次风压减小；磨煤机罐内声音沉闷；大罐两头向外冒粉。

磨煤机满煤原因：磨煤机满煤多为运行控制不当所致。例如，给煤不均或给煤量过大，通风量过小，风煤比例失常又未及时调整；原煤自流以及自动调节装置失灵等，都可能造成磨煤机满煤。此外，煤的水分过高，干燥能力不足，煤和制粉之间平衡受到破坏，也会造成磨煤机满煤。

磨煤机满煤处理：满煤故障处理的原则是，停止给煤；加大通风量，必要时，停止磨煤机的运行，打开入孔门，将煤清理出来。

3. 磨煤机跳闸

磨煤机跳闸现象：磨煤机、给煤机电流为零，发出跳闸报警，事故喇叭响；操作开关红灯熄灭，绿灯闪烁；直吹式系统锅炉负荷下降。

磨煤机跳闸原因：可能是润滑油系统故障，致使油压低于规定值，自动跳闸；可能是磨煤机超过负荷，自动跳闸；或者由于其他故障，值班人员就地用事故按钮紧急停止磨煤机。

磨煤机跳闸处理：将操作开关转到停止位置，解列自动，切换风路，迅速查明原因，准备重新启动，必要时启动备用磨煤机。处理过程中要严密监视磨煤机出口温度，以防超温。

（三）制粉系统润滑油压低

制粉系统润滑油压低原因：油箱内油位过低，滤油器堵塞严重，压力油管泄漏，油质劣化，油泵故障，检修质量不良使齿轮泵间隙过大等，均可导致油压低。此外，一个母管同时供给两台以上磨煤机的润滑油系统，调整其中一台磨煤机的油压，也可能导致另外一台磨煤机的油压波动降低。

制粉系统润滑油压低处理：油箱油位过低，要及时补油；过滤器堵塞，要进行清除；油泵故障，要启动备用油泵；调整油压时要注意协调和缓慢。

(四)中间储仓式制粉系统旋风分离器堵塞

中间储仓式制粉系统旋风分离器堵塞现象：锅炉汽温、汽压急剧上升，排粉机电流增大并摆动；三次风压增大，排粉机入口负压增大；旋风筒下粉锁气器不动作或动作不灵活；从下粉筛子处向外冒粉，粉位下降。

中间储仓式制粉系统旋风分离器堵塞原因：堵塞的原因是多方面的，如未及时清理下粉管筛子上的杂物；启动时未充分暖管，致使煤粉在旋风筒内粘结；粉仓满粉以及粗粉分离器工作失常；下粉管锁气器卡住；运行中输粉螺旋跳闸等。

中间储仓式制粉系统旋风分离器堵塞危害：旋风分离器堵塞是中间储仓式制粉系统常见的故障之一，后果比较严重，直接影响锅炉燃烧的稳定，破坏正常的燃烧调整，排粉机大量带粉，直接送入炉膛上部燃烧，使高温对流过热器的工作受到很大威胁。

中间储仓式制粉系统旋风分离器堵塞处理：当发现旋风分离器堵塞时，要立即停止给煤，停止磨煤机运行，关小磨煤机入口风门及排粉机出口风门，开大再循环阀门，减小三次风压，清除下粉管筛子杂物，活动锁气器，振动下粉管，使旋风分离器内堵塞的煤粉落入粉仓内，然后恢复制粉系统运行。若输粉螺旋跳闸，应立即将下粉导向挡板导至粉仓位置，将输粉螺旋开关拉回停止位置，打开粉仓下粉的挡板。

(五)中间储仓式制粉系统粗粉分离器回粉管堵塞

中间储仓式制粉系统粗粉分离器回粉管堵塞现象：回粉管锁气器不动作；排粉机电流上升；煤粉颗粒明显变粗；在旋风分离器下粉筛子上有大颗粒煤粉；回粉管温度降低。

中间储仓式制粉系统粗粉分离器回粉管堵塞原因：木屑分离器未投入运行，或分离格栅大面积磨损，丧失分离作用；锁气器锥形帽脱落或工作失常等。

中间储仓式制粉系统粗粉分离器回粉管堵塞处理：恢复锁气器或木屑分离器工作，取出卡塞杂物，疏通回粉管。

基础知识

一、制粉系统的分类

制粉系统的分类见表2-1。

表2-1　制粉系统的分类

分类名称		概　念	特　点
按乏气排出方式分	开式制粉系统	从细粉分离器上部出来的气粉混合物直接排入大气	乏气排入大气污染环境
			燃用的煤很湿(折算水分质量分数为10%～20%)时采用
	闭式制粉系统	从细粉分离器上部出来的气粉混合物作为一次风或三次风送入炉膛	乏气进入炉膛被利用
			乏气作为再循环调整磨煤机出口温度
按工作压力分	正压制粉系统	排粉机在制粉系统之前，使制粉系统在正压下工作	排粉机不受煤粉的磨损，使用寿命长，冷空气不漏入制粉系统
			煤粉易泄漏，现场工作条件差；排粉机工作温度高，耗电量大

续表

分类名称		概　念	特　点
按工作压力分	负压制粉系统	排粉机在磨煤机之后，使制粉系统在负压下工作	煤粉不会向外泄漏，通过排粉机的是温度较低的气粉混合物，轴承工作条件好，排粉机耗电少
			排粉机磨损严重，冷风易漏入制粉系统
按煤粉排出方式分	直吹式制粉系统	磨煤机磨好的煤粉不是送入煤粉仓储存，而是直接送入炉膛燃烧	系统简单，设备投资少，发生爆炸的可能性小，水分较多的褐煤和挥发分及可磨系数较高的烟煤采用
	储仓式制粉系统	磨煤机磨好的煤粉经过细粉分离器分离后将煤粉送入粉仓储存，然后由给粉机送入炉膛	制粉系统工作安全可靠，制粉电耗下降，有利于制粉系统的维修保养，改善了排粉机的工作条件，易于调节负荷
按送粉介质分	干燥剂送粉制粉系统	从细粉分离器出来的含 10%～15%(体积分数)煤粉的气粉混合物，经排粉机升压后作为一次风输送煤粉	省掉一次风机，系统简单。但因为干燥剂温度低、含水分多、含氧量低，所以燃用挥发分高、易着火的煤总是采用干燥剂送粉
	热风送粉制粉系统	从细粉分离器出来的含 10%～15%(体积分数) 煤粉的气粉混合物，经排粉机升压后作为三次风喷入炉膛，采用一次风机将空气预热器来的热风升压后作为一次风输送煤粉	增加一次风机，系统复杂，燃用挥发分低、不易着火的煤(如无烟煤、贫煤)总是采用热风送粉

二、磨煤机的作用、分类

磨煤机是制粉系统的主要设备，其作用是将煤块破碎并磨制成煤粉，并对煤粉进行干燥。

磨煤机的形式很多，根据磨煤部件的转速不同大致分为三种：

(1)低速磨煤机，转速为 15～25r/min(0.25～0.42r/s)，如筒式钢球磨煤机，也称球磨机；

(2)中速磨煤机，转速为 25～100r/min(0.42～1.7r/s)，如碗式磨煤机、轮式磨煤机和环球式磨煤机等；

(3)高速磨煤机，转速为 425～1000r/min(7.08～16.7r/s)，如风扇磨煤机。

国内电厂采用较多的是筒式钢球磨煤机和中速磨煤机。

三、我国常见的制粉系统类型

(1)钢球磨煤机中间仓储式乏气送粉系统。

(2)钢球磨煤机中间仓储式热风送粉制粉系统。

(3)钢球磨煤机中间仓储式开式制送粉系统。

(4)双进双出钢球磨煤机中间直吹式乏气送粉系统。

(5)中速磨煤机正压直吹式热一次风机制粉系统。

(6)中速磨煤机正压直吹式冷一次风机制粉系统。

(7)风扇磨煤机直吹式二介质干燥制粉系统。

(8)风扇磨煤机直吹式三介质干燥制粉系统。

本部分以中间储仓式制粉系统的干燥剂送粉系统和热风送粉系统为例进行分析，工业锅炉一般采用钢球磨煤机中间储仓式制粉系统，如图 2－1 所示。

储仓式制粉系统的工作过程：小煤块由煤斗通过给煤机在下行干燥管中由热风预先加热后，与干燥热风一同进入磨煤机。磨制好的煤粉被气流带入粗粉分离器。被分离出来的粗粉，经过锁气器(防止煤粉倒流和管道漏风)和回粉管返回磨煤机重新磨碎。合格的细煤粉随气流进入细粉分离器进行粉风分离，煤粉落入煤仓，或经螺旋输粉机送到其他煤粉仓，经排粉机提升压力后，可与经给粉机从煤粉仓获得的煤粉混合，作为一次风喷入炉内燃烧。这种由乏气输送煤粉的系统，称为乏气送粉系统，如图 2-1(a)所示。煤粉燃烧所需其余空气(二次风)由二次风箱提供。

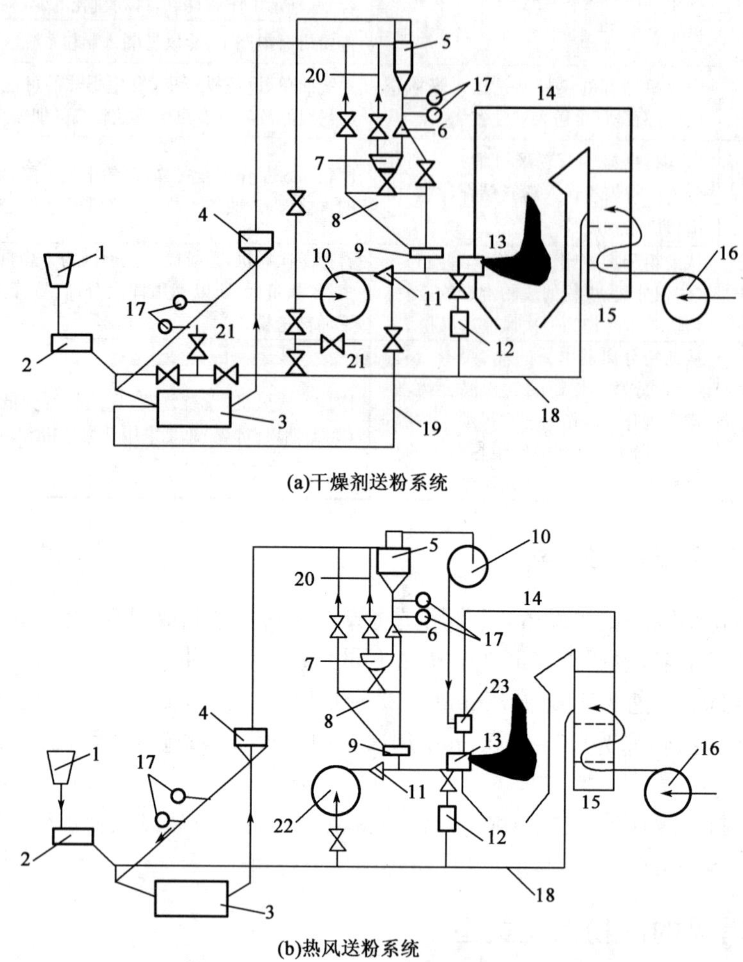

(a)干燥剂送粉系统

(b)热风送粉系统

图 2-1　中间储仓式制粉系统

1—原煤仓；2—给煤机　3—磨煤机；4—粗粉分离器；5—旋风分离器；6—切换挡板；7—螺旋输粉机；8—煤粉仓；9—给粉机；10—排粉机；11—一次风箱；12—二次风箱；13—燃烧器；14—锅炉；15—空气预热器；16—送风机；17—锁气器；18—热风管道；19—再循环管；20—吸潮管；21—冷风门；22—一次风机；23—三次风喷口

乏气送粉系统的一次风温较低，当锅炉燃用着火温度较高、反应性能较差的煤种(如无烟煤、贫煤)时，要求较高的一次风温度，以利于煤粉及早着火燃烧。在这种情况下，可直接采用温度较高的热风作为一次风来输送煤粉，入炉燃烧，来自排粉机的乏气，则送到布置在主燃烧器上面的三次风喷嘴，作为锅炉的三次风。这种系统称为热风送粉系统，如图 2-1(b)所示。

资料链接

1. 煤粉的一般特性有哪些?

答：煤粉通常由形状很不规则、尺寸小于 500μm 的煤粒和灰粒组成。大部分粒径为 20～60μm，最大颗粒很少超过 250～500μm。刚磨制的疏松煤粉的堆积密度为 0.4～0.5t/m³，经堆存自然压紧后，其堆积密度 0.7t/m^3。

煤粉颗粒尺寸小、比表面积大，50μm 煤粉颗粒的比表面积可达 90～100m^2/kg。干煤粉能吸附大量空气，彼此间被空气分隔开。因此煤粉与空气的混合物像流体一样具有很好的流动性和很小的堆积角，可方便地采用气力在管内输送。但煤粉容易通过缝隙向外泄漏，污染环境。

因煤粉易吸收空气，极易受到缓慢氧化，致使煤粉温度升高，达到着火温度时，会引起煤粉自然。煤粉和空气的混合物在适当的浓度和温度下甚至发生爆炸。

煤粉颗粒具有附着性和团聚性。煤粉颗粒在接触表面上的附着性，与颗粒分子和接触表面相互的分子力、电磁力以及毛细力等有关。煤粉颗粒的低振幅振荡会使微细颗粒渗透至大颗粒之间的空隙或缝隙中，造成团聚、结块，堆积密度增加，附着性也增加。

2. 影响煤粉爆炸的因素有哪些？

答：影响煤粉爆炸的因素有煤的挥发分含量、煤粉细度、煤粉浓度和温度等。挥发分多的煤粉容易爆炸，挥发分少的煤粉不容易爆炸；煤粉越细，煤粉与空气的接触面积越大，煤粉越容易自燃和爆炸。一般挥发分小于10%的无烟煤煤粉，或者煤粉颗粒大于 200μm 时几乎不会爆炸。煤粉在空气中的浓度为 1.2～2.0kg/m^3 时，爆炸危险性很大。当烟煤浓度为 0.25～3kg/kg(空气)，温度 70～130℃时，一旦有点火源就会发生煤粉爆炸。输送煤粉的气体中，氧气的体积分数小于 15%时，煤粉不会爆炸。煤粉气流混合物的温度高时容易爆炸，低于一定温度则无爆炸的危险。风粉混合物在管内流速要适当，过低会造成煤粉的沉积，过高又会引起静电火花导致爆炸，一般应控制在 16～30m/s 的范围内。

3. 如何表示煤粉的细度？

答：煤粉是由尺寸不同的颗粒组成的，无法用煤粉尺寸来表示煤粉的细度。煤粉颗粒的尺寸是指它能通过最小筛孔的尺寸，并称为煤粉粒子的直径。煤粉细度是指一定质量的煤粉通过一定尺寸的筛孔进行筛分时，筛子上剩余量占筛分煤粉总量的百分比，即 $R_x = \frac{a}{a+b} \times 100\%$，所以煤粉的细度是用特别的筛子来测定的。式中 R_x 表示煤粉细度；a 表示留在筛子上煤粉质量，单位 g；b 表示经筛孔落下煤粉质量，单位 g；x 表示筛子的筛号或筛孔的边长，单位 μm。显然，留在筛子上的煤粉越多，表示煤粉越粗，反之表示煤粉越细。

筛号就是每厘米长度中的孔眼数。例如 30 号筛子，就是每厘米长度内有 30 个孔，这种筛子的孔眼长度为 200μm。常用的筛子规格及煤粉细度表示方法见表 2-2。用 30 号筛子筛分时，筛子上的剩余质量百分数用 R_{200} 表示。例如某煤粉试样在 30 号筛子上的剩余质量百分数为 30%，则可用 $R_{200}=30\%$ 来表示煤粉试样的细度。发电厂常用 30 号和 70 号两种筛子，换言之，常用 R_{200} 和 R_{90} 来表示煤粉的细度和均匀度。如果只用一个数值来表示煤粉细度，则常用 R_{90}。

但是，只用一种筛子来测定煤粉的细度，不能全面反映煤粉颗粒的特性。对于 R_{90} 相同的煤粉，如 R_{200} 不同，则表明两种煤粉试样中的大颗粒煤粉含量不同，R_{200} 较大者，含大颗粒的煤粉比例较大，燃烧时容易形成较大的机械不完全燃烧损失。

因此，同时用 R_{90} 和 R_{200} 来表示煤粉细度，不但说明了煤粉的细度，也说明了煤粉颗粒大小的均匀性。对于颗粒较均匀的煤粉，煤粉的经济细度 R_{90} 之值较大。

表 2-2 常用的筛子规格及煤粉细度表示方法

筛号(每厘米长度的孔数)	6	8	12	30	40	60	70	80	100
孔径(筛孔内边长)，μm	1000	750	500	200	150	100	90	75	60
煤粉细度符号	R_1	R_{750}	R_{500}	R_{200}	R_{150}	R_{100}	R_{90}	R_{75}	R_{60}

4. 气粉混合物的浓度达到多少具有爆炸的危险?

答:挥发分含量较高的煤粉与空气混合物的浓度在一定范围内时具有爆炸性。当煤粉的浓度在0.3～0.6kg/m^3 时,爆炸性最强;当煤粉浓度大于1kg/m^3 时,爆炸性反而减小;当煤粉的浓度小于0.1～0.3kg/m^3 时,通常就没有爆炸危险了。具体数值与煤粉的细度、挥发分和水分的含量有关。当煤粉的挥发分含量小于5%(体积分数)时,就没有爆炸危险了。

5. 什么是煤粉的经济细度?

答:煤粉越细,由于单位质量煤粉的表面积越大,煤粉燃烧越迅速,机械不完全燃烧热损失越小,锅炉效率越高,但是煤粉磨制消耗电能,磨煤设备遭受磨损,折旧费也提高。所以煤粉越细,磨煤电能消耗越多,磨煤机和钢球的磨损等运行消耗越大;反之,煤粉越粗,磨煤电耗和金属磨损越小,但机械不完全燃烧热损失越大。显然煤粉过粗和过细都是不经济的。

将机械不完全燃烧热损失、磨煤电耗和金属磨损相加得到的和最小时,所对应的煤粉细度即是煤粉的经济细度。也可以说存在一个使得锅炉不完全燃烧损失、磨煤电耗及金属磨损的总和最小的煤粉细度,称之为煤粉经济细度。

由于不完全燃烧损失除了与煤粉的细度有关外,还与燃料的挥发分含量和燃烧设备的形式有很大关系,用相同的煤生产相同细度的煤粉,因采用不同的制粉设备,磨煤损耗也是不同的。所以,煤粉的经济细度并不是固定不变的,而是取决于煤种、制粉设备、燃烧器的形式和运行工况等多种因素。对于某台锅炉来说,燃用不同煤种时的经济细度一般要通过锅炉的燃烧试验来确定。

对一般煤粉炉而言,根据经验,煤粉的经济细度:无烟煤,R_{90} =5%～6%;优质烟煤,R_{90} =25%～35%;劣质烟煤,R_{90} =15%～20%;褐煤,R_{90} =40%～60%。即对于挥发分含量高,易于燃烧的煤,煤粉可以磨得较粗;反之,对于挥发分含量低,难以燃烧的煤,煤粉应该磨得较细。

知识拓展

1. 为什么制粉系统启动时必须要进行暖管?

答:中间储仓式制粉系统设备较多,管道较长,启动时煤粉空气混合物中的水蒸气很容易在旋风分离器管壁上结露,造成煤粉粘结,流动阻力增加,甚至引起旋风分离器堵塞,特别是在气候较冷和保温不完善时更是如此。因此在启动过程中要注意磨煤机出口温度和排粉机入口温度的差值,进行必要的暖管后方可给煤。

2. 为什么在启动过程中要控制磨煤机出口温度不超过规定值?

答:磨煤机在启动过程中,工况变动很大。此时,出口温度若控制不当,很容易使温度超过规定值而导致煤粉爆炸。因为在停运时系统中残存的煤粉没有抽净会发生缓慢氧化,这样再启动通风就会搅动和扬起残存的煤粉,在温度适当和气粉浓度达到一定值时就会引起爆炸。因此,在启动过程中,当磨煤机出口气粉混合物温度达到规定数值时就要向磨煤机内给煤。在停用过程中,随着给煤量的减少应逐渐减少热风。

3. 如何使用再循环调节磨煤机入口风温?

答:在需要降低磨煤机入口温度时,应开大再循环风门并相应关小热风门,在保持风量不变的情况下,使入口温度降低。当需要提高入口温度时,应关小再循环风门并相应开大热风门,使入口温度升高。为保证锅炉运行的经济性,不宜使用冷风门进行正常调节。因为冷风加入系统后,会使流经空气预热器的风量减少,导致排烟温度升高。只有在需要急速降低磨煤机出口温度的情况下,才允许开启冷风门调节。

4. 制粉系统停运时为什么必须抽净存粉?

答:制粉系统停运时将磨煤机内余粉抽净,既是防止自燃和爆炸的一种重要措施,也是为重新启动创造良好条件。因为磨煤机内留粉过多,会加剧煤粉氧化自燃的可能。同时,长时间停运,当煤粉放热降温后,又会吸收空气中的水分而使煤粉变潮湿,再启动时,若暖管不充分,大量湿煤粉会粘结在旋风分离器下粉筛子上而造成旋风分离器堵塞等故障,使制粉系统正常运行遇到很大困难。

5. 为什么储仓式制粉系统运行时,排烟温度升高?

答:储仓式制粉系统由于磨煤机两端密封较困难,多采用负压式制粉系统。当制粉系统运行时,由于系统漏入的冷风进入炉膛。如果维持炉膛出口过量空气系数不变,则相应要减少炉内送风,造成空气预热器空气侧的流速降低,使空气预热器吸热量减少,导致排烟温度升高。此外,制粉系统运行时,煤中的水分在高温空气加热下成为水蒸气进入炉膛,导致烟气量增加,也提高了排烟温度。

6. 中间储仓式和直吹式制粉系统的优缺点有哪些?

答:中间储仓式制粉系统需要有煤粉仓、细粉分离器、给粉机等设备,系统复杂庞大,因而建设初投资大。由于系统设备多,管道长,容易在系统中产生煤粉沉积,增加了煤粉爆炸的危险性。系统中需设置许多防爆装置。系统中负压较大,漏风量大,致使输粉电耗增大,锅炉效率降低;在直吹式制粉系统中,磨煤机磨制的煤粉全部直接送入炉膛内燃烧,因此具有系统简单、设备部件少、输粉管道阻力小、运行电耗低、钢材消耗少、占有空间小、投资少和爆炸危险性小等优点。

中间储仓式制粉系统中,因为锅炉和磨煤机之间有煤粉仓,所以磨煤机的运行出力不必与锅炉随时配合,即磨煤机出力不受锅炉负荷变动的影响,磨煤机可以一直维持在经济工况下运行。即使磨煤机设备发生故障,煤粉仓内积存的煤粉仍可以供应锅炉需要,同时,可以经过螺旋输粉机调运其他制粉系统的煤粉到发生事故系统的煤粉仓去,使锅炉继续运行,提高了系统的可靠性。在直吹式系统中,磨煤机的工作直接影响锅炉的运行工况,锅炉机组的可靠性相对低些。

负压直吹式制粉系统中,燃烧需要的全部煤粉都要经过排粉机,因此,它的磨损较快,发生振动和需要检修的可能性就大。而在储仓式制粉系统中,只有少量细煤粉的乏气流经排粉机,所以它的磨损较轻,工作比较安全。

当锅炉负荷变动或燃烧器所需煤粉增减时,储仓式制粉系统只要调节给粉机就可以适应需要,既方便又灵敏。而直吹式系统要从改变给煤量开始,经过整个系统才能改变煤粉量,因而惰性较大。此外,直吹式系统的一次风管是在分离器之后分支通往各个燃烧器,燃料量和空气量的调节手段都设置在磨煤机之间,同一台磨煤机供给煤粉的各个燃烧器之间,容易出现风粉不均现象。

任务 2.2 煤粉炉的启动

学习任务

(1)学习煤粉炉启动前的检查与准备。

(2)学习煤粉炉的上水操作。

(3)学习煤粉炉的点火、升温升压过程的操作。

(4)学习煤粉炉的暖管并汽操作。

(5)学习煤粉炉升温升压期间对锅炉设备的保护方法。

学习目标

(1)能独立完成煤粉炉启动前的检查与准备工作。

(2)小组合作根据煤粉炉初始状态和系统布置情况,制订锅炉启动方案。

(3)小组合作完成锅炉的上水、点火、升温升压、暖管并汽等一系列启动操作。

(4)小组合作在煤粉炉启动过程中能够对水冷壁、锅筒、过热器、省煤器及空气预热器等设备实施正确的保护措施。

(5)通过对运行参数的监视及定时巡回检查,防止事故发生。

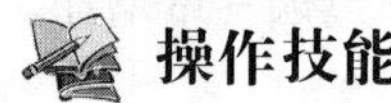

操作技能

一、煤粉炉的冷态启动

(一)煤粉炉启动前的检查与准备

煤粉炉在启动前,必须对锅炉本体及其附属设备进行详细而全面的检查,做到对设备心中有数,明确设备是否具备启动条件,以及应该采取的措施。

1. 煤粉炉启动前的检查

(1)锅炉燃烧室和烟道内部检查。炉墙完好,严密,无严重烧损现象。观火孔,打焦孔及人孔门完整,能严密关闭。水冷壁管、过热器管、省煤器管及空气预热器管的外形正常,内部清洁,各部的防磨护板完整牢固。燃烧器喷口完整,无结焦渣。各测量点和控制装置的附件位置正确,完整,严密畅通。防爆门完整,严密,防爆门上及其周围无杂物,动作灵活可靠。各挡板完整良好,传动装置完好,开关灵活,位置指示正确。吹灰器冷态试转正常,程序操作正常。无焦渣及杂物,脚手架已拆除。炉膛内部检查完毕。确认炉膛,烟道无人后,将各人孔门、检查门严密关闭。

(2)锅炉各阀门、风门、挡板检查。与管道连接完好,法兰螺栓牢固。各执行机构手轮完整、牢固,阀杆洁净,无弯曲及腐蚀现象,开关灵活。阀门的填料应有适当的压紧余隙,主要阀门的保温良好(高压高温管道的阀门保温不全,禁止启动)。传动装置的连杆、接头完整,各部销子固定牢固,电控装置良好。具有完整的标志牌,名称、编号及开关方向应清晰正确。各开关位置指示器的指示与实际位置相符合。

(3)锅炉承压部件的膨胀指示器检查。指示板牢固地焊接在锅炉骨架或主要钢梁柱上,指示垂直焊接在膨胀元件上。指示板的刻度正确、清楚,在板的基准点上涂有红色标记。指针无杂物卡住,指针与板面垂直,针尖与板面距离 3～5mm。锅炉在冷态时,指针应指在指示板上的基准点上。

(4)锅炉转动机械检查。所有的安全遮拦及保护罩完整、牢固,靠背轮连接完好,地角螺栓不松动。轴承内的润滑油洁净,油位计完整,指示正确,清晰可见,并刻有最高、最低及正常油位线,油位应在正常或接近正常油位。放油门严密不漏,油盒内有足够的润滑脂。冷却水充足,排水管通畅,水管不漏。轴承温度计齐全好用。轴承上及周围无杂物,手动盘车灵活。

(5)锅炉安全阀检查。排汽管完整、畅通、装设牢固。安全阀的附件完好,管道保温完整。

(6)锅炉汽水系统检查。锅炉上所有阀门应完好无损、动作灵活、方向正确。远方控制机构应灵活。对电动阀门应进行遥控试验,证实其电气和机械部分完整可靠。各阀门应调整至启动位置,如空气阀、向空排汽阀、给水总阀、省煤器再循环阀、蒸汽管道上的疏水阀等应开启;主给水和旁路给水的隔绝门、给水管和省煤器的放水阀、水冷壁下联箱的放水阀、连续排污二次阀门、事故放水二次阀阀门等应关闭。水位计汽水阀门应开启,放水阀关闭,压力表应处于投入状态,所有安全阀应完好,无影响动作的障碍物。

(7)锅炉操作盘的检查。操作盘上各电气仪表、热工仪表、信号装置、指示灯、操作开关等应完整好用。

(8)制粉系统、除尘器、燃油系统和点火设备的检查,应完好无损,符合现场有关设备和规程的规定,可以随时启动投入。

(9)其他检查:检修中临时拆除的平台、楼梯、围栏、盖板、门窗均应恢复原位。所有的孔洞以及损坏的地面,应修补完整。在设备及周围的通道上,不得堆放垃圾等杂物,地面不得积水、积油、积粉及积煤。检修中更换下来的物品全部运出现场。脚手架应全部拆除。锅炉附近应具备足够的合格的消防器材。点火装置、现场照明、电动机等正常。

2.煤粉炉启动前的准备

(1)填写好各项操作票(或操作卡片)和准备启动所需的记录簿。

(2)联系水处理值班人员,化验锅炉给水水质,准备充足的用水,供启动时使用;联系燃料工作人员,将原煤斗上满煤;联系热工工作人员,将各仪表及操作装置置于工作状态;联系电气工作人员,对电气设备送电。

(3)从邻近的锅炉向启动的锅炉煤粉仓送粉至2～3m粉位,以备点火过程中投用。

(4)启动点火燃油系统,使油在系统内循环,处于随时点火状态。

(二)煤粉炉上水

当锅炉启动前的检查与准备工作完毕后,确认整个锅炉机组完好,具备启动条件时,就可以进行锅炉上水工作。但是,实际工作中,对冷炉的上水往往在水压试验前就已进行。

1.煤粉炉上水方式

锅炉上水操作可采用多种给水设备,根据锅炉设备的条件不同,可以有不同的上水方式。

用给水泵通过给水管道经省煤器上水;使用凝结水泵向锅炉上水;使用疏水泵向锅炉上水;锅炉内原来已有水,且水质合格,则通过给水泵经给水旁路阀缓慢上水。

2.煤粉炉上水温度和上水时间

锅炉的上水水温不宜过高,冬季水温应在50℃以下,与锅筒温度差不超过50℃。锅炉上水必须经过除氧,水质要达到锅炉用水标准。锅炉上水的速度应缓慢,上水的时间一般规定:中、低压锅炉,夏季不少于1h,冬季不少于2h;高压锅炉,夏季不少于2h,冬季不少于4h。如上水温度和锅筒温度接近时,可以适当缩短上水时间。锅炉上水时环境温度不能低于5℃,否则应该有可靠的防寒、防冻措施。

3.煤粉炉上水操作

(1)对于蒸汽锅炉,上水前应开启锅炉上的空气阀,以便排出锅炉内的空气。若无空气阀,可稍撑开其安全阀让空气排出。

(2)上水速度要缓慢,水温不宜过高,冬季水温应在50℃。水温高会使受热面温差大产生内应力,使管子胀口产生裂缝而泄漏。

(3)上水时,应经常检查锅炉的人孔盖、手孔盖、法兰等结合面及排污阀等有无漏水现象。如发现漏水应随即拧紧螺钉,若仍然漏水,应停止上水,并放水至适当水位,重新换垫片,杜绝漏水再继续上水。

(4)当锅炉水位上升到水位计的最低水位时,即为点火水位,监视水位5min应保持不变,停止上水(这是因为锅炉点火后炉水受热膨胀、汽化,水位会逐渐上升,因此锅炉上水至锅筒水位计的−100mm处即可)。如发现水位逐渐降低,应分析原因,找出泄漏处,设法消除。然后再上水到最低水位指示线。

(5)锅炉上水完毕后,应检查锅筒水位有无变化。若锅筒水位继续上升,则说明进水阀门未关严;若水位下降,则说明有泄漏的地方(如放水阀、排污阀泄漏或未关),应查明原因并采取措施及时消除。

(6)上水前、后,均应记录各部膨胀指示器,比较上水前后设备的膨胀指示值,若有异常情况,必须查明原因并予以消除。

(三)煤粉炉的点火

点火是锅炉正式启动第一步。点火前应做好一切检查和准备工作。煤粉炉在点火前必须对炉膛和烟道进行吹扫,吹扫时间应不少于5min。对磨煤机用手或专用工具进行试转动,然后关闭空气挡板。

煤粉炉的点火一般常用点火棒点火和喷油嘴点火,下面介绍这两种点火的操作方法。

1. 点火棒点火

(1)开启引风机,调整挡板,维持负压在5～10Pa,通风5～10min后,将负压调到3～4Pa(炉膛上部负压为30～40Pa)。

(2)启动送风机,调整挡板,推入燃油枪,位置正确后启动燃油泵。

(3)将点火棒蘸满煤油,点着后插入油枪点火孔内(人站炉门一侧),稍开油门,待油燃着后,稍开风门。

(4)油枪点火孔约燃烧10min后,待炉膛温度升至300℃左右时,开启磨煤机和给煤机低转速运转。

(5)再稍开燃烧器向炉膛内喷入煤粉,煤粉开始燃烧,此时应继续用点火棒助燃,直至燃烧稳定后,方可抽出点火棒。

(6)如果一次点火不着,应把煤粉阀门完全关闭,经通风数分钟后,才能再次点火,以免炉膛内积存煤粉,发生爆燃。

这种点火方法适用于含挥发分高的烟煤煤粉,而且一次风温要在300℃以上

2. 喷油嘴点火

(1)开启引风机,调整挡板,维持负压在5～10Pa,通风5～10min后,将负压调到3～4Pa(炉膛上部负压为30～40Pa)。

(2)在锅壳式喷油器中心管中插入喷油枪,位置正确后,启动燃油泵。

(3)用点火棒引燃喷油枪喷出的油雾,油雾燃烧后,接着就可喷进煤粉使其燃烧。

(4)待燃烧正常后取出喷油枪。

这种方法简单易行,一般多使用重柴油。

3. 点火注意事项

(1)煤粉炉点火程序应正确。

(2)点火过程中,启动引风机、鼓风机和排粉机时,均不允许带负荷。

(3)含挥发分高的煤粉,点火棒点火要求一次风温要在300℃以上。

(四)煤粉炉的升温升压

锅炉点火后,锅炉各部分温度逐渐升高,锅水温度相应提高,汽化后汽压也升高。锅炉中饱和水和饱和蒸汽共存,饱和状态下温度和压力之间有一一对应关系,因此锅炉的升温也伴随着升压过程,即升温升压同时进行的。通常以控制升压速度来控制升温速度,以避免升温过快、温差太大引起较大热应力。锅炉机组升压过程,一定要根据规程规定的升压速度进行。锅炉冷态启动从点火升压至工作压力状态,中压炉一般为2～3h,高压炉一般为4～5h,切不可赶火升压,以防炉内金属部件产生较大的热应力而损坏。为满足炉膛温度均匀升高,控制升压速度,需要及时地控制进入炉内的燃料量。

1. 煤粉炉升温升压的操作过程

(1)锅炉点火后,应缓慢升温,使炉墙和炉体的膨胀均匀。当锅炉汽压升至0.05～0.1MPa时,应进行锅炉压力表和水位计的冲洗工作,以检查压力表和水位计指示的可靠性。为保证锅筒水位计指示正确,在整个升压过程中,要多次进行冲洗。每次冲洗完水位计,应对照锅筒两端水位计的指示,如有误差,应找出原因予以消除,然后方可继续升压。

(2)当锅炉汽压升至0.15～0.2MPa时,锅炉内的蒸汽足以将锅筒内的空气赶走,此时关闭空气阀并检查安全阀是否漏气。如有泄漏应立即采取措施,予以清除。

(3)为防止热工仪表的导管堵塞,在汽压升至0.2～0.3MPa时,就应通知热工人员冲洗仪表导管。

(4)当锅炉汽压升至0.2～0.25MPa时,应试用给水设备和排污装置,观察有无异常。

(5)当锅炉汽压升至0.3MPa时,要全面检查锅炉受压元件的紧固件。如人孔、手孔、检查孔和各法兰的螺栓是否松动,并进行一次拧紧(不准强力拧紧,手柄上严禁加长套管)。对锅筒、联箱膨胀指示器做一次检查,并作情况记录。

(6)当锅炉汽压升到工作压力时,关闭过热器上的疏水阀。调整锅炉安全阀,一般应注意以下几点:

①调整安全阀时,锅炉运行、检修及安全监察负责人应在场。应有防止安全阀动作的措施。应保持锅炉压力稳定,并注意监视锅筒水位。

②调整安全阀的压力以就近压力表的指示为准。必要时,应使用精度为0.5级以上的压力表。

③调整安全阀应逐台进行,一般先调整工作安全阀,后调整控制安全阀。

④安全阀调整后,应进行动作试验,若动作正常,则记录运行值和回坐值。如锅炉压力超过动作压力尚未动作时,应降至低于工作压力0.3～0.4MPa,再重新调整。

⑤安全阀调整完毕后,应装好防护罩,加铅封,撤除防止动作的措施。调整汽温汽压至正常参数。

⑥将安全阀的调整试验结果记录在有关的记录簿内,并由参加试验人员签字。

锅炉的升温升压过程中,还有其他一些操作工作,需认真做好,这对保证锅炉顺利启动和投入正常运行都非常重要。

2. 煤粉炉升温升压注意事项

(1)在整个升压过程中,应进行多次排污、放水操作,使锅炉在低压阶段水冷壁各处受热均匀,尽快建立正常水循环。同时,也可保证并汽前达到合格的汽水品质要求。

(2)检修后的锅炉启动,当汽压升到0.3～0.4MPa时,应通知检修人员热紧螺栓。因为检修工作是在冷状态下进行的,当锅炉点火启动后,各部件逐渐受热膨胀,会使锅筒人孔门、各联箱手孔门、汽水管路连接法兰处的螺栓松动,如不紧螺栓,可能会使结合处泄漏。

(3)在点火前、点火过程中和并汽前各记录一次膨胀指示器,比较各受热面的膨胀情况。如有异常,应停止升压,找出原因,采取措施予以消除,然后方可继续升压。

(4)锅炉升压过程中,应当力求炉膛热负荷均匀,逐渐升高。逐渐增加进入炉内的燃料量,避免过多过快,以防引起燃烧工况的剧烈变化,使设备膨胀不均。

(5)锅炉升压过程中,禁止采用停火降压的办法来控制升压时间,也禁止用关小疏水阀或向空排汽阀的方法来提高汽压。

(6)锅炉升压过程中,应随时注意锅炉汽压的变化。在此期间,对于汽压的稳定上升,主要是从控制燃烧上实现的。

(7)关于水位,必须特别加以重视。因为工况变动的本身就会使水位发生经常的波动,而很多必要的操作,也会引起水位频繁波动。如果掉以轻心,往往会造成严重的水位故障。

(8)加强水位监视,应特别认真地执行锅筒水位计的冲洗及与低位水位计的对照工作,使锅筒水位计指示可靠。

(9)点火、升压过程中,应特别注意人身安全。如点火、投入燃烧器运行、冲洗水位计、排污放水等操作时,要注意防止烧伤、烫伤。操作时,不可面对设备,以防有意外情况发生,做好能及时进行躲避的准备。

(10)锅炉升温要缓慢,控制饱和蒸汽温升小于50℃/h,锅筒上下壁温差小于50℃。在启动初始阶段的升温速度应比较慢,对高压和超高压锅炉,一般平均升温速度限制在1.5～2℃/min,对亚临界压力锅炉不超过2.5℃/min。

(11)经过检修的安全阀,在锅炉并汽前应进行调整与试验,以确保动作安全准确可靠。

(五)煤粉炉的暖管与并(通)汽

锅炉升温升压完毕后,即可进行暖管并(通)汽,如有两台以上的锅炉需并列供汽时,新投入运行的锅炉就要进行并汽(即并入已运行锅炉的行列,共同供汽),但事先需要进行暖管。

1. 暖管

锅炉在供汽前对主蒸汽管道的预热,先以少量的蒸汽对其进行加热,使管道温度缓慢地上升,称之为暖管。暖管的目的是使锅炉蒸汽管道及其阀门、法兰等缓慢地加热升温,使管道温度逐渐接近蒸汽温度,为供汽做好准备。如果不进行暖管就直接送汽,将会使蒸汽管道、阀门、法兰等部件因升温不均匀而产生热应力受损。另外,未进行暖管就送汽,进入管内蒸汽突然遇冷凝结,会形成局部低压,使蒸汽携带冷凝水向低压处冲击,发生"水击"现象。水击可使管道变形、振坏、保温层损坏,严重时能使管道振裂。因此,并汽前必须进行暖管。

暖管采用的蒸汽可由蒸汽母管送来。对于滑参数启动锅炉可由启动锅炉产生,因为锅炉启动时须不断排汽,其温度由低到高逐渐上升,正好适应暖管的需要。

暖管的操作:

(1)暖管前,先开启主蒸汽管道上的所有疏水阀,排出蒸汽管道内积存的冷凝水,直至正式供汽时关闭。

(2)缓慢开启锅炉主汽阀约半圈(或缓慢开启旁通阀),让少量的蒸汽进入管道,使其温度逐渐升高,待管道充分预热后再将锅炉的主汽阀全开启。

(3)锅炉产生的蒸汽直接送到蒸汽母管的并汽阀前。

(4)并汽前的整个暖管过程,随着汽压的升高,用调整并汽阀前疏水阀的开度来控制升压和暖管时间,按照暖管升温速度 1.5～2.5℃/min 要求进行升温。

(5)暖管需要的时间应根据蒸汽温度、环境气温以及管道的长度、直径和保温等情况而定,没有具体的时间规定。暖管要使蒸汽管路疏水排尽,工作压力在 0.8MPa 以下的锅炉,暖管时间约为 30min 左右,当锅炉的工作压力大于 0.8MPa 时,暖管时间要相应延长。

(6)暖管要使蒸汽管道疏水排尽,当疏水阀排出的全部为蒸汽时,暖管结束。暖管结束后,即可关闭管道上所有疏水阀,进行并汽工作。

暖管注意事项:暖管时,如发现管道膨胀和支架或吊架有不正常现象,或有较大振击声时,应立即关闭汽阀停止暖管,待查明原因消除故障后再进行暖管。若查无异常现象,则表明暖管升温太快,须放慢供汽速度,即放慢汽阀开启速度,以延长暖管时间。暖管结束后,关闭管道上的所有疏水阀。

2. 锅炉通汽

当单台运行的锅炉的汽压升到使用工作压力时,即可进行供汽,通常称此操作为通气。供汽前,单台锅炉的供汽运行人员必须事先与用汽部门取得联系,查明蒸汽管道上确实无人检查,以及管道和附件完好后,才可进行供汽。另外,应先开启通往用汽部门的蒸汽管道上的所有疏水阀。

通汽时,缓慢地旋开通往用汽部门的主汽阀,先进行暖管,然后再逐渐开大主汽阀。如管道里有水击声,可关小主汽阀的开度,并继续疏水,应回关半圈,并关闭旁通阀,最后关闭管道上的疏水阀。

通汽后应检查疏水阀、旁通阀以及其他各种阀门的开闭状态是否正确。由于开启主汽阀通汽后,锅炉汽压就会下降,因此应边观察压力表,边调整燃烧。水位表的水位出现变动后,要边观察给水设备运行状态,边监视水位。再次检查联锁装置等控制仪表。

3. 锅炉并汽

锅炉房内如果有多台锅炉同时运行,蒸汽母管内已由其他锅炉输入蒸汽,将新启动(并汽)锅炉内的蒸汽合并到蒸汽母管的过程称为并汽(俗称并炉)。锅炉并汽后,可以向蒸汽母管送汽,接带负荷。因此,锅炉并汽本身标志着锅炉启动过程进入最后阶段。

(1)锅炉并汽应具备的条件:

①参与并汽锅炉的汽压应略低于蒸汽母管的汽压(中压锅炉一般低于母管压力 0.05～0.1MPa,高压锅炉低于母管压力 0.2～0.3MPa)时,即可开始并汽。

②并汽锅炉的压力高于蒸汽母管的压力时不能并汽。因为并汽后,大量蒸汽涌入母管,使并汽锅炉的压力突然降低,负荷骤增,使锅筒水位升高,造成蒸汽带水,蒸汽温度降低,破坏运行系统额定压力。因此,并汽压力不能高于蒸汽母管的压力。

③并汽锅炉蒸汽压力过多地低于蒸汽母管的压力时不能并汽。因为并汽后,母管的蒸汽就会大量倒流入新启动锅炉,从而使母管汽压降低,使运行锅炉的参数、水位发生波动,使启动锅炉瞬时无蒸汽送出,以致造成过热汽温升高。

④新启动锅炉汽温应比额定值低一些，一般低 30～60℃，以免并炉后由于燃烧加强而使汽温超过额定值。但温度也不能太低，否则低温蒸汽进入母管时，将引起母管蒸汽温度迅速降低。

⑤并汽前，锅筒水位应低一些，以免并汽时水位急剧升高，蒸汽带水，汽温下降。一般启动锅炉锅筒水位应低于正常水位 30～50mm。

⑥蒸汽品质应符合质量标准。

⑦并汽前，应调整炉膛燃烧工况，锅炉燃烧要保持稳定，锅炉设备无重大缺陷。

⑧锅炉并汽时，至少有一块蒸汽温度表好用，水位计至少有一块准确好用。

(2)锅炉并汽操作：

①当锅炉汽压低于运行系统的汽压 0.05～0.1 MPa 时，即可开始并汽。并汽时要特别注意控制所启动锅炉的压力。可逐渐打开并汽阀的旁路阀门，待启动锅炉汽压与母管汽压趋于平衡时，缓慢打开主汽阀。

②逐渐开大主汽阀(全开后再回转半圈)，然后关闭旁通阀及蒸汽母管和主汽管上的疏水阀。

③并汽时应保持汽压和水位正常，若管道中有水击现象，应暂停并汽，疏水后再并汽。

④并汽后，应开启省煤器主烟道挡板，关闭旁通烟道挡板，无旁通烟道时，关闭再循环管道上的阀门，使省煤器正常运行。

并汽时，应注意严格监视汽温、汽压和水位的变化。并汽后，启动锅炉可逐渐增加负荷，但负荷增加不能太快，一般要经过 1 h 左右才能达到额定负荷。

(3)锅炉并汽后应进行的工作：

①有过热器的锅炉，应关闭过热器出口集箱疏水阀。

②开启省煤器烟道，关闭旁通烟道，关闭省煤器给水再循环阀，使锅炉给水和烟气通过省煤器。

③打开锅炉连续排污阀。装有给水自动调节器的锅炉，将给水自动调节装置投入运行，并观察其运行是否正常。

④再次冲洗水位计，并与低位水位计进行对照，注意监视锅炉水位及汽压的变化。同时观察和监视各测量与控制仪表的变化和指示。

⑤对锅炉各部分进行一次外部检查，并开始做锅炉运行记录。

热水锅炉升温应缓慢，升温期间应冲洗压力表存水弯管，且应随时监视出水温度和压力变化。

二、锅炉升温升压期间对设备的保护

锅炉在升温升压阶段，锅炉的水冷壁、锅筒、过热器和省煤器等都面临因温度不一致而导致的温差应力，必须注意保护。因为，锅炉在升温升压过程中，经受很大的温度变化，必然引起设备的膨胀。如果不能正确地按规定进行升压，必将产生危险的局部热应力，造成设备耐久性下降，甚至使锅炉个别部件损坏。这种损坏可能迅速出现，在升温升压期间内即表现出来，也可能积累起来在以后锅炉运行中爆发。

升温升压时间的确定，在启动初期升温速度应比较缓慢，对于高压和超高压锅炉，一般平均升温速度限制在 1.5～2℃/min，对于亚临界压力锅炉不超过 2.5℃/min。对有缺陷的锅炉，升压应缓慢进行，适当延长升压时间。

(一)升温升压过程对水冷壁的保护及热膨胀的监视

1. 水冷壁的保护

水冷壁受高温炉烟辐射，在锅炉升压初始阶段，蒸发系统水循环不良，投入燃烧器有限，水冷壁受热不均，对于全焊式膜式水冷壁产生扭变，这也是限制升压速度的另一原因。

2. 水冷壁热膨胀的监视

在自然水循环锅炉中，布置在锅炉内的水冷壁各受热面，在炉内吸热量是不同的。一般布置在中间的水冷壁受热强，布置在两边的水冷壁受热弱。在升压初期，炉内火焰的分布很不均匀，所以造成水冷壁受热的不均匀性增大。如果同一联箱上各根水冷壁金属温度存在差别，其膨胀量就不同，严重时会使联箱变形或造成水冷壁管损坏。

在锅炉启动过程中，要多次记录膨胀指示值。水冷壁的热膨胀情况，可通过膨胀指示器来监视，如发现有异常情况，应暂缓升压，查明原因处理后，方可继续升压。在锅炉的点火、升温升压过程中，水冷壁各路热应力均匀性与其水循环情况有关。在升压过程初期，整个水循环系统内，只有在燃烧器出口火焰附近的水冷壁管内的炉水，才能受到较强的加热。因而该回路水循环情况较好，而其他部位，尤其是处在四角的水冷壁的水循环十分微弱，在点火期间因水循环不良可能造成水冷壁过热胀粗甚至会发生爆管事故。所以在升压过程中，必须尽可能采取一些措施来促使水冷壁受热均匀。

在升压过程中，要加强下联箱放水，使受热较弱的水冷壁受热加快。当发现水冷壁膨胀不正常时，应加强膨胀量小的部位放水。在升压过程中，燃烧也要力求均匀，沿燃烧室四周均匀或对称地点燃燃烧器，各燃烧器要定期切换运行，使水冷壁受热均匀。安装蒸汽加热装置的锅炉，在锅炉点火之前，利用邻炉或汽机来的蒸汽，从水冷壁下联箱加热其中的炉水，使锅炉点火后水循环能尽早地建立。

实践证明，设置蒸汽加热装置的锅炉，水冷壁和联箱的热膨胀较为均匀，锅筒上、下壁温差也得到改善。

(二)升温升压过程对锅筒的保护

1. 温差过大的原因及危害

在锅炉上水阶段，锅炉汽包下半部分与较高温度的除氧水接触，其内壁温度很快升高到与给水温度一致；而上半部则靠下半部份的热传导，故下半部壁温高于上半部壁温。

锅炉点火升压过程中，水温升高开始汽化，但初期产汽量较少，水循环缓慢，锅炉下半部与几乎不流动的水接触传热，传热速度很慢，故下半部壁温升高不快。上半部与蒸汽接触，蒸汽凝结放热，其放热系数比水的传热系数大几倍，故上半部温升转快，由低于下半部变为高于下半部，形成上高下低的壁温差，严重时使锅炉变形。锅筒是厚壁元件，亚临界压力锅炉的锅筒厚达 180mm 以上，升压越快内外壁温差越大，热应力也越大，严重时会发生永久变形。

当锅筒上部壁温高于下部壁温时，由于上部温度高，膨胀量大，并力图拉着下部一起膨胀，而下部壁温低，膨胀量小，企图限制上部的膨胀，因而锅筒的上部金属壁受到压缩应力，而下部金属壁则受到拉伸应力。当锅筒内壁温度高于外壁温度时，内壁由于温度高膨胀量大，而外壁温度低，膨胀量小，故内壁的膨胀受到外壁的限制，受到压缩应力；而外壁则受到内壁膨胀的影响，受到拉伸应力。

锅炉升压速度越快，上述两种热应力就越大，在这两个热应力的共同作用下，锅筒上半部内壁面所受到的是两个叠加在一起的压缩应力，而锅筒下半部外壁面所受到的则是两个叠加的拉伸应力。在锅筒危险壁面处，其总应力可能要比由工作压力引起的应力高一倍。

锅炉启动、停炉过程中，如果经常出现锅筒壁温差过大，致使热应力过大，再加上其他因素的影响，如汽压的机械应力、高碱度炉水的侵蚀作用等，最终将可能使锅筒遭受损坏，其后果是很严重的。因此，对升压过程中锅筒的安全问题必须给以足够的重视。

2.防止温差过大的措施

锅炉在点火升压过程中，一般控制锅筒上、下壁温差在50℃以下，锅筒的弯曲变形就很小或者不会发生变形。这个数值是依据实践经验总结出来的。生产实践也证明了，温差只要不超过50℃，就不会产生过大的热应力，锅筒就不会发生弯曲变形。

在锅炉的点火升压过程中，防止锅筒壁温差过大的主要措施有：

(1)严格控制升压速度，尤其是低压阶段的升压速度要尽量缓慢，这是防止锅筒壁温差过大的重要措施。为此，要严格按规程规定的时间升压。锅筒上、下壁的温度，在大型锅炉上，可以通过温度表来监视，中、小型锅炉则没有安装锅筒壁的温度计，只要按规程规定的时间进行升压，锅筒上、下壁的温度差就不会超过50℃。

(2)升压初期，压力上升一定要缓慢、平衡，尽可能不使汽压波动。因为在低压阶段，饱和温度随压力变化较大。压力波动，则温度变化，势必产生较大的热应力。

(3)设法尽早建立起水循环。锅炉点火初期，尚未建立起正常的水循环，锅筒内的水扰动小，水与金属接触传热很差。当水循环逐步形成后，锅筒中的水流动较快，扰动大，使水和锅筒壁的传热加强，因而能使锅筒上、下壁温差逐渐减小。因此，尽快地建立起正常的水循环，是减小锅筒壁上、下温差的有效方法。

(三)蒸汽过热器的保护

在锅炉启动过程中，还应注意蒸汽过热器、省煤器和空气预热器的冷却问题。

锅炉正常运行时，过热器管壁吸收的热量传递给管内的蒸汽，蒸汽不断地流动，将其热量带走，也就是蒸汽不断冷却过热器，使过热器金属管壁温度保持在允许范围之内，确保过热器正常工作。

在锅炉启动初期，过热器内只有少量蒸汽通过，冷却有限，为了保护过热器，在锅炉蒸发量小于额定值的10%～15%时，必须限制过热器入口温度。随着锅炉压力的升高，过热器内蒸汽量增大，冷却作用增强，这时可逐渐提高烟气温度。

在锅炉点火、升温升压过程中，过热器的工作处于非正常状态，须特别注意保护过热器，才能防止过热器管壁超温。锅炉启动过程中烟气流和蒸汽流分布不均匀，相应地造成过热器管壁温度沿锅炉宽度分布不均匀，这两种因素会引起过热器管子间的管壁温度差别很大。

为避免过热器管在锅炉点火、升温升压过程中过热，必须使蒸汽流过过热器，即所谓排汽冷却。利用升温升压过程中，锅炉自身产生的蒸汽流经过热器，经向空排汽阀或过热器出口疏水阀排掉。所以启动中要开启向空排汽阀或过热器出口疏水阀。不允许用关小此阀门的方法来提高锅炉压力。

这种用自身蒸汽来冷却过热器的方法，是广泛采用的有效办法。在开始有蒸汽形成时蒸汽量较小，管壁温度仍不会比烟气温度低很多。此时，要控制过热器入口烟温，烟温应比过热器金属允许承受的温度低些。随着锅筒压力的升高，过热器内蒸汽流量增大，管壁冷却条件逐渐变好。这时可逐渐提高烟气温度，用限制过热器出口汽温的办法来保护过热器。一般规定升压期间，过热器出口蒸汽温度要比额定负荷时汽温低50～100℃。

（四）省煤器和空气预热器的保护

1. 利用加装旁通烟道保护省煤器和空气预热器

省煤器和空气预热器的冷却，工业锅炉应有旁通烟道，并和省煤器、空气预热器烟道平行放置，锅炉启动时，使烟气通过旁通烟道以确保省煤器和空气预热器的安全。

2. 利用省煤器再循环管保护省煤器

在锅炉点火、升压过程中，锅炉一般是间断给水。停止给水时，省煤器内局部的水可能汽化，如果生成的蒸汽停滞不动，则该处管壁可能超温。间断给水，省煤器的水温也就产生间断的变化。停止上水时，烟气对省煤器的加热，使其水温升高；当上水时，水的流动，使省煤器中水的温度又降低。这种温度的波动，金属管壁将产生交变的热应力，从而影响金属焊缝的强度。为了保护省煤器，大多数锅炉都从省煤器入口至锅筒底部安装有一条连接管，即省煤器再循环管。当锅炉停止上水时，开启再循环管上的再循环阀，用锅筒水补充省煤器的蒸发，以保证省煤器不因烟气加热而造成缺水，保护省煤器。

三、锅炉启动过程中对水位的监视

锅炉水位是锅炉运行中一个极为重要的运行监视参数。水位的变化会直接影响锅炉的安全。尤其是在升压过程中，锅炉工况不断变动，造成水位的波动往往很大。由于监视疏忽，调整不当，在启动过程中水位事故时有发生。

在锅炉升压过程中，要做好锅筒水位的监视工作，要保证水位指示可靠。由于在锅炉升压过程中低位水位计的指示不准确，所以监视水位应以一次水位计（锅筒就地水位计）为准。为了使一次水位计指示可靠，锅炉点火后，应对水位计进行多次冲洗，使水位计指示清晰、可靠。

锅炉升压过程中的一些操作，对水位的影响较大。如增加燃料量加强燃烧、并汽、汽轮机冲转及校验安全阀时，都会引起水位上升，在进行这些操作时，应注意密切监视水位，并进行相应的给水调节工作，以保持水位正常。启动过程中要进行排污，放水前要通知司炉，司炉则应采取加大进水提高水位的办法来保持排污、放水时锅筒水位正常。

在锅炉升压过程中，给水调节阀前后的压差较大，给水调节阀的开度稍有改变，给水流量的变化就很大，使锅筒水位难以控制。因此，一般采用流量较小的旁路给水管给水，有利于控制锅筒水位。

基础知识

一、锅炉启动的概述

锅炉的启动实质上是指整个锅炉机组的启动，是指锅炉由静止状态变为带负荷运行状态的过程，亦即从锅炉点火到带额定负荷（单元机组）或并入蒸汽母管（母管制机组）的过程。锅炉机组的启动，是锅炉运行工作的重要组成部分。锅炉机组的启动过程，实质上是一种变动工况的运行。在启动过程中，由于燃烧逐渐加强，炉膛温度逐渐提高，使部分炉水汽化，水循环逐渐建立，蒸汽产生，汽压逐步升高，设备各部件逐渐过渡到正常运行状态。启动过程中，要求各种设备能得到正确的保护，并使各部件逐渐过渡到正常运行状态。如果不了解设备部件受热后的膨胀情况，不了解水循环的基本状况，就不会使各部件在启动过程中获得均匀的自由膨胀和可靠的水循环。这样，在操作频繁的启动中，往往会引起事故的发生，或者导致设备使用寿命的缩短等严重恶果。如何使设备在启动过程中得到正确的保护，并使各部件在受热后不至于产生导致破坏性的热应力，以及在允许的条件下，缩短启动时间，降低工质热量损失，这就需要严格遵守启动各个阶段的规定，认真执行有关规章制度。同时，还需了解锅炉各部件在整个启动过程中的变化。

二、煤粉炉重油点火知识

(一)煤粉炉利用重油(柴油)点火前的准备

点火前，首先启动引风机对炉膛和烟道通风 5min，排除积存在炉膛和烟道内的可燃气体。为防止燃料凝结，在送油前用蒸汽吹扫管道、油嘴。开启输油总阀门，用蒸汽对重油系统油路加温。点火前油温应达到 100～120℃，不低于 90℃。

稳焰器位置正确，油枪和调风器畅通完好，蒸汽吹扫灭火系统良好。关闭各分喷嘴、分油门和蒸汽吹洗及各灭火阀门。启动输油泵输油，做油位、油泵的联锁试验，正常后投入联锁装置。之后可进行点火操作。

(二)重油(柴油)泵启动方法

首先检查柴油过滤器及油管、油路是否漏油。为防止柴油凝结，用蒸汽吹扫油泵进行加热。然后用蒸汽对输油泵及输油管路加温。开启总阀门。加热器投入工作，使柴油循环。最后油泵启动，投入点火运行。

(三)燃油加热器投入方法

(1)检查加热器是否漏油，蒸汽压力和温度是否正常。

(2)检查疏水阀开关是否灵活，疏水管有无漏油现象。如发现漏油，说明油管表面因油压比蒸汽压力高，使油进入蒸汽内。

(3)通油前将空气阀稍开，放去加热器内的空气，看到有油立即将空气阀关闭。开启回流阀或溢流阀，使油循环并提高油温。正常油温不低于 90℃，一般在 100～120℃之间。

(四)燃油温度调节方法

当燃油是重油时，要把重油加热到 100～200℃，以降低重油黏度，重油加热由温度调节器按照“停—开—停”进行控制，使油温保持在 100～120℃范围内。若油温低于 70℃时，则通过温度调节器切断燃烧控制回路，暂停喷油燃烧，实现低油温保护。

(五)雾化黏度知识

柴油燃烧前，必须先将柴油加热至 100～120℃，经喷油嘴或雾化器进行雾化，供给锅炉燃用。雾化黏度对锅炉的燃烧影响很大，雾化黏度小，柴油与空气充分混合，有利于燃烧。雾化黏度大，则会造成引燃困难或燃烧不完全，导致二次燃烧或炉膛爆炸。

三、锅炉启动的分类

根据锅炉启动动前所处的状态不同，通常分为冷态启动和热态启动。

所谓冷态启动，就是锅炉处于室温状态下的启动。例如检修后锅炉的启动，或是停炉备用时间较长，汽压已降到零状态的启动。

热态启动，就是指短时间停炉备用的锅炉。由于停炉时间不长，锅炉还有一定的汽压，炉内还蓄有大量热量状态的锅炉启动。它包括三种启动方式，温态（停运时间＞24h，＜48 h）、热态（停运时间＞8h，＜24 h）和极热态（停运时间＞2h，＜8 h）。

冷态启动和热态启动的内容、步骤基本上是相同的，只不过热态启动是在冷态启动已经进入了若干过程基础之上的启动。因此，熟悉了冷态启动的过程，自然就掌握了热态启动。

四、锅炉并汽及并汽前的准备

锅炉房内如果有几台锅炉同时运行，蒸汽母管内已由其他锅炉输入蒸汽，将新启动锅炉内的蒸汽合并到蒸汽母管的过程称为并汽（俗称并炉）。

锅炉并汽前的准备：

(1)重新启动的锅炉至蒸汽母管的管道、分汽缸等应进行暖管。要开启管道和分汽缸上的疏水阀，排除全部积水，直至正式供汽时再关闭。暖管时，先少许开启主汽阀的旁通阀，待管道充分预热后再开主汽阀。

(2)并汽前应调整炉膛燃烧工况，提高炉温，以满足并汽后升压和维持汽压稳定的需要。

(3)并汽前后外界负荷要稳定，不得出现忽高忽低的情况，以免给并汽带来难度。

五、单元制系统和母管制系统

锅炉与汽轮机之间的蒸汽管道连接方法不同，锅炉的启动方式也不同。机、炉之间的连接系统大致可分为单元制系统和母管制系统，如图 2-2 和图 2-3 所示。

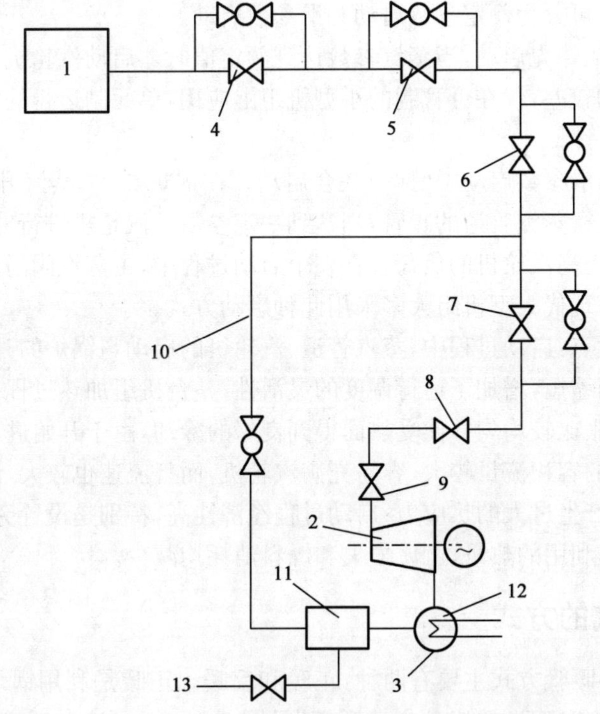

图 2-2 单元制系统中机炉之间的连接管理

1—锅炉；2—汽轮机；3—凝汽器；4—锅炉主汽门；5，6—切换阀门；7—隔离闸阀；8—汽轮机主汽门；9—调速汽门；10—放汽管；11—减温器；12—凝汽器内放汽管；13—减温水

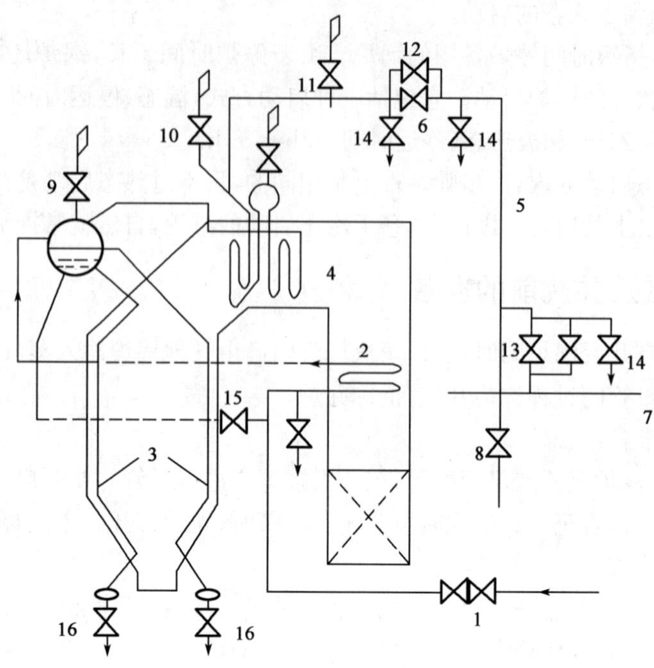

图 2-3　母管制系统中锅筒锅炉的启动系统

1—给水管路的截流阀和调节阀；2—省煤器；3—水冷壁；4—过热器；5—主蒸汽管路；6—锅炉主汽阀；7—蒸汽母管；8—切换闸阀；9—锅炉的空气阀；10—过热器出口的空气阀；11—主蒸汽管路空气阀；12—锅炉主汽门旁路阀；13—母管前隔绝阀；14—疏水阀；15—省煤器再循环阀；16—水冷壁下联箱放水阀

锅炉机组启动方式又可分为额定参数启动和滑参数启动。

额定参数启动时，即锅炉先启动，当蒸汽参数达到额定值时才启动汽轮机。这种启动方式的运行灵活性和经济性均较差，仅在母管制的小型机组上应用，单元制运行的大型机组已不再采用这种启动方式。

单元制系统通常采用滑参数启动，又称为联合启动。在锅炉点火、蒸汽升压、升温的过程中，利用低温、低压蒸汽进行蒸汽管道的暖管，当达到一定参数后汽轮机进行冲转及并网，并随着汽温、汽压的升高逐渐提高汽轮机的负荷。在整个启动过程中，主蒸汽阀门前的蒸汽参数随机组负荷的升高而升高。现代大型机组大多采用此种启动方式。

滑参数启动有以下优点：启动过程中，蒸汽管道、汽轮机的启动与锅炉的升压同时进行，从而使整台机组的启动时间缩短，增加了运行调度的灵活性；整台机组加热过程是从较低温度和压力开始的，金属受热膨胀比较均匀并使受热面得到良好的冷却，由于开始进入汽轮机的蒸汽温度和压力均较低，蒸汽的容积流量较大，容易充满汽轮机，而且流速也较大，汽轮机各部分均匀而迅速地升温，不至于产生过大的热应力；启动过程经济性高，特别是设置旁路系统的机组，启动过程中可回收工质及利用的热量，工质损失和燃料消耗均减少。

六、锅炉暖管并汽的方式

锅炉主蒸汽管常用的暖管方式主要有两种：正暖和反暖。正暖是利用锅炉点火升压过程中产生的蒸汽，沿正常供汽时蒸汽的流动方向暖管，见图 2-4(a)。这种暖管方式，在点火前除与蒸汽母管连接的隔离阀关闭外，其余的阀门，如电动主汽阀和管线上的所有直接疏水阀全部开启。由于蒸汽的压力和温度在点火过程中是逐渐升高的，蒸汽管道的温升比较平稳。锅炉在点火升压过程中产生的蒸汽，因压力和温度低而且不稳，一般不能直接利用(如用来暖管)，可以减少汽水和热量的损失。当隔离阀前的汽压和汽温接近母管的压力和温度时，可以并汽。并汽时先开隔离阀的旁路阀，如汽温没有显著变化，可以逐渐开启隔离阀。为防止疏水不彻底，造成并汽时汽温急剧下降，开启隔离阀时要缓慢。隔离阀全开后，关闭其旁路阀，最后关闭蒸汽管道上的所有疏水阀。

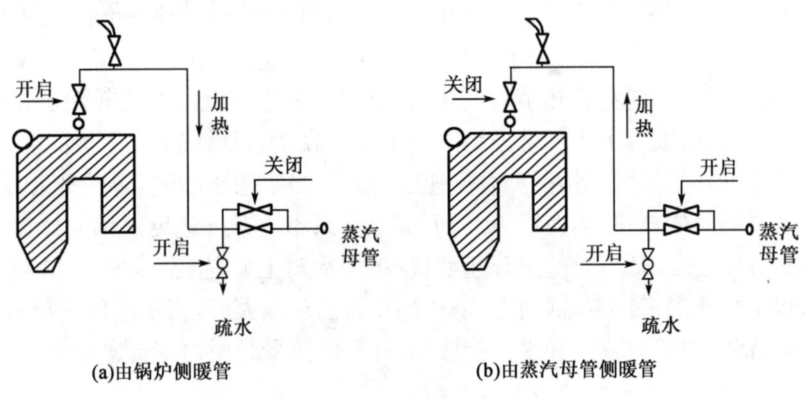

图 2-4　锅炉和蒸汽母管之间的连通蒸汽管道的暖管系统

反暖是利用蒸汽母管的蒸汽对点火炉的主蒸汽管进行暖管的，见图 2-4(b)。这种暖管方法是利用并汽炉过热器集汽联箱出口电动主汽阀并汽。点火前电动主汽阀和旁路阀应严密关闭，将电动主汽阀和母管隔离阀之间蒸汽管道上的所有疏水阀开启，然后将隔离阀的旁路阀稍开。因母管内蒸汽的压力和温度很高，旁路阀要缓慢开启，以防主蒸汽管道升温太快。当电动主汽阀两边的压力和温度接近时，全开隔离阀，然后开启电动主汽阀的旁路阀并汽，汽温平稳后，将电动主汽阀逐渐全部开启，最后将隔离阀和电动主汽阀的旁路阀及主蒸汽管道上的所有疏水阀关闭。由于是用电动主汽阀并汽的，所以并汽时操作和控制比较方便。这种暖管并汽方式要损失部分新蒸汽，而且暖管的速度不易控制，所以采用反暖不及正暖普遍。

资料链接

1. 损坏的空气预热器管应如何修理或更换?

答：空气预热器管往往因烟气温度过低，在管壁积灰处产生酸性腐蚀；烟气中的飞灰也会磨损管壁，造成管壁减薄而穿孔泄漏；而烟灰结块则可能堵塞管子，造成管局部过热变形，甚至破裂。为此必须及时对空气预热器管进行修理或更换，方法如下：

(1)当空气预热器管被烟灰结块堵塞时，可采用吹扫清除，用$(6\sim8)\times10^5$ Pa 的干燥压缩空气吹扫。

(2)如果空气预热器管损坏数目占总管数的比例在 5%以下，可采取堵管的方法处理。首先加工若干数量的带锥度的圆柱形堵头，从损坏的预热器管两头堵塞住管子，再将堵头与管头焊接牢固即可。

(3)当损坏管数量占总管数 5%以上时，则采用换管的方法。

(4)如果损坏的管子位于管箱周边，可换上新管，如果是中间的管子，不易换管时可用堵头堵死或用铁板焊死继续使用，待停炉检修时再更换。

2. 锅筒壁温差产生的原因是什么?

答:锅炉上水和整个升温升压过程,锅筒的受热是不均匀的,锅筒壁的温度是不断变化的。在锅炉上水时,水温为 80～90℃,锅筒下半部受到水的加热,壁温上升,因而锅筒下半部壁温高于上半部壁温。

锅炉点火后,炉水温度逐渐升高,产生蒸汽。但由于点火初期燃烧很弱,产汽量少,水循环不良,锅筒内水的流动很慢,锅筒下半部与几乎不流动的水接触,传热速度很慢,所以金属壁温升不高;锅筒的上半部与蒸汽接触,蒸汽遇到较冷的锅筒壁将凝结成水,蒸汽凝结时的放热系数要比水对锅筒下半部的对流放热系数大几倍,故锅筒上半部壁温升高较快。这样锅筒壁温由上半部低于下半部而变为上半部壁温高于下半部壁温,因而形成上高下低的温差。

锅筒上、下壁温差与水循环情况和升压速度有关。当水循环已建立时,锅筒内水流动速度很快,增大了水对锅筒的放热,将使锅筒上、下壁温差减小。升压速度对锅筒壁温差的影响更大,因为同样的升压速度,低压时的温升速度快,将使锅筒上、下壁温差增大。因此,在锅炉点火升压的初期,水循环尚未正常,锅筒上、下壁温差将出现最大值,当水循环正常后,锅筒上、下壁温差将变小。锅筒内壁与蒸汽和水直接接触,外壁的热量是由内壁传递过来的,因此内壁温度高于外壁温度。

3. 锅炉并汽时注意事项有哪些?

答:(1)未进行暖管不允许并汽。

(2)开关阀门应注意先后顺序。疏水阀、旁通阀以及其他阀门的开阀状态应正确。开启阀门时应缓慢,阀门开完后要回转半圈,以防受热膨胀后卡住。

(3)启动锅炉与运行系统并汽时,汽压低于运行系统汽压 0.05～0.1 MPa 时,才能开启主汽阀并汽。通汽、并汽时汽压不均,应及时调整燃烧工况,稳定汽压。如果管道中有“水击”现象,应疏水后再并汽。

(4)并汽后应关闭旁路阀,以及蒸汽母管和疏汽管上的疏水阀。关闭阀门应彻底,关闭后应无介质流通。检查联锁装置控制仪表。

(5)并汽后要监视、观察水位,保持水位正常。并汽后要开启省煤器主烟道挡板,关闭旁通烟道挡板。无旁通烟道时,关闭再循环水的管路,使省煤器正常运行。

4. 点火升压期间为什么要对过热器进行保护?

答:锅炉正常运行时,过热器管壁吸收的热量传递给管内的蒸汽,蒸汽不断地流动,将其热量带走,也就是蒸汽不断地冷却过热器,使过热器金属管壁温度保持在允许范围之内,确保过热器正常工作。

在锅炉点火、升压过程中,过热器的工作处于非正常状态,应重视保护过热器,才能防止过热器壁管超温。

锅炉点火、升压时,燃料燃烧放出的热量,大部分是用来加热炉水和锅炉金属及炉墙,用于蒸发的热量较少,即产生蒸汽量较少。在升压过程中,经过热器排出的蒸汽量只有额定蒸发量的 10%左右,到并汽前大约增加到 15%,即流经过热器的蒸汽量较少。虽然此期间烟气在过热器区域内放出的热量小于锅炉在正常运行时的数值,但由于流经过热器的蒸汽量小,对过热器的冷却差,因此,过热器管壁温度上升迅速。

现代锅炉的过热器一般都采用立式布置。立式布置的过热器,当锅炉停用时,蒸汽将在垂直布置的过热器内凝结,凝结的水会积存在过热器管内。点火升压中,随着蒸汽压力的提高,经过过热器的汽流,首先通过阻力较小的管段将管内积水排走,但过热器个别管内还会存有积水，即形成“水塞”，使蒸汽不能流过。在积水全部蒸发或排除之前，某些管内没有蒸汽流过，管壁金属温度接近烟气温度，很容易超温。

5. 为什么点火期间升压速度是不均匀的，而是开始较慢而后较快？

答：每台锅炉的运行规程中，都对各个阶段的升压速度作了具体的明确规定。一般规律是升压初期速度较慢，而后期较快。后期的升压速度往往是前期的 3～4 倍，见图 2－5。这除了是因为在点火初期为避免过热器烧坏而控制燃烧强度外，还有一个原因是锅炉升压过程实质上是一个升温过程。虽然压力和饱和温度是一一对应的关系，但是饱和温度不是与压力成正比，而是随压力的增加，饱和温度开始增加很快，而后越来越慢。比如压力从 0.1MPa 升至0.5MPa，饱和温度从 99℃增至 151℃，增加 52℃；压力从 1.5MPa 升至 2MPa，饱和温度从 197℃增至 211℃，增加 14℃；压力从 3MPa 升至 3.5MPa，饱和温度从 233℃增至 241℃，增加 8℃；压力从 9MPa 升至 9.5MPa，饱和温度从 302℃增至 306℃，增加 4℃。

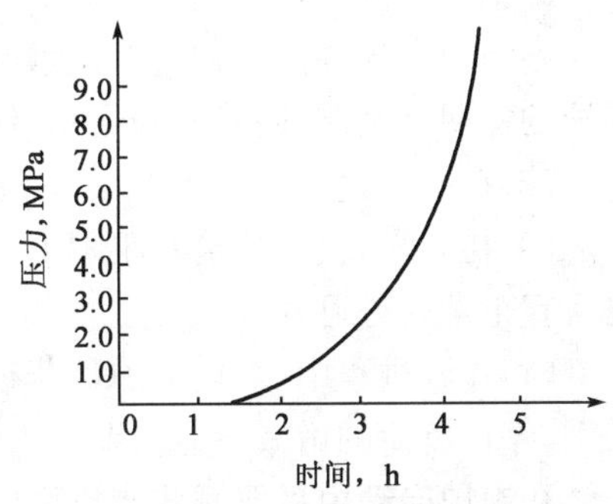

图 2－5　高压锅炉的冷态启动升压曲线

虽然点火中、后期升压速度越来越快，但升温速度 1.0～1.5℃/min 基本保持不变。因此，掌握锅炉升压升温规律，对在保证锅炉安全的基础上，提高锅炉中、后期升压速度，缩短锅炉点火升压时间，节省燃料是很有意义的。

6. 为什么不用升温速度而用升压速度来控制锅炉从点火到并汽的速度？

答：因为如果用过热蒸汽温升速度来控制锅炉从点火到并汽的速度，一方面，锅炉在点火初期还没有产生蒸汽，即使到中、后期，虽然过热器管内已有蒸汽流过，但由于蒸汽流量和烟气流量均很小，蒸汽侧和烟气侧的流量偏差较大，使得蒸汽温度偏差较大而不具有代表性；另一方面，过热蒸汽的升温速度与锅筒热应力的大小缺乏有机的联系，两者相关不紧密。

如果用炉水饱和温度的升温速度来控制锅炉从点火到并汽的速度，则由于在点火初期投入的燃烧器较少，水冷壁受热不均匀，且水循环较弱，炉水温度不均匀而缺乏代表性。如果用饱和蒸汽升温速度来控制其速度，虽然饱和蒸汽的温度较均匀，而且与锅筒热应力的大小关系较密切，但是饱和蒸汽温度的测点在锅炉平常运行时，没有什么用处，徒然增加投资和泄漏点及维修费用。

如果用蒸汽的升压速度来控制锅炉从点火到并汽的速度，因为饱和温度与压力是一一对应的关系，控制了升压速度就等于是控制了升温速度。压力表是锅炉运行中必不可少的仪表，因此，通过对压力表的监视，用控制升压速度来控制锅炉从点火到并汽的速度是合理的。

知识拓展

1. 锅炉在点火前为什么必须对炉内进行通风？

答：为了防止上次停炉后，在炉膛里残存有可燃气体或煤粉，也可能由于停炉期间因燃料系统不严密，可燃气体或煤粉漏入炉膛，点火时，一旦把火插入炉膛时，如果可燃气体或煤粉的浓度在爆炸极限范围内，就会引起炉膛爆炸，损坏炉墙，甚至造成人身伤亡。在点火前要启动引、送风机，保持额定风量的 10%～15%，通风 10～15min。

虽然大风量的通风并不能将残存或漏入炉膛的可燃气体或煤粉全部排除干净，但却可以将炉膛内可燃气体或煤粉的浓度稀释到远小于爆炸极限的下限，从而保证锅炉点火时设备和人身安全。通风结束后要尽快进行点火，以避免燃料系统泄漏，造成炉膛内可燃气体或煤粉的浓度重新升高到爆炸范围之内。

2. 锅炉并汽时异常情况如何处理？

答：(1)发现并汽过程中有汽水共腾现象时，应停止并汽。可开启上锅筒的表面排污阀及锅炉的定期排污阀，同时加强给水，保持水位正常，消除汽水共腾。

(2)在并汽过程中发生严重“水击”时应停止并汽，待疏水阀将冷凝水排净后，方可并汽。

(3)在并汽过程中，给水跟不上，锅炉水位已下降到最低安全水位线时，应停止并汽，待水位恢复正常后方可并汽。

(4)并汽过程中，发现锅炉负荷猛增或猛减时，应立即停止并汽。要与外界用汽单位取得联系，停止负荷的增减。运行系统汽压和并汽锅炉汽压保持稳定后，方可进行并汽。

3. 锅炉启动中采取哪些措施可以促使正常水循环尽快建立？

答：(1)安装蒸汽加热装置，由邻炉蒸汽或汽机抽汽送入水冷壁下联箱，对水冷壁系统中的水进行加热，使其在点火前逐渐受热产生水循环，俗称无火启动。

(2)维持燃烧的稳定和均匀。避免由于受热不均影响正常的水循环建立。

(3)进行水冷壁下部的定期放水或连续放水。这对促进水循环，减小锅筒壁温差是行之有效的方法。

任务 2.3　煤粉炉的运行与调节

学习任务

(1)学习煤粉炉运行时的蒸汽温度调节。

(2)学习煤粉炉运行时的蒸汽压力调节。

(3)学习煤粉炉运行时的锅筒水位调节。

(4)学习煤粉炉运行时的燃烧调节。

学习目标

(1)小组合作在组长的组织协调下完成煤粉炉运行时的汽温、汽压、锅筒水位、燃烧工况等一系列调节操作，保证煤粉炉的安全经济运行。

(2)通过监视运行参数、定时巡回检查，防止事故发生。

操作技能

锅炉在稳定负荷下运行时，送入锅炉的给水量和燃料量必须同送出的蒸汽量相适应，也就是要维持物质和能量的平衡。当发生外扰和内扰时，稳定的平衡状态将被破坏，锅炉本身及内部储存的能量和质量均将有所变化，形成不稳定状态。这些不稳定的因素主要是指汽温、汽压、水位、燃烧等的变动，为了保证稳定运行，必须对它们进行调节。所以，锅炉在运行时，对于汽温、汽压、水位、燃烧等工况，均要根据实际情况随时进行调节，确保锅炉的安全经济稳定运行。对锅炉运行的要求是：首先要保质保量地安全供汽，其次也要求锅炉设备在安全的条件下经济运转。

一、蒸汽温度

(一)蒸汽温度变化及其影响因素

在锅炉实际运行时,锅炉负荷、给水温度、过量空气系数和燃料量等,锅炉这些工作条件难免受到各种扰动,扰动的结果导致锅炉蒸汽参数发生变化,也就导致蒸汽温度和压力发生变化,因此,锅炉在实际运行中蒸汽参数总是处在不断变化中,影响汽温变化的因素分别来自烟气侧和蒸汽侧。

1. 烟气侧的主要影响因素

(1)燃料种类和成分的影响。燃料成分的变化,主要是煤中水分和灰分的变化,也要影响到过热汽温。如果水分和灰分增加时,燃料发热量降低而必须增加燃料的消耗量,从而使流过对流过热器受热面的烟气量增加,加强了对流传热,对流过热器的蒸汽吸热量增加,出口汽温将有所增高;对于辐射过热器,由于炉膛温度降低而使辐射吸热量减少,其出口气温将要降低,一般情况下,水分增加1%,过热汽温约增加1℃。而灰分对汽温的影响则比较复杂。如果灰分增多,炉膛受热面结渣或积灰污染严重,会使炉内辐射传热量减少,过热区进口烟温提高,使对流换热器的汽温上升,但过热器本身也会因灰分增多而导致受热面污染,使过热器传热能力下降,汽温将会降低。如果燃料种类改变,过热蒸汽温度的变化将会更大。总之,燃料性质的变化对汽温的影响较为复杂。

(2)过量空气系数的影响。炉膛过量空气系数的变化对过热蒸汽温度也有显著的影响。如果过量空气系数增加,则由于炉膛温度水平降低而使辐射传热量减少,故辐射过热器的出口汽温将要降低。在对流换热器中,过量空气系数增加后,烟气量增大,受热面中的烟气流速增加而使对流吸热量增大,因而对流过热器的出口汽温将会升高,而且沿烟气流程越往下游,由此而增加的比例越大。对于屏式过热器,过量空气系数的变化对汽温的影响较小。一般的锅炉过热器系统是以对流换热为主,所以随着过量空气系数增加,将使过热汽温升高。根据运行经验,过量空气系数增加10%,气温可增加10~20℃,而低温段过热器中汽温增加的量要比高温段中增加的量大得多。但是,需要指出的是,改变炉膛过量空气系数虽然能使过热蒸汽温度变化,可是不能用来作为调节过热蒸汽温度的手段。因为增加过量空气将使排烟损失增大,而过量空气系数过低,可能燃烧不完全,增加不完全燃烧损失,因而都不合理。

(3)燃烧器运行方式改变的影响。燃烧器运行方式改变时,将引起炉膛火焰中心位置的改变,因而引起汽温变化。例如,四角燃烧器从上排切换至下排运行时,火焰中心下移,汽温会降低。两侧墙布置的蜗壳燃烧器,投用靠前侧位置的燃烧器,汽温降低。

(4)受热面的清洁程度的影响。当水冷壁和凝渣管外积灰、结渣或管内结垢时,吸热量减少,炉膛出口烟温升高,引起汽温升高;当过热器严重积灰时,由于灰层影响正常传热,将使汽温降低。

2. 蒸汽侧的主要影响因素

(1)锅炉负荷变化的影响。在锅炉运行中,锅炉负荷是经常变化的。当负荷变化时,不同形式的过热器,其汽温变化特性随锅炉负荷的变化也不相同。例如,辐射过热器的汽温变化特性是锅炉负荷增加时汽温降低,负荷减少时汽温升高;而对流过热器的汽温变化特性是锅炉负荷增加时汽温升高,负荷减少时汽温降低。二者的汽温变化特性正好相反。对于高压锅炉生产实践经验得出,当辐射吸热量所占比例为57%时的温度变化最平稳,几乎不随锅炉负荷变化。

(2)给水温度的变化影响。当给水温度变化时,锅炉蒸发量发生变化。为了维持锅炉蒸发量不变,燃料量必须相应改变,烟汽在流经对流过热器时的流速和温度因此而发生变化,引起温度变化。如当给水温度降低时,从给水变成饱和蒸汽所需的热量增多,在燃料量不变时,蒸汽量减少,而使过热器中蒸汽吸热量增加,汽温升高。为了保持锅炉蒸发量,燃料量要加大,使烟气量增加,因而造成对流过热器烟气侧的传热量大于蒸汽侧的热量,引起过热蒸汽温度升高。根据运行经验,给水温度每降低 10℃,将使过热汽温增加 4~5℃。

(3)饱和蒸汽湿度用汽量变化的影响。从锅筒出来的饱和蒸汽总会含有少量水分,在正常运行中,饱和蒸汽湿度一般变化很小。但当锅筒运行工况不稳,尤其是水位过高或锅炉负荷突增,以及因炉水品质恶化而发生汽水共腾时,饱和蒸汽带水量将会大量增加。由于蒸汽带水量的增加,使蒸汽在过热器中汽化要多吸收热量,在燃烧工况不变的情况下,用于使干饱和蒸汽过热的热量相应减少,从而使过热蒸汽温度下降。蒸汽若大量带水,则过热蒸汽温度急剧下降。当锅炉采用饱和蒸汽作为吹灰等用途时,流经受热面的蒸汽量减少,将使过热汽温升高。

(4)减温水变化的影响。在采用减温器的过热器系统中,当减温水的压力、温度、流量变化时,汽温就会相应地发生变化。当减温水(用给水作为减温水)压力提高时,而减温水调整阀开度又不变的情况下,其压差增加,流量增大,减温器减温水量加大,必将引起汽温下降。当减温水温度降低时,而又不减少减温水量的情况下,蒸汽温度也会降低。

3. 影响蒸汽温度变化的其他原因

在锅炉除灰、打焦时,由于大量冷风进入炉膛,使炉膛温度降低,辐射传热减弱,炉膛出口烟温升高,同时蒸汽量减少,使过热蒸汽温度升高。当锅筒安全阀动作时,由于流经过热器的蒸汽流量减小,故过热蒸汽温度升高。过热器管爆破时,蒸汽温度也会发生变化。由于爆破位置不同,引起过热蒸汽温度变化的趋势也不同。

(二)蒸汽温度的调节

既然影响过热蒸汽温度变化的因素分为烟气侧和蒸汽侧,我们也可分别考虑从烟气侧和蒸汽侧对过热蒸汽温度进行调节,不论从哪侧对过热蒸汽温度进行调节,都要求调节方法:(1)调节惯性或延迟时间要小,即灵敏度高;(2)调节范围要大;(3)结构简单可靠;(4)对循环热效率的影响要小;(5)附加金属和设备的消耗要少;(6)尽可能起到保护金属作用。

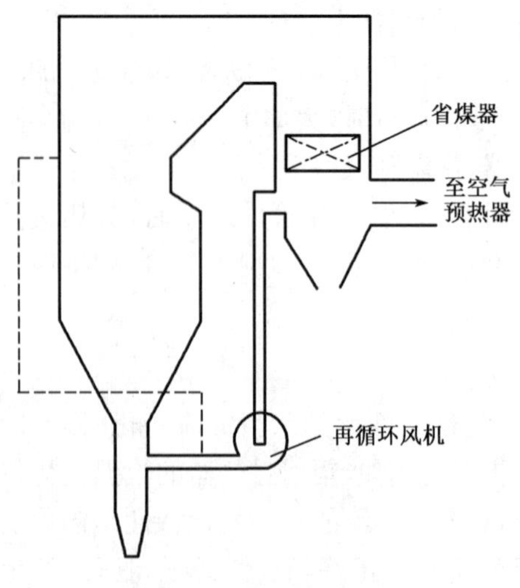

图 2-6　烟气再循环系统

1. 烟气侧蒸汽温度调节

烟气侧的调节,是通过改变锅炉内辐射受热面和对流受热面的吸热量分配比例的方法(如调节燃烧器的倾角,采用烟气再循环等)或改变流经过热器的烟气量的方法(如调解烟气挡板)来调节蒸汽温度。这两种方法都存在着调温滞后和调节精度不高的问题,常作为粗调节,多用于调节再热蒸汽温度。烟气侧对过热蒸汽温度调节的主要方法如下。

(1)烟气再循环。用再循环风机从锅炉尾部烟道中抽出一部分低温烟气(250~350℃)送回至炉子底部,如图 2-6 所示,改变锅炉的辐射和对流受热面的吸热量比例，从而调节温度。显然，气温调节能力与烟气再循环量、送入炉膛的位置以及抽烟点的位置有关。采用烟气再循环时，再循环风机工作条件比较恶劣，使锅炉排烟损失增加，锅炉热效率略有下降。烟气再循环多用于燃油锅炉的再热器温调节。

在某些锅炉中，再循环烟气在炉膛出口处送入炉内(图 2－6 中的虚线)，这种再循环的作用是为了降低炉膛出口烟温，以减少或防止炉膛出口处和高温过热器结渣。

(2)采用挡风板。把尾部烟道用隔墙分成两部分，利用挡板开度的大小来改变流过两个烟道中烟气流量，从而改变过热器的吸热量。烟气挡板主要用来调节再热蒸汽温度，其设备简单，操作方便。缺点是挡板开度与汽温变化不成线性关系，有效开度范围窄，一般小于 40%；不能在高温区工作，烟温不高于 400℃。

(3)改变火焰中心的位置。改变火焰中心的位置，从而改变锅炉炉膛出口烟气温度，以调节过热汽温。改变火焰中心位置可采取如下措施：

一是改变燃烧器的倾角，即采用摆动式燃烧器，这是最常用的改变火焰中心位置方法。采用摆动式燃烧器时，可以用改变其倾角的办法改变火焰中心位置。高负荷时，将燃烧器向下倾斜一定角度，可使火焰中心下移，使汽温降低；低负荷时将燃烧器向上倾斜一定角度，可使火焰中心位置提高，使汽温升高。目前使用的摆动式燃烧器上、下摆动倾角范围为±20℃，但应注意燃烧器倾角的调节范围不可过大。如向下倾角过大，可能使水冷壁下部或冷灰斗结渣；若向上倾角过大时，会增加不完全燃烧损失，并可能引起炉膛出口结渣，同时在低负荷时，还可能发生锅炉灭火。

二是改变配风比。对于四角布置的燃烧方式，在总风量不变的情况下，可以用改变上、下排二次风分配比例的办法来改变火焰中心位置。当汽温高时，开大上排二次风，关小下排二次风，以压低火焰中心；当汽温低时，关小上排二次风，开大下排二次风，以抬高火焰中心。

2. 蒸汽侧蒸汽温度调节

所谓蒸汽调节，是指通过改变蒸汽的焓来调节汽温。其原理是将减温水通过喷嘴雾化后直接喷入过热蒸汽中，使其雾化、吸热蒸发，达到降低蒸汽温度的目的，是一种最简单的汽温调节方式，有着结构简单、操作方便、调节灵敏等一系列优点，是过热蒸汽的主要调节手段。这种调节方法的特点是：(1)调节精度高；(2)若布置合理，能起到保护过热器金属的作用，能使各蛇形管中的蒸汽温度均匀；(3)只能降低温度，为此就必须在设计时多布置合适量的受热面，这样会使过热器的钢材消耗量加大，还要额外消耗减温所需的材料。目前，中参数锅炉的蒸汽调节可仅采用蒸汽侧调节，更高参数的锅炉多采用烟气测和蒸汽侧联合调解的方法。前者为粗调节，后者为细调节。

蒸汽侧的汽温调解所用的减温器实质上就是一种换热器。布置减温器时主要考虑到灵敏性和保护金属的作用两方面。有三种布置位置：(1)减温器布置过前，比如布置在所有各级过热器之前，虽然能使第一级过热器都处于较低温度的工作状态，过热器的金属材料都处于较低温度的工作状态，过热器的金属材料都能得到保护。但是，由于过热器系统金属蓄热量大，会使得过热器出口蒸汽温度的调节延迟太大，调节不不灵敏。(2)减温器布置过后，比如布置在过热器蒸汽出口，虽然能使蒸汽温度的调节很灵敏，但过热器的金属却得不到保护。(3)减温器在第一级和最后一级过热器之间布置一级，为了达到好的效果可以布置多级(二或三级)减温器，这样就可获得既灵活又能保护材料的效果。

减温器可分为面式减温器和喷水减温器。

二、蒸汽压力

(一)蒸汽压力变化原因

蒸汽质量的好坏，主要取决于汽温和汽压。汽压过低将影响生产，过高则会危害设备安全运行。因此，汽压就成为运行人员必须认真监视的主要项目之一。锅炉运行时蒸汽压力的稳定取决于锅炉的蒸发量和外界负荷这两个因素。汽压变化反映了锅炉蒸发量与外界负荷之间的不平衡，但这只是相对的。外界负荷的变化和锅炉燃烧工况的变化都会引起蒸发量的变化。

引起锅炉蒸汽压力变化的原因，一是内部原因，二是锅炉外部原因。

1. 内部原因

内部原因是指锅炉燃烧工况的变动。

(1)在外界负荷不变的情况下，汽压的稳定主要取决于锅炉燃烧工况的稳定。当锅炉燃烧工况稳定时，汽压变化不大。

(2)当燃烧工况不稳定或配合失调时，炉膛热度将发生变化，使蒸发受热面的吸热量发生变化，所产生的蒸汽量将会增加或减少，就会引起汽压的变化。

2. 外部原因

外部原因是指外界负荷的增减及事故情况下的甩负荷，具体反映在汽轮机所需蒸汽量的变化上。

(1)当供给锅炉燃料量及风量一定时(燃烧工况稳定)，锅炉供给汽轮机的蒸汽量一定，这时蒸发量与外界负荷相平衡，汽压保持稳定。

(2)当外界负荷增加时，送往汽轮机的蒸汽量也必然增加，而锅炉燃料量和风量未变，此时压力下降。

(3)锅炉蒸发量大于或小于汽轮机所需蒸汽量时，汽压则升高或降低。所以，汽压变化与外界负荷有密切关系。此外，当外界负荷不变时，并列运行锅炉蒸发量变化也会互相影响。

影响燃烧工况的因素很多，如煤种改变(即挥发分和发热量的改变)、送入炉膛的煤粉量改变(给粉机故障或一次风管堵塞等)、煤粉细度改变和风粉配合不当、风量风速配比不当等，都会引起炉膛温度降低或增高，引起汽压变化。炉内结焦，漏风、制粉系统故障(旋风筒堵塞后三次风带粉量增加)等也都可能引起汽压变化。

蒸汽压力变化，无论是内部原因还是外部原因，都反映在蒸汽流量上。因此，在锅炉运行中，可根据汽压和蒸汽流量的变化情况来判断汽压变化的原因是属于内部原因还是外部原因。当汽压与蒸汽流量的变化方向相反时，则属于外部原因；当汽压与蒸汽流量的变化方向相同时，则属于内部原因。

必须指出，对于单元机组，判断蒸汽压力变化内部原因的方法是在汽轮机调速汽阀未动的情况下进行的，若调速汽阀变化，则蒸汽压力与蒸汽流量的变化关系就复杂了，应视具体情况具体分析。

(二)蒸汽压力的调节

锅炉运行中应严格监视锅炉的汽压并维持其汽压的稳定。一般来说，锅炉运行时的正常汽压通常是锅炉设计的工作压力；允许的变化范围一般不大于工作压力的±0.05MPa；异常范围指汽压超出工作压力的±0.15MPa；事故及危险范围是指汽压超出工作压力的±0.25MPa，汽压达到或超过这个范围时，将引起安全阀动作，甚至危及设备安全。锅炉运行时的蒸汽压力和温度须按有关标准进行调节，调节手段一般是调节燃烧，同时增减给水。具体的调节方法如下：

(1)当外界负荷增加时，应首先加强引风，然后加大送风和燃料，即加强燃烧，调节给水量。在增加燃料量和风量时，一般情况下应先增加风量，然后增加燃料量。如果先增加燃料量，后增加风量，则会造成燃料的不完全燃烧或堵塞一次风管。当外界负荷降低时，锅炉汽压升高，则必须减弱燃烧。在减弱燃烧时，先减送风和燃料，再减少引风，这样做比较安全。在调解过程中，应注意炉内燃烧情况，燃烧正常时火焰为具有光亮的白色，并充满炉室，出口烟其成分在规定的数值范围内。

(2)增加风量时，应先开大引风机入口挡板，然后再开大送风机入口挡板，保持炉膛适当的负压。如果先加大送风，火焰和烟气有可能喷出炉外，并且容易损坏炉墙、伤人和污染环境卫生。

(3)增加燃料量时，可同时或单独增加燃烧器的燃料量，如中间储仓式制粉系统的锅炉，可用增加给粉机转速或投入备用给粉机的方法来增加燃料量。在负荷增加不大时，并且各运行给粉机留有调节余地的情况下，可采用增加给粉机的转速来实现；否则，必须投入备用的给粉机。

(4)在母管制系统中，蒸汽压力是由并列工作的所有锅炉共同维持的，即所有锅炉总的蒸发量应等于所有汽轮机总的蒸汽消耗量。因此，为了更好地控制母管汽压，通常安排一台锅炉作为“调压炉”(或称“调节炉”)。

(5)调压炉在条件许可的情况下，所带的负荷(蒸发量)应留有一定的调节余地。一般它的负荷可维持在锅炉额定值的80%～90%，以便在汽压发生变动时，能及时增减蒸发量，使母管汽压保持稳定。这样，除调压炉根据母管汽压的变化情况有较频繁的调节操作外，其余各炉能够在相对稳定状态下运行。

三、锅筒水位

水位正常是保证锅炉安全、经济运行的重要条件。锅炉运行中，锅筒水位是经常变化的。若水位过高会引起蒸汽品质不良，水位过低锅炉缺水，甚至会造成严重的事故。所以，在锅炉运行中保持正常水位的意义是非常重要的。

(一)锅筒水位变化的原因

引起水位变化的原因是给水量与蒸发量的平衡遭到破坏，或者工质状态发生改变(当锅炉压力变化时，水与蒸汽的体积比发生变化)等原因。总之，水位变化的主要影响因素有锅炉负荷、燃烧工况和给水压力等。

1.锅炉负荷的影响

锅筒水位的变化与锅炉负荷(蒸发量)变化有密切关系。因为蒸汽是给水进入锅炉以后逐渐受热汽化而产生的，当负荷变化(蒸汽量变化)时，蒸发受热面中水的消耗量发生变化，必然引起锅筒水位发生变化。当锅炉负荷增加，如果给水量不变或者增加不及时，蒸发设备中水量逐渐被消耗，结果将使水位下降；反之，水位上升。所以，水位变化的幅度反映了锅炉给水量与蒸发量之间平衡关系遭到破坏的程度(排污及阀门泄漏除外)。如给水量大于蒸发量，则水位上升；给水量小于蒸发量，则水位下降；只有当给水量等于蒸发量，蒸发设备中物质保持平衡时，水位才能保持稳定。

在锅炉运行中，当负荷突然变化时，水位的变化还有一个特殊的过程。例如，负荷突然增加时，炉内的水位会骤然上升，因此在低负荷时，应保持稍低水位。满负荷时，应保持稍高的水位，以免负荷骤然下降时，水位下降过多，这种水位变化是暂时现象，所以称为"虚假水位"。必须指出，锅炉水位应在允许范围内，在这个范围内不应频繁变化，运行人员必须经常监视水位的变化，尽量保持水位的稳定。

2.给水压力的影响

如果锅炉给水系统运行不正常，使给水压力发生变化时，将使送入锅炉的给水量发生变化，从而破坏给水量与蒸发量的平衡，必将引起锅筒水位的变动。因此，锅筒水位与给水压力有关。

在母管制给水系统中，给水母管与锅筒之间有压力差，给水就是靠此压力差流入锅筒的。如果锅筒压力和给水调节阀的开度不变，当给水母管压力增高时，给水量增大。为了保证均匀给水并使水位稳定，要求给水母管中的压力稳定。给水压力一般为锅筒压力的1.1倍左右。对于中压锅炉，给水压力比锅筒压力高0.4～0.6MPa，对于高压锅炉，给水压力比锅筒压力高1.2～1.4MPa。当这一压力差较小时，并列运行的锅炉可能发生抢水现象。离给水泵较远的锅炉，因给水压力较低，流量较小，锅筒可能维持不了正常水位。在锅炉高负荷运行时，这一现象更为明显。

3.燃烧工况的影响

燃烧工况的改变对水位影响也很大。在外界负荷和给水量不变的情况下，当燃烧突然加强时，水位暂时升高而后下降；燃烧突然减弱时，水位暂时降低，然后又升高。这是由于燃烧工况的改变使炉内放热量改变，因而引起工质状态发生变化的缘故。例如燃烧强化时，炉水吸热量增加，炉水中汽泡增多，体积膨胀，而使水位暂时升高。由于产生的蒸汽量不断增加，使汽压上升，炉水中汽泡数量又随之减少，水位又会下降。

(二)锅炉水位的调节与监视

锅炉水位的调节就是调节进入锅炉的给水量，以适应锅炉负荷的需要，保证锅炉水位在允许的范围内波动。

水位指示由水位计来实现，每台锅炉至少应独立装设水位计2个，这样，在一个损坏后不用停炉就可以进行检修，容量大一些的锅炉应装设低位水位计。正常情况下，汽包水位应有轻微波动。为了确保水位计的正确指示，规定每班吹洗水位计2～3次，吹洗时应注意其程序。在水质不好或发现水位计上的水位呆滞时，随时冲洗。

当今的工业锅炉都采用了给水自动调节装置，但仍需加强对自动调节装置的检查，以保证其灵敏可靠运行。

水位调节系统的被控对象是锅筒，被调量是水位，调节量是给水位。实现水位自动调节的原则性系统主要有单冲量给水调节系统、双冲量给水调节系统、三冲量给水调节系统和全程给水控制系统等。具体对锅炉水位的调节与监视如下所述：

(1)依靠改变给水调节门的开度来实现改变给水量。如水位高时，关小给水门；水位低时，开大给水门。

(2)现代锅炉多采用给水自动调节装置来自动调节送入锅炉的给水量。调节装置的执行机构除自动外，还可切换为远方手动操作。正常运行时自动调节水位，在事故及异常情况下改为手动调节水位。

(3)当采用手动调节水位时,应掌握水位的变化规律和调节门的特性,操作应尽可能平稳均匀,避免大开大关给水调节门,以防止水位大幅度波动。

(4)锅筒水位的高低是通过水位计来监视。现代锅炉除在锅筒上装有就地一次水位计(如云母水位计、电接点水位计)以外,通常还在锅炉操作盘上装有两只以上的机械式或电子式的二次水位计,如差压水位计、电子记录水位计等,以便加强水位监视。此外,还有应用工业电视来监视锅筒水位。

(5)对锅筒水位的监视,原则上应以就地水位计为准。但在正常运行中是根据操作盘上的水位计进行监视和调整锅筒水位,因此,在正常运行时,每班应将仪表盘上的二次水位计的水位指示与就地一次水位计的水位指示进行校对。

(6)一次水位计应有良好的照明,水位应清晰可见。水位计工作正常时水位应有轻微波动,如发现水位停滞不动或模糊不清,则可能是水位计的汽侧或水侧连通管发生堵塞了,此时应对水位计进行冲洗,然后检查和校对水位的变化情况。

(7)冲洗水位计的程序为:首先开启放水阀,使汽管、水管及水位计得到冲洗。之后关闭水阀,冲洗汽管及水位计。再开启水阀,关闭汽阀,冲洗水管。最后开启汽阀,关闭放水阀。

(8)水位计冲洗注意事项:冲洗水位计必须按程序进行。操作时,用力不宜过猛,不能同时断汽、断水,以免水位计受到振动以及因压差过大而损坏;冲洗水位计时,不能同时关闭气、水旋塞,致使玻璃管冷却而造成再进汽水时,玻璃管因骤热而破裂;冲洗水位计时,要戴好手套,脸不要正对水位计,侧身操作,以免玻璃板(管)破裂时伤人;冲洗完毕后,水位应能迅速上升。如水位上升缓慢或无波动时,说明水位计仍有堵塞,应按上述程序重新冲洗,直至正常为止。

(9)当一次水位计的连通管上的汽阀、水阀发生堵塞时,将会引起水位计指示的偏高。若汽阀泄漏,则水位计指示偏高;若水阀和放水阀泄漏,则水位计指示偏低。在监视水位时,应特别注意。

四、燃烧调节

锅炉正常燃烧,包括均匀供给燃料、合理送风和调节燃烧三个基本内容。三者互相联系,相辅相成,达到安全经济稳定运行的目的。燃烧调节操作随燃烧设备不同而异,但原则相同,即加强燃烧时,应先调节通风后增加燃料,减弱燃烧时应先减少燃料后减少通风。所以,锅炉燃烧工况的好坏直接影响锅炉机组和整个工厂的安全、经济运行。

燃烧过程是否稳定,直接关系到锅炉运行的可靠性。例如,燃烧过程不稳,将引起蒸汽参数发生波动;炉膛温度过低,会影响燃料的着火和正常燃烧,容易引起炉膛灭火;炉膛温度过高或火焰中心偏斜,将可能引起水冷壁、凝渣管结渣或设备烧损,并可能增大过热器的热偏差,造成局部管壁超温等。所以,燃烧调节是使燃烧工况稳定、保证锅炉安全可靠运行的重要条件。

燃烧过程的经济性要求保持合理的风、煤配合,一、二次风配合和送、引风配合;此外,还要求保持适当的炉膛温度。合理的风、煤配合,就是要保持最佳的过量空气系数;合理的一、二次风配合,就是要保证着火迅速、燃烧完全;合理的送、引风配合,就是要保持适当的炉膛负压,减少漏风。当运行工况改变时,这些配合比例如果调整得当,就可以减少燃烧损失,提高锅炉效率。对于现代火力发电机组,锅炉热效率每提高1%,将使整个机组效率提高约0.3%~0.4%,标准煤耗能下降3~4g/(kW·h)。

燃烧调节的任务是：在满足外界负荷需要的蒸汽数量和合格的蒸汽质量的基础上，保证锅炉运行的安全性和经济性。具体调节任务如下：

(1)调节燃料量，使燃烧放出的热量与外界负荷相适应，维持一定的过热蒸汽压力(燃料量的调节因此常称为压力调节)，保持燃烧的稳定性，提高燃烧经济性，并防止烟气侧锅炉受热面的腐蚀和污染。

(2)调节送风量，使空气量适应燃烧要求，炉膛出口的过量空气系数保持在最佳值。

(3)调节引风量，使燃烧生成的烟气及时排走，维持一定的炉膛负压(对负压燃烧锅炉而言)。

对于煤粉锅炉，为达到上述燃烧调节目的，在运行操作方面应注意燃烧器一、二、三次风的出口风速和风率，各燃烧器之间的负荷分配和运行方式，炉膛的过量空气系数，燃料量和煤粉细度等参数的调节，使其达到最佳值。

(一)燃料量的调节

在锅炉中，蒸汽主要是从炉内辐射受热面中产生的。因此可以近似地认为，锅炉的出力与送入炉内的燃料量成正比关系。当锅炉负荷变动时，必须及时调整送入炉膛的燃料量和空气量，使燃烧工况相应变动。燃料的调节一般是调节给粉机(给煤量)转速。

1. 直吹式制粉系统锅炉的燃料量调节

大型锅炉的直吹式制粉系统，通常都装有若干台磨煤机，也就是具有若干个独立的制粉系统。由于直吹式制粉系统无中间煤粉仓，它的出力大小将直接影响到锅炉的蒸发量。

(1)当锅炉负荷变动不大时，通过调节运行制粉系统的出力来满足负荷的要求。当锅炉负荷有较大变动时，需通过启动或停止制粉系统的方式满足符合要求。

(2)对于中速磨煤机，当负荷增加时，可先开大一次风机的进风挡板，增加磨煤机的通风量，以利用磨煤机内的存煤量作为增加负荷的缓冲调节，然后再增加给煤量，同时开大二次风量。当负荷减少时，则应是先减少给煤量，然后降低磨煤机的通风量。以上调节方式可避免出粉量和燃烧工况的骤然变化，还可以防止堵磨。

(3)不同形式的中速磨煤机，由于磨内存煤量不同，其响应负荷的能力也不同。对于双进双出钢球磨，当负荷变化时，则总是磨煤机通风量首先变化，其次才是给煤量的相应调节，这种调节方式可以使制粉系统的出力对锅炉负荷作出快速的响应。

(4)减负荷时，当各磨煤机出力均降至某一最低值时，应停止一台磨煤机，以保证其余各磨煤机在最低出力以上运行；加负荷时，当各磨煤机出力上升至其最大允许值时，应增投一台新磨煤机。在确定启动或停止方案时，必须考虑到制粉系统运行的经济性、燃烧工况的合理性(如燃烧均匀)，必要时还应兼顾汽温调节等方面的要求。

(5)对于稳燃性能低的锅炉或煤种较差时，往往需要集中火嘴运行，因而可能推迟增投新磨煤机的时机。燃烧器投运层数的优先顺序则主要考虑汽温调节、低负荷稳燃等的特性。

(6)燃烧过程的稳定性，要求燃烧器出口处的风量和粉量尽可能同时改变，以便在调节过程中始终保持稳定的风煤比。因此，应掌握从给煤机开始调节到燃烧器出口煤粉量产生改变的时滞，以及从送风机的风量调节开关动作到燃烧器风量改变的时差，燃烧器出口风煤改变的同时性可根据这一时滞时间差的操作来解决。一般情况下，制粉系统的时滞总是远大于风系统的，所以要求制粉系统对负荷的响应更快些，当然过分提前也是不适宜的。

(7)在调节给煤量和风机风量时，应注意监视辅机的电流变化、挡板开度指示、风压以及有关参数的变化，防止电流超限和堵塞煤粉管等异常情况的发生。

2. 中间储仓式制粉系统锅炉的燃料量调节

中间储仓式制粉系统的特点是制粉系统出力与锅炉负荷不存在直接的关系。当锅炉负荷发生变化需要调节煤粉量时，是通过改变投入燃烧器台数或改变给粉机转数来实现的。

(1)当锅炉负荷变化不大时，通过调整给粉机转数就可以达到调节目的；当锅炉负荷变化较大时，改变给粉机的转数已不能满足调节幅度的要求，这时应先以投入和停止燃烧器的台数作为粗调节，再以改变给粉机转数作为细调节。需要注意投入和停止燃烧器应尽量对称，以免破坏炉内燃烧工况。

(2)当需要投入备用的燃烧器和给粉机时，应先开启一次风门至所需开度，对一次风管进行吹扫，待风压正常后，方可启动给粉机给粉，并开启相应的二次风门，观察着火情况是否正常；在停用燃烧器和给粉机时，则应先停止给粉机，关小二次风门，一次风管吹扫数分钟后再关闭，以防一次风管内煤粉沉积。为防止停用的燃烧器因受热烧坏，有时将一、二次风门保持适当开度，以冷却喷口。

(3)给粉机转数的正常调节范围不宜太大，若转数调得过高，不但会因煤粉浓度过大而堵塞一次风管，而且容易使给粉机超负荷和引起不完全燃烧；若转数调至过低，就会在炉膛温度不太高的情况下，由于煤粉浓度低，着火不稳，容易发生炉膛灭火。

(4)对各台给粉机事先都应做好转数与出力关系的试验，了解其出力特性，以保持运行时给粉均匀。给粉的调节操作要平衡，避免大幅度的调节。只增加给粉机转数时，应先增加转数低的给粉机转数，使各给粉机出力达到均衡；降低给粉机转数，应先降转数高的给粉机。

(5)对于燃烧器布置在侧墙的锅炉，可先增加中间位置的燃烧器给粉量；对四角布置的燃烧器锅炉，需要对称地增加给粉机转数。

(6)用投入或停用燃烧器运行的方法进行燃烧调节，还需要考虑对汽温的影响。在汽温偏低时，投用靠炉膛后侧墙的燃烧器或上排燃烧器；汽温偏高时，则停用靠炉膛后侧的燃烧器或上排燃烧器。

(7)投入下排燃烧器、停止上排燃烧器，可降低火焰中心，利于煤粉燃尽；四角布置的燃烧器，停止上排燃烧器，可降低火焰中心，利于煤粉燃尽。投入和停止燃烧器先以保证锅炉负荷、运行参数和锅炉安全为原则，而后考虑经济指标。

有时由于煤粉仓死角处煤粉的堆积或煤粉自流原因，会给个别给粉机的给粉量调节带来一定困难。此时，需要反复地投入或停止给粉机，或开关给粉机下粉挡板，用锤敲打或振动给粉机上部空间，促使煤粉仓内棚处的煤粉下来，也能达到调节要求。

3. 燃烧器(或给粉机)来粉量的判断

首先给粉量的多少可以从给粉机电流的大小来判断。给粉机电流大，则来粉多；电流小，则来粉少；如果电流过大，来粉不多，则应查找原因。其次从燃烧器看火孔处直接观测来粉的多少。燃烧器出口的风粉混合物浓度大，说明来粉多，燃烧器出口呈现暗红色；如果煤粉稀少，则燃烧器出口有零散火星出现。

(二)风量的调节

当外界负荷变化需要调整锅炉出力时，就得改变送入锅炉的燃料量，随着燃料量的改变，锅炉的送风量和引风量也需作相应的调节，才能满足燃烧和送出烟气的需要。调节送风量的目的使得送入锅炉的燃料快速完全燃烧；调节引风量的目的，其一保证燃烧完了的烟气合理放热后排到外界，其二，维持炉膛合理的压力。

1. 送风量调节

风量的调节是锅炉运行中的一项重要调节内容。它是使燃烧稳定和完全的一个重要因素。

锅炉运行中燃烧稳定，说明风煤配合恰当，炉膛内的火焰光亮呈金黄色，火焰中心居炉膛中部，充满度也好，火色稳定，火焰中没有明显星点（有星点为煤粉分离现象，炉膛温度低或煤粉过粗也会有星点），从烟囱排除的烟气呈浅灰色。如果火焰炽白刺眼，表示风量过大。如果火焰暗红不稳，则有两种原因：一是风量偏小；二是送风量过大或漏风严重，致使炉膛温度大大降低，此外还可能有其他原因，如煤粉太粗、不均匀。当煤的水分高、挥发分低时，火焰发黄；煤的灰分高时，火焰易闪动。

当风量大时，CO_2 指示值低，而 O_2 指示值高；当风量不足时，CO_2 指示值偏高，而 O_2 值降低，火焰末端发暗，烟气呈黑色。烟气中含有 CO_2 时，烟囱冒黑烟。锅炉运行中应根据 CO_2 和 O_2 指示值调整送风机入口挡板，保持合适的风量，达到稳定燃烧的目的。

锅炉运行中，当锅炉负荷变化过大，调整送风机入口挡板作用不大时，应变更送风机的运行方式，可以停用或启动一台送风机。在调节风量过程中，必须注意观察电动机电流表、风压表、炉膛负压表以及 CO_2（或 O_2）表指示值的变化，以判断是否达到调节目的。尤其在锅炉高负荷情况下，应防止电动机电流超红线的锅炉正压运行。

2. 引风量调节

（1）当锅炉增减负荷时，势必增加或减少燃料量和风量，这时要及时调节送、引风量。

（2）对于离心风机，采用调节引风机进口挡板开度的方法进行调节；对于轴流风机，采用改变引风机动叶安装角的方法进行调节。

（3）当增加负荷时，先开大引风机入口挡板，再开大送风机入口挡板，保持炉膛负压在允许范围内变动；当减负荷时，先减送风量，然后再减引风量，目的是防止正压运行。

（4）若锅炉有两台引风机，需根据锅炉负荷的大小及风机的工作特性来决定引风机运行方式的合理性。

3. 炉膛负压控制

炉膛负压是指炉内烟气的压力，其测点装在炉膛上部靠近炉顶出口处，炉膛负压是直接反映燃烧工况是否稳定的重要参数，若燃烧不稳定，炉膛负压表就会摆动较大。正常运行时要求炉膛负压值保持在 30～50Pa。

（1）引风机、送风机入口挡板的调整。锅炉正常运行过程中，炉膛负压发生变化，一般是由于引风量和送风量配比不合适造成的，也可能是锅炉烟道内积灰过多、对流管束结渣、烟气流通截面积减小、烟气流动阻力增大造成的。

当炉膛微正压时，应首先观察火焰颜色，判断送风量是否配比合适，如出现烟道阻力过大、流量减少的情况，应适当开大引风机入口挡板，增加引风量。也可关小鼓风机入口挡板，减小送风量，使炉膛负压恢复正常。当炉膛负压偏大时，调整的方法与此相反。

（2）烟道积灰、结渣的处理。烟道积灰过多、结渣严重时，会造成炉膛负压偏小，或产生微正压运行，此时应及时打开烟道放灰门放灰，同时从清渣孔人工清除烟道内的结渣，使炉膛负压恢复正常。

（3）受热面泄漏的处理。发现受热面损坏漏水、造成炉膛负压变化时，锅炉操作人员应紧急停炉，向有关人员报告并做好记录。

(4)烟气通道漏风的处理。烟气通道的密封面损坏或烟道法兰连接处的垫料损坏、脱落，均可引起烟道漏风，应及时修理密封面或更换垫料。

(三)燃烧器的调节与运行方式

燃烧器是煤粉锅炉的主要燃烧设备，其作用是保证燃料和燃烧用的空气在进入炉膛时能充分混合，及时着火和稳定燃烧。

送入燃烧器的空气，一般都不是一次集中送入的，而是按对着火、燃烧有利而合理组织、分批送入的。按作用不同，一般将送入燃烧器的空气分为三种，即一次风、二次风和三次风。携带煤粉送入燃烧器的空气称为一次风，其主要作用是输送煤粉和满足燃烧初期对氧气的需要，一次风数量一般较少。煤粉气流着火后再送入的空气称为二次风。二次风补充煤粉继续燃烧所需要的空气，并主要起扰动、混合作用。当煤粉制备系统采用中间储仓式热风送粉时，在磨煤机内干燥原煤后排出的乏气，其中含有10%～15%的细粉煤，可将这股乏气由单独的喷口送入炉膛燃烧，称其为三次风。

1.直流燃烧器的调节

由于四角布置的直流燃烧器的结构、布置特性，决定了其风速的调整范围比旋流燃烧器要广一些。其一次风、二次风出口速度可采用以下方法进行调节。

改变一次风、二次风量的百分比。有的直流燃烧器具有可调节的二次风风速挡板，改变风速挡板的位置，即可调节风速，而风量的改变很小。有的直流燃烧器的一次风、二次风喷口均可变动倾角，可用改变一次风、二次风喷口中心线夹角的方法来改变混合情况，以适应煤种的需要。如燃煤挥发分较高时，夹角可大一些，以便使一次风、二次风能较早地混合，同时，变动喷口倾角还可以调整火焰中心。但在调节过程中应注意不使对角的风速相差太大，以免气流的射程不均，使火焰中心偏斜而造成结渣等。

改变各层喷嘴的风量分配或停部分喷嘴，如改变相应上下两层的喷嘴的一次风量及风速或改变上中下各层二次风量及风速。在一般的情况下，减少下排的二次风量，增加上排的二次风量，可使火焰中心下移；反之，可使火焰中心抬高。

2.风速和风率的控制

保持适当的燃烧器出口一次风、二次风、三次风的出口速度和风率(风量的百分比)，是建立良好的炉内空气动力场、使风粉混合均匀、保证燃料的正常着火和燃烧的必要条件。

一次风速过高，会推迟着火时间；过低，则会烧坏燃烧器，并可能造成一次风管内煤粉沉积堵塞管道。二次风速过高或过低都可能破坏气流与燃料的正常混合扰动，从而降低燃料的稳定性和经济性。

当一次风率过大时，为达到风粉混合物着火温度，所需的吸热量就要多，因而达到着火的时间就延长。这对挥发分低的燃煤着火很不利，如一次风温较低就更为不利。对挥发分较高的燃煤，由于着火容易，着火后为保证挥发分及时燃尽，需要有较高的一次风率。

对于不同的燃料和不同结构的燃烧器，一、二、三次风速与风率的配比也不相同。合理的风速与风率的配比，应考虑燃烧过程的稳定性及经济性，并通过燃烧调整试验来确定。表2-3、表2-4分别列出了圆形旋流燃烧器和四角布置的直流燃烧器一般采用的风速和风率范围。

表 2-3　圆形旋流燃烧器的配风条件

名　称	无烟煤	贫煤	烟煤	褐煤
一次风出口速度,m/s	14～16	16～20	20～27	20～26
二次风出口速度,m/s	18～22	20～25	23～35	25～37
三次风出口速度,m/s(包括采用制粉系统乏气)	30～40	30～40	30～40	30～55
一次风率,%	15(20～30)	20(25～30)	25～40	40

注:括号中的数值为当采用热风送粉的数值,不带括号的为冷风(乏气)送粉时的数值。

表 2-4　四角布置的直流燃烧器的配风条件

名　称	无烟煤、贫煤	烟煤、褐煤
一次风出口速度,m/s	25～32	27～40
二次风出口速度,m/s	27～50	32～55
三次风出口速度,m/s	≈45	≈45
一次风率,%	20～25	25～40

当使用热风送粉时,可允许采用30%～40%。

3. 双蜗壳旋流燃烧器的调节

(1)双蜗壳旋流燃烧器一般都具有二次风风量挡板和风速挡板(舌形挡板),而一次风风量挡板则装在一次风管道上。其一次风速度只能依靠改变一次风率来调节。当一次风量增加(开大一次风挡板)时,其风速与风量成正比地增加。

(2)燃烧器出口二次风的切向速度则利用风速(舌形)挡板进行调节,以改变燃烧器出口气流的扩散状态。当二次风量不变时,调节二次风舌形挡板会得到表2-5的结果。

表 2-5　二次风舌形挡板调节的结果

舌形挡板调节方向	出口气流轴向速度 w_Z	出口气流切向速度 w_q	出口气流旋转强度 w_q/w_Z	出品二次风扩散角	气流射程	烟气回流区
关小	相对减小	相对增加	增强	变大	变近	增大
开大	相对增加	相对减小	减弱	变小	变远	减小

(3)对于燃用低挥发分的煤,由于着火困难,所以应适当关小舌形挡板,使扩散角增大,热回流区增大,提高火焰根部温度,以利于燃料着火。对于燃用挥发分高的煤,由于容易着火,则应开大舌形挡板,增大燃烧器出口旋转气流的轴向速度(即相对减小出口切向速度),使扩散角减小,射程变远,以防燃烧器烧坏和结渣。

(4)在高负荷情况下,由于炉膛温度比较高,燃料着火条件好,燃烧比较稳定,所以二次风扩散角可小一些,即舌形挡板的开度可以适当开大。在低负荷情况下,由于炉膛温度较低,燃烧不稳定,因此舌形挡板的开度应适当关小,即二次风扩散角应大一些,以增强高温烟气的回流,有利于燃料的着火与燃烧。

实践表明,这种燃烧器的气流旋转强度调节较难,调节幅度一般也有限,尤其当煤种变化时,燃烧调节范围小,因此采用的不多。

4. 燃烧器的运行方式

燃烧器的运行方式是指燃烧器的负荷分配、投入和停止方式。炉内燃烧工况的好坏,不仅与各燃烧器的一次风、二次风有关，而且还与燃烧器的运行方式有关。

由于锅炉型号和燃煤的种类不同，燃烧器械的结构和布置方式亦不同，因而燃烧器不可能按统一的方式分配负荷和投停，而只能按下述原则通过燃烧调整试验来确定。

为了使火焰充满炉膛和保持火焰中心位置正确，力求使全部燃烧器投入运行并均匀承担负荷。当锅炉高负荷运行时，为了防止结渣和汽温过高，应设法降低火焰中心和缩短火焰长度。当锅炉低负荷时，为了防止灭火，应停用部分燃烧器，提高运行中燃烧器的煤粉浓度，适当减少炉内过量空气量，以稳定燃烧。

如果锅炉停用部分燃烧器时，应停用上排燃烧器，保留下排燃烧器，力求在低负荷时燃烧稳定，煤粉燃尽，水冷壁受热均匀。当切换燃烧器运行时，应先投入备用的燃烧器，待调整正常后再停止运行的燃烧器，以防止燃烧减弱或中断。总之，在改变燃烧器运行方式时，必须全面考虑对燃烧、汽温、水循环等方面的影响。

五、煤粉炉燃用不同煤种的燃烧调节

燃料品种变动，锅炉运行工况首先受到影响的是燃烧过程。不同煤种，其特点亦不同，燃烧调节亦应有所差异。下面将根据不同煤种的特点，来讨论它们燃烧调节的注意点。

(一)无烟煤

1.无烟煤的特点

无烟煤为煤化程度最深的煤，含碳量最多，一般碳含量最高可达95%，灰分含量在6%～25%，无烟煤的水分含量较少，在1%～5%之间。发热量很高，可达25000～32500kJ/kg，挥发分含量少。燃用无烟煤时常会遇到的问题是：

(1)着火困难问题，要求点火温度高、燃烧时间相对长，从而燃尽亦很困难。无烟煤一般不适应层燃方式。(2)磨损问题。无烟煤质硬而重，不易磨制成粉；在煤粉输送过程中易沉积，为避免煤粉沉积，所需风速较高；由于炉内燃烧不易完全，烟气中常有未燃尽的炭粒。上述这些因素会加重磨煤机的波形钢瓦、钢球、输粉管弯头、尾部受热面及风机叶片的磨损。

2.无烟煤的燃烧调节

(1)控制一次风量和一次风速，以利于无烟煤的着火。但一次风速过低时，风粉气流刚性差，扰动弱，卷吸能力差，不利于与二次风的混合，且易风粉分离甚至造成堵管。应通过调整试验得到最佳的一次风率和一次风速。

(2)二次风速应较高，以增加其混合及穿透一次风的能力。对于四角布置的直流式煤粉喷嘴，其各层二次风应呈上大下小分配，即上二次风较大，中二次风较小，下二次风最小。这是因为在燃烧器上方是火焰燃烧中心，上升气流流速最大，加大上二次风，提高上二次风风速，可以充分发挥其搅拌混合作用，从而降低燃烧中心，对煤粉着火和延长煤粉在炉内燃烧逗留时间是有利的。下二次风最小，则可维持和提高炉膛下部温度，创造煤粉着火引燃条件；其风速应以能托住煤粉为原则，以防止煤粉离析而落入冷灰斗。

(3)控制煤粉细度和湿度。无烟煤的煤粉细度宜控制得细些，一般为8%～9%，或使其R_{90}等于煤的干燥基挥发分。磨煤机出口温度宜控制较高些(120～150℃)，煤粉水分应控制在1%以下。

(4)制粉系统应优先用热风干燥的中间储仓式球磨制粉系统。

（二）烟煤

1. 烟煤的特点

烟煤的煤化程度低于无烟煤，含碳量一般在40%～65%之间，个别可高达75%，灰分不多，含量在7%～35%，烟煤的水分含量也较少，在3%～18%之间，其发热量一般为20000～30000kJ/kg。除了贫煤挥发分含量较少外，其余烟煤都因挥发分较高，其着火、燃烧均较容易。烟煤的焦结性各不相同，贫煤焦炭呈粉状，而优质烟煤则呈强焦结性，多用于冶金企业。

2. 烟煤的燃烧调节

(1)燃用一般烟煤时，其配风原则与燃用无烟煤配风原则不同，相对来讲可以控制得较宽松些。一次风量和风速可适当提高；二次风速视燃烧情况而定。上、下二次风风门开度应开稍大些，上二次风除补充空气、搅拌混合作用外，还可起到降低火焰中心位置的作用；下二次风则主要起到托起下沉的煤粉、降低机械不完全燃烧损失的作用。

(2)对于"二高一低"(灰分、水分含量高，发热量低)的劣质烟煤，其挥发分虽然较高，但由于水分多、灰分多，炉膛温度不易升高，挥发分不易析出，着火困难；燃烧中的炭粒常被灰壳包围，难以燃尽。所以燃用劣质烟煤时，常表现为着火困难、燃烧不稳定、燃尽不充分。

针对劣质烟煤，可采取下列措施：燃用烟煤与燃用无烟煤类似，应严格控制一次风量(占总风量的15%～20%)和一次风速(20～25m/s)；二次风应采用倒塔形配风，风速宜稍大。燃烧器附近及燃烧器水平位置上的水冷壁适当敷设卫燃带，既可提高炉膛温度，帮助点燃，又可防磨。减少制粉系统及炉膛的漏风；加装并开大球磨制粉系统的乏气循环风门，控制三次风量。必要时可适当提高热风温度。

（三）褐煤

1. 褐煤的特点

褐煤含碳量为40%～50%，挥发分含量也很高，而且挥发分的析出温度较低，所以易于着火，且易于自燃；爆炸性强，对制粉系统的防爆要求较高。它的水分、灰分亦很高(有时达到20%～50%)，因而褐煤的发热量偏低。另外，燃用褐煤易于结焦，受热面易于磨损与积灰，这与它水分多、灰分多而灰熔点较低是分不开的。

2. 褐煤的燃烧调节

褐煤挥发分较高，极易着火，所以燃烧配风要求不十分严格，基本上与燃用烟煤时的配风差不多，即一次风量、风速比燃用无烟煤可稍大些；而二次风则视燃烧需要而定。由于褐煤较易结焦，燃用时宜分散炉膛热负荷(投用较多的燃烧器且使各燃烧器均匀地供应煤粉)，控制炉内燃烧速度，降低炉膛尖峰温度值，避免炉内还原性气氛。由于燃用褐煤时从燃烧角度来看，配风较富裕，烟气流速稍高，对防止多灰分的褐煤在尾部受热面积大是有利的，但却带来了受热面的飞灰磨损问题。因此，燃用褐煤时二次风不宜控制过松。

基础知识

一、煤粉炉炉膛应满足的要求

(1)良好的组织炉内燃烧过程。合理布置燃烧器，使燃料能及时着火、稳定燃烧、充分燃尽，并有良好的炉内空气动力场，使各壁面热负荷均匀。火焰在炉膛内的充满程度要好，减少气流的死滞区和漩涡区，同时要避免火焰冲墙刷壁，避免结渣。

(2)炉膛要有足够的容积和高度。

(3)能够布置合适的辐射受热面。

(4)炉膛辐射受热面应具有可靠的水动力特性，保证其工作安全。

(5)炉膛结构紧凑，金属及其他材料的消耗量要少，制造、安装、检修和运行要方便。

二、煤粉炉正常运行调节的任务

锅炉运行好坏在很大程度上决定着整个发电厂或供热管网运行的安全和经济性。

锅炉的运行必须与外界负荷相适应。由于外界负荷随时都在变动，因此必须对锅炉进行一系列的调节，如供给锅炉的燃料量、空气量、给水量等作相应的改变，才能使锅炉的蒸发量与外界负荷相适应。否则，锅炉的运行参数(汽压、汽温、水位等)就不能保持在规定的范围内，严重时将对锅炉机组和全厂的安全带来危害。另外，即使是在外界负荷稳定的情况下，锅炉内部工况也会有改变，也会引起锅炉运行参数的变化，因而也需要对锅炉进行必要的调节。为使锅炉设备安全经济运行，要求运行人员必须经常对仪表指示和各种情况进行分析，及时正确地进行适当的调整工作。

对锅炉运行总的要求是：首先保质保量地安全供汽，其次是要求锅炉设备在安全的条件下经济运转，也就是既要安全又要经济。运行中对锅炉进行监视和调节的主要任务是：

(1)使锅炉的蒸发量(出力)适应外界负荷的需要。

(2)均衡进水，维持锅筒水位正常。

(3)保持正常的汽压和汽温。

(4)保证蒸汽品质合格。

(5)维持经济燃烧，尽量减少热损失，提高锅炉效率。

(6)保持锅炉机组安全运行。

为了完成上述任务，锅炉运行人员应充分认识到自己工作的重要性，对工作有高度的责任感，在技术上精益求精，弄清锅炉设备的构造和工作原理，掌握设备的特性和系统，了解各种因素对锅炉运行的影响，具有熟练的操作技能。

三、水位偏离正常值的危害

保持锅筒水位正常，是锅炉和汽轮机安全运行的重要保证。

水位过高时，由于锅筒蒸汽空间高度减小，汽水分离效果变差，会增加蒸汽携带的水分，使蒸汽品质恶化，容易造成过热器管壁积盐垢，使管子过热损坏。锅筒严重满水时，会造成蒸汽大量带水，过热汽温急剧下降，引起主蒸汽管道和汽轮机严重水冲击，损坏汽轮机叶片和推力瓦。

水位过低，则可能引起锅炉水循环破坏，使水冷壁管的安全受到威胁。如果严重缺水，处理又不及时，会造成炉管爆破。

所以，在锅炉运行中应加强水位的监视。尤其对于大型锅炉，锅筒水容量小，而蒸发量又大，如给水中断而锅炉继续运行，则只需十几秒钟锅筒中的水位就会消失；如给水量与蒸发量不相适应，也会在几分钟内发生缺水或满水事故。

锅筒正常水位允许变化范围为±50mm。锅筒最高、最低允许水位值，应通过热化学试验和水循环试验来确定。最高允许水位应不致引起蒸汽突然带水；最低允许水位应不影响水循环。

四、汽压变化对运行的影响

过热蒸汽压力是蒸汽质量的重要指标。在锅炉运行中，蒸汽压力是必须监视和控制的主要参数之一。汽压过高或过低的影响有以下几方面：

(1)对锅炉和汽轮机的安全、经济运行的影响。若汽压过高，安全阀万一发生故障不动作，轻则超压，严重时可能发生爆破事故，直接威胁设备的安全运行。当安全阀动作时，会造成大量的排汽损失；如果安全阀动作次数过多，还会造成高压蒸汽冲击阀瓣磨损结合面或有杂物沉积在阀座上，容易造成安全阀回坐后关闭不严，增加漏汽损失，甚至造成安全阀不回坐而被迫停炉。汽压低，则会减少蒸汽在汽轮机中膨胀做功的能力，使汽耗增大，煤耗增加。若汽压过低，容易使汽轮机推力增加，发生烧瓦事故，甚至被迫减负荷，影响正常发电、供热。如果汽压波动次数过多，还会使锅炉受热面的金属经常处于交变力的作用下，发生疲劳损坏。

(2)对水位的影响。当汽压降低时，饱和温度降低，使部分炉水蒸发，引起炉水体积膨胀，故水位上升；相反，汽压升高时，饱和温度升高，使部分蒸汽凝结下来，引起炉水体积收缩，故水位下降。如果汽压变化是由于外界负荷变化引起的，则水位变化只是暂时的，如负荷增加汽压下降，先引起水位上升，形成“虚假水位”，在给水量没有增加以前，由于给水量小于蒸发量，水位很快就会下降。

(3)对汽温的影响。汽压升高，汽温升高。

五、汽温变化对运行的影响

过热器出口汽温是蒸汽质量的又一重要指标。运行中当锅炉蒸汽温度偏离额定数值过大时，会影响锅炉和汽轮机的安全、经济运行。因此，蒸汽温度也是锅炉运行中必须监视和控制的主要参数之一。

汽温过高，超过了设备部件材料的允许工作温度后，会加快金属材料的蠕变，使过热器、主蒸汽管道、汽轮机等设备寿命缩短。当发生严重超温时，甚至会造成过热器管爆破。实际运行证明，过热器发生爆管大多数都是由于超温引起的，因此汽温过高对设备的安全运行威胁很大。

蒸汽温度过低，会增加汽轮机最后几级的蒸汽湿度，对叶片的侵蚀作用加剧，严重时会发生水冲击，使汽轮机轴向位移增加，威胁汽轮机的安全。而且当压力不变时汽温降低，蒸汽的含热量减少，蒸汽的作功能力减小，汽轮机的汽耗增加，因而会降低发电厂的经济性。

六、性能良好的燃烧设备应满足的要求

(1)将燃料和燃烧所需要空气送入炉膛，在炉内形成良好的空气动力场，使燃料能迅速稳定地着火。

(2)及时供应空气，与燃料适时混合，确保较高的燃烧效率，使燃料在炉内达到完全燃烧。

(3)燃烧可靠稳定，炉内不结焦，保证锅炉安全经济地运行。

(4)有较好的燃料适应性，具有良好的调节性能和较大的调节范围，以适应煤种和负荷变化的要求。阻力较小。

(5)氮氧化合物的生成量控制在允许范围内，减少对环境的污染。

资料链接

1. 汽温调节的必要性有哪些？

答：运行中锅炉的过热汽温变化是不可避免的，因此，为保证锅炉本身以及有关设备的安全性和经济性，必须进行调节已获得稳定的蒸汽温度。

汽温过高会加快金属的蠕变，会使过热器蒸汽管道等产生额外的热应力，缩短设备的使用寿命，当发生严重超温时，甚至会造成过热器爆管。在化学工业生产工艺流程中，超温可能使化学反应失灵；在食品、轻工业工艺流程中，超温可能使产品变质甚至报废。汽温过低会使汽轮机最后几级的蒸汽湿度增加，对叶片的侵蚀作用加剧，严重时将会发生水击，威胁汽轮机的安全，还会使得整个电厂的热效率下降。在化学工业生产工艺流程中，蒸汽温度偏低可能使反应不完全或根本不能进行。在食品、轻工业生产工艺流程中，蒸汽温度偏低会形成不合格的产品。

为此各国对蒸汽温度的允许偏差都作了明确的规定，同时还规定了允许汽温变化速度、持续速度等。

2. "虚假水位"是怎样产生的？

答：当负荷急剧增加时，汽压很快下降，由于炉水温度是锅炉当时压力下的饱和温度，所以随着汽压的下降，炉水就从原来较高压力下的饱和温度下降到新的较低压力下的饱和温度，此时炉水和金属要放出大量的热量，这些热量又用于蒸发炉水，于是炉水内的汽泡数量就会大大增加，汽水混合物的体积膨胀，所以促使水位很快上升，形成"虚假水位"。当炉水中产生的汽泡逐渐逸出水面后，汽水混合物的体积又收缩，所以水位又下降。这时如果不及时地增加给水量，则由于蒸发量大于给水量而引起水位很快下降。

当负荷急剧降低时，汽压很快上升，相应的饱和温度提高，用于把炉水加热到新的饱和温度的热量增加，而用来蒸发炉水的热量则减少，炉水中的汽泡数量减少使炉水混合物的体积收缩，所以促使水位很快下降形成"虚假水位"。当炉水温度上升到新压力下的饱和温度以后，不再需要多消耗液体热量，炉水中的汽泡数量又会逐渐增多，汽水混合物体积膨胀，所以水位又上升。这时如果不及时地减少给水量，则由于给水量大于蒸发量，而使水位会很快上升。

3. 什么是蠕变和蠕变极限？锅炉哪些部件会发生蠕变？

答：金属在不变应力的作用下，缓慢而持续不断地产生的塑性变形称为蠕变。

通常锅炉过热器的设计寿命为 1×10^5 h，在 1×10^5 h 内变形为 1% 的应力值为蠕变极限。碳素钢在 400℃以上即产生蠕变，在 400～500℃范围内，平均每升高 12～15℃，蠕变速度增加 1 倍。如果水冷壁管内清洁无垢，水循环正常，则中压炉、高压炉水冷壁管的温度低于 400℃；如果水冷壁管内结垢，或由于水循环不良，水冷壁管得不到良好的冷却，则壁温将显著升高，超过 400℃而产生蠕变。水冷壁管的局部胀粗、鼓包都是蠕变的结果。

省煤器管处于烟气温度较低的区域，管内水的温度是锅炉所有承压受热面中最低的，而且水在省煤器内是强制流动，放热系数很高，管壁温度仅比水温高 10～30℃，省煤器管壁温是锅炉承压受热面中最低的。因此，非沸腾式省煤器通常不会产生蠕变。采用沸腾式省煤器，切省煤器蛇形管排存在较大的烟气走廊时，蛇形管排上部的管子有可能因壁温较高而产生蠕变。

空气预热器管处于烟气温度最低的区域，而且管内的压力很低，所以，空气预热器管是不会产生蠕变的。

过热器管处于烟气温度较高的区域，而且管内介质的温度较高，如果调整不当，过量空气系数过大，燃烧不良使过热蒸汽超温，则会使管壁温度较高。特别是在点火过程中，如果排汽量不足，过热器管得不到良好的冷却，管壁温度也较高。所以蠕变在过热器管上产生。

虽然再热器管的壁温较高，但是由于再热器管内的压力很低，再热器管的应力较低，因此再热器管发生蠕变的可能性比过热器管小。

要定期测量过热器管的外径，监视过热器管的胀粗率，当合金钢管胀粗率超过2.5%，碳钢管胀粗率超过3.5%时，过热器管就应更换。

4. 监视和控制炉膛负压的意义是什么？

答：炉膛负压是直接反映燃烧工况是否稳定的重要参数，若燃烧不稳定，炉膛负压表就会摆动较大。其测点装在炉膛上部靠近炉顶出口处，炉膛负压是指炉内烟气的压力。正常运行时要求炉膛负压值保持在30～50Pa。

如果炉膛负压过大，则会增加炉膛和烟道漏风量，降低炉膛温度，造成排烟损失增加。在低负荷或燃烧不稳定情况下，若漏入大量冷风还会造成锅炉灭火。反之，若炉膛负压太小或偏正，则炉膛内的高温火焰及烟灰就要往外冒，不但影响现场卫生，烧坏设备，还会造成人身伤害事故。

当炉内燃烧工况发生变化时，必将立即引起炉膛负压发生变化。实践表明，当锅炉燃修系统发生异常情况时，最先反映出来是炉膛负压表指示大幅度变化，然后才是汽压、汽温水位、蒸汽流量等发生变化。为此，锅炉运行中必须严密监视炉膛负压并根据其变化情况作出正确判断，进行调节和处理，以保持其负压值在正常范围内。

5. 影响煤粉气流着火的主要因素有哪些？

答：(1)燃料性质。

燃料性质中对着火过程影响最大的是挥发分，挥发分低的煤，煤粉气流的着火温度显著升高，着火热(将煤粉气流加热到着火温度所需的热量称为着火热)也随之增大。也就是说，必须把煤粉气流加热到更高的温度才能着火。

原煤水分增大时，着火热也随之增大。

燃料中的灰分在燃烧过程中不但不能放出热量，而且还要吸收热量，灰分多的燃料，火焰传播速度慢，使着火稳定性降低。

煤粉气流的着火温度随着煤粉变细而降低，越细的煤粉，着火就越容易。

(2)炉内散热条件。

实践中为了稳定低挥发分无烟煤的着火，除了采用热风送粉和把煤粉磨得更细些以外，还在燃烧器区域用铬矿砂等耐火涂料将部分水冷壁遮盖起来，构成所谓的卫燃带，亦称燃烧带。其目的是减少水冷壁吸热量，提高燃烧器区域烟气的温度水平，以改善煤粉气流的着火条件。

(3)煤粉气流的初温。

采用高温预热空气作为一次风来输送煤粉，可以提高煤粉气流的初温，减少将煤粉气流加热到着火温度所需的着火热，使着火加快。因此在燃用无烟煤、劣质煤和某些贫煤时，往往采用热风送粉的燃烧系统。

(4)一次风量和风速。

增大煤粉空气混合物中一次风量，相应地增大了着火热，将使着火过程推迟。减小一次风量，会使着火热降低，因而在同样的卷吸烟气量下，可将煤粉气流更快地加热到着火温度。一次风量的选择还要考虑制粉系统的要求，一次风速过高，会使着火推迟，致使着火距离拉长而影响整个燃烧过程。但一次风速过低时，会引起燃烧器喷口过热烧坏，以及煤粉管道堵粉等故障。

(5)锅炉的运行负荷。

锅炉负荷降低时，炉膛平均温度降低，燃烧器区域的烟温也将降低。因而锅炉负荷降低对煤粉着火是不利的。当锅炉负荷低到一定程度时，就危及着火稳定性，甚至引起灭火。因此，着火稳定性条件常常限制了煤粉锅炉的负荷调节范围。

知识拓展

1. 采用烟气再循环方式进行汽温调节时送入炉膛烟气位置不同，起到何种作用？

答：从炉膛底部送入烟气时，炉膛温度下降，炉膛辐射吸热减少，结果是炉膛出口烟温几乎不变，由于烟气流量增加，导致流速增大，烟气侧的放热系数增加，对流传热量增加，汽温升高。此外，由于降低了炉膛温度，炉内氧浓度降低，抑制了氮氧化合物的生成量，减少对环境的污染。由于热负荷的降低，也防止水冷壁管内传热恶化。

从炉膛上部烟窗附近送入烟气时，炉膛辐射吸热量改变很小，但使炉膛出口烟温显著降低，靠近烟窗的高温过热器的传热量温差减小，传热量降低。在烟气行程后部的受热面，烟气量增加而引起的强化传热作用大于温差减少的影响，使得吸热量增加。总的来说，此时对汽温调节作用不大。但是，这样做会降低和均匀炉膛出口烟温，防止对流过热器结渣及减少其热偏差，保护屏式及其高温过热器。

同时设计炉膛上部和下部两组入口，当负荷低时从炉膛下部送入，起调温作用，负荷高时从炉膛下部送入，起保护受热面的作用。

2. 采用烟气挡板调节方法可能存在哪些问题？

答：采用烟气挡板调节方法可能存在问题是：因挡板受热发生不规则变形，使转动及传动机构发生卡涩而不能正常动作，从而无法进行调节；由于理论设计计算与实际调节结构有较大出入，可能使调节超出范围。也就是说，在挡板的可调范围内，难以达到正常汽温值。有时，为了使汽温尽可能接近规定值，往往造成主烟道（或旁路烟道）中的烟速不是过高，就是过低，从而使受热面的管子磨损严重，或发生严重积灰，影响锅炉的运行安全和经济性。

3. 运行中发现排烟过量空气系数过高，可能是什么原因？

答：即使排烟温度不变，排烟过量空气系数增加，排烟热损失也增加。排烟过量空气系数过高，还使风机耗电量增加，所以运行中发现排烟过量空气系数过高时，一定要找出原因，设法消除。

排烟过量空气系数过高的原因有下列几种：

(1)送风量太大。表现为炉膛出口过量空气系数和送风机、引风机电流较大。

(2)炉膛漏风较多。负压锅炉的炉膛内是负压，而且炉膛下部的负压比操作盘上的炉膛负压表指示值要大得多。所以，空气从炉膛的人孔、检查孔、炉管穿墙处漏入炉膛，都会使炉膛出口过量空气系数增大。

(3)尾部受热面漏风较多。由于锅炉尾部的负压较大，空气容易从尾部竖井的人孔、检查孔及省煤器管穿墙处漏入。在这种情况下，送风机电流不大，排烟的过量空气系数与炉膛出口的过量空气系数之差超过允许值较多，引风机的电流较大。

(4)空气预热器管泄漏。空气预热器管由于低温腐蚀和磨损,易发生穿孔、泄漏。在这种情况下,引风机、送风机电流显著增加,预热器出口风压降低,严重时会限制锅炉负荷。预热器前后的过量空气系数差值显著增大。

(5)炉膛负压过大。当不严密处的泄漏面积一定时,炉膛负压增加,由于空气侧与烟气侧的压差增大,必然使漏风量增加,造成排烟过量空气系数增大。

对正压锅炉来讲,由于炉膛和尾部烟道的大部分均是正压,冷空气通常不会漏入炉膛和烟道,所以,排烟过量空气系数过大,主要是由于送风量太大或空气预热器管腐蚀、磨损后泄漏造成的。

4. 为什么定期排污时,汽温升高?

答:定期排污时,排出的是锅筒压力下的饱和温度的炉水,如中压炉饱和水温为256℃,高压炉为317℃。为了维持正常水位,必然要加大给水量。由于给水温度较炉水温度低,如中压炉,高压加热器投入运行时为172℃,不投时为104℃,高压炉高压加热器投入时为215℃,不投时为168℃。定期排污过程中,排出的是达到饱和温度的炉水,而补充的是温度较低的给水。为了维持蒸发量不变,就必须增加燃料量。炉膛出口的烟气温度和烟气流速增加,汽温升高。如果燃料量不变,则由于一部分燃料用来提高给水温度,用于蒸发产生蒸汽的热量减少,因蒸汽量减少,而炉膛出口的烟温和烟气流速都未变,所以汽温升高。

给水温度越低,则由于定期排污引起的汽温升高的幅度越大。如果注意观察汽温记录表,当定期排污时,可以明显看到汽温升高。定期排污结束后,汽温恢复到原来的水平。

5. 为什么煤粉变粗过热汽温升高?

答:煤粉喷入炉膛后燃尽所需的时间,与煤粉粒径的平方成正比。设计和运行正常的锅炉,靠近炉膛出口的上部炉膛不应该有火焰,而应是透明的烟气。在其他条件相同的情况下,火焰的长度决定于煤粉的粗细。煤粉变粗,煤粉燃尽所需时间增加,火焰必然拉长。由于炉膛容积热负荷的限制,炉膛的容积和高度有限,煤粉在炉膛内停留的时间很短,煤粉变粗将会导致火焰延长到炉膛出口甚至过热器。

火焰延长到炉膛出口,使炉膛出口烟温提高,不但过热器辐射吸热量增加,而且因为过热器传热温差增加,使得过热器的对流吸热量也随之增加。而进入过热器的蒸汽流量因燃料量没有变化而没有改变,因此,煤粉变粗必然导致过热汽温升高。

任务 2.4　煤粉炉的停运操作

学习任务

(1)学习煤粉炉停炉前的准备工作。

(2)学习煤粉炉停炉操作。

(3)学习煤粉炉停炉后的冷却、防腐和防寒。

学习目标

(1)小组合作完成煤粉炉停运前的检查与准备工作。

(2)小组合作根据锅炉设备停运后的需要和系统布置情况,制订停运方案。

(3)小组合作完成锅炉额定参数停炉、滑参数停炉、事故停炉的操作。

(4)小组合作完成锅炉停炉后的冷却、防腐和防寒。

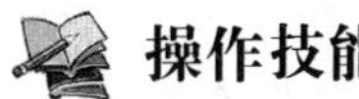

操作技能

前面已经讲解了关于停炉的种类，这里只介绍煤粉炉的停炉操作。

一、煤粉炉停炉前的准备工作

(1)停炉必须得到值班干部的命令方可进行操作。停炉前应进行全面的吹灰、打焦工作，停炉过程中严禁进行吹灰、打焦。对锅炉设备进行全面检查，将设备缺陷逐一详细做好记录，以便制订锅炉设备的维修计划。

(2)填写停炉操作票。

(3)通知燃料、汽轮机、化验、热工值班人员将要停炉，让其做好停炉准备工作。停炉前，将制粉系统内余粉抽净后停止制粉系统运行，解除制粉系统各种联锁及保护。当磨煤机停止运行0.5h后，停运磨煤机润滑油系统。

(4)对事故放水电动阀、向空排汽电动阀做可靠性试验，发现缺陷及时消除，使其处于良好状态。

(5)做好点火设备(油燃烧器)投入的准备，使其处于良好状态，以便在停炉过程中随时投入稳定燃烧，防止锅炉灭火。

(6)停炉在3d以内时，煤粉仓的粉位应尽量降低，煤粉仓粉位降至1m下。停用给粉机前应先关闭粉阀门走尽余粉，以防煤粉自燃而引起爆炸。

(7)凡需停炉备用或停炉检修时间超过3d，需将煤粉仓中的煤粉用尽，以防止煤在其中结块或自燃。

(8)停止制粉系统时，必须将磨煤机内的煤吹扫干净。

二、煤粉炉停炉

(一)额定参数停炉操作

通知调度要求停炉，回复可以停炉操作后，将自动控制的汽压、汽温及水位由自动操作切换至手动操作。具体操作如下：

(1)缓慢而均匀地降低负荷，减少给煤量，燃烧也逐渐减弱。但磨煤机内的余煤可继续喷入炉膛燃烧，直至熄灭为止。

(2)随着负荷的减少，相应降低给粉机的转数和减少运行台数，停用部分给粉机和燃烧器，相应调整配风量、转数，使燃烧保持稳定。

(3)煤粉燃烧器要尽量集中，对称运行。运行的给粉机台数减少，应保持较高的转数，这种运行方式是在低负荷情况下使燃烧稳定的一个具体措施。

(4)注意缓慢降低锅炉负荷，使汽包上、下壁温差≤50℃，受热面金属壁温不应超过限额，控制参数下降速度为：炉膛出口烟温≤1℃/min，过热汽温≤1.5℃/min，过热汽压力≤0.05MPa/min，负荷≤3MW/min。

(5)当锅炉负荷降至30%～50%额定负荷时，为了保持燃烧的稳定，应投入点火油枪助燃。待所有煤粉燃烧器都停用以后，锅炉负荷降至零时，才停用点火油枪，停止锅炉燃烧，然后停止送风机。

(6)引风机继续运行5～10min后再停止，以排除燃烧室和烟道内可能残留的可燃物。可将引风机挡板或直通烟道的挡板稍微开启，以利于炉膛自然冷却。

(7)随着锅炉负荷的逐渐降低，应相应地减少给水，以维持正常水位。如给水投入自动，则应在负荷降低到额定出力的50%以下时，将给水自动改为手动，并改用给水旁路进水。

(8)熄火后，根据蒸汽流量表等有关表计的指示，确定锅炉已停止向外供汽时，应及时关闭锅炉主汽阀和并汽阀(隔绝阀)，使之与蒸汽母管隔绝。同时，开启过热器出口联箱疏水阀或向空排汽阀(时间为30～50min)，以冷却过热器。应继续向锅炉少量补给水，以保持锅筒有较高的允许水位。停止进水时，应开启省煤器再循环门，以保护省煤器。

(9)停炉过程中，应注意燃烧、汽温、汽压、水位的变化，根据汽温情况关小或解列减温器。还需注意的是，当汽压未降到零，电动机也未切断电源时，不允许不加监视。

(10)停炉后完全关闭灰渣斗门，看火门、人孔和其他门孔。20～30min，待炉膛温度下降，高温废气全部排出后，关闭引风机挡板或直通烟道的挡板，以免向炉内漏气。

(11)停炉后，应注意退出除尘设备的运行，关闭除尘器及电场电源，排放除尘灰，如系并列运行机组，应与系统联系，做好解列及设备、场地的清扫工作。

(12)将停炉过程中的主要操作及存在问题，做好详细记录。

(二)滑参数停炉操作步骤

(1)接到停止锅炉运行命令后，按汽轮机要求逐渐降低汽温、汽压，减负荷。首先以0.5～3MW/min的速度降低机组负荷，使机组负荷降至额定的70%～80%。

(2)逐渐降低主蒸汽压力和温度，调速汽门全开。继续降低主蒸汽压力和温度，负荷随着汽温汽压的降低而下降。

(3)在锅炉降至滑参数停炉最终参数(一般为冷启的冲转参数)时，锅炉熄火，汽轮机打闸。在滑参数停炉过程中发生故障不能按滑参数停炉时，可按紧急停运操作进行。

(4)汽轮机打闸后，为保护过热器、再热器，应开启一、二级旁路。

(5)停炉过程中，注意控制汽温汽压，下降速度要均匀。一般主汽压力下降不大于0.05MPa/min，主汽温度下降不大于1℃/min，再热汽温下降不大于2℃/min。

(6)停炉后要注意监视排烟温度，检查尾部烟道，防止发生尾部烟道再燃烧事故。

(7)不论任何情况汽温都要保持50℃以上的过热度。要特别防止汽温大幅度变化，尤其在使用减温水降低汽温时更要特别注意。

(8)在滑参数停炉过程中，要始终监视和确保锅筒上下壁温差不大于40℃。

(9)为防止汽轮机解列后的汽压回升，应使锅炉熄灭时的负荷尽量低些。

(三)紧急停炉操作步骤

(1)立即停止制粉系统和停止向燃烧室供给燃料。将跳闸的开关复位。注意汽压、汽温及水位的变化。

(2)停止磨煤机运转，关闭磨煤机出口挡板。

(3)停止送风机，约5min后再停引风机。如果因炉管或水冷壁管爆破而停炉，应继续引风，以排除炉内大量蒸汽。但若发生烟道再燃烧时，则应立即同时停止送风机、引风机的运行，并关闭有关烟风挡板，密闭炉膛。

(4)联系调度，关闭锅炉主汽阀或并汽(隔绝阀)。若汽压升高，应适当开启过热器出口疏水阀或向空排汽阀。

(5)除发生严重缺水和满水事故外，一般应继续向锅炉给水，以维持正常的水位。若发生水冷壁管爆破，不能维持正常水位时，在不影响运行炉正常供水情况下，可保持适当的进水量。如影响运行炉正常供水，使给水母管压力降低时，应停止故障炉进水。

(6)锅炉停止上水后，应开启省煤器再循环阀(但水冷壁和省煤器管爆破时除外)。

(7)紧急停炉过程中，应加强对汽压和水位的监视与调节。由于紧急停炉时，故障炉的负荷迅速降低，应注意及时正确地调节给水，以保持水位的正常。

(8)迅速报告值班干部，按事故相应的应急预案迅速正确处理。其余操作及要求参照正常停炉执行。

三、煤粉炉停炉后的冷却、防腐与防寒

(一)停炉后的冷却

(1)停炉后，锅炉的冷却应缓慢进行，锅炉从额定参数降至大气压力，不得少于24h。特殊情况经生产厂长批准，可缩短为16h。若锅炉承压部件有缺陷时，应适当延长冷却时间，具体时间由生产厂长决定。

(2)停炉后，应关闭所有孔门和风机挡板，以免锅炉急剧冷却。

(3)停炉6h以后，打开引风机挡板及炉门自然通风，并进行必要的放水、上水(每2h一次)，上水必须通过省煤器，并注意锅筒壁温差不超过40℃；停炉8～10h以后，适当增加放水、上水次数，需要加强冷却时，启动引风机微开挡板进行冷却；停炉12h以后，逐渐开大引风机挡板。当炉水温度不超过80℃时，可将炉水全部放掉。

(4)事故停炉抢修时，8h后方可启动引风机，微开挡板强制冷却，然后逐渐开大引风机挡板，同时向锅炉放水、上水，在任何情况下都不准大量放水、上水。在事故抢修下，需提前放水也不得低于10h。

(5)停炉后作备用时，不进行冷却处理，应紧闭所有孔门及风机挡板，尽量减少炉温和汽压的下降速度。

(6)停炉后需进行紧急冷却时，须经生产技术部提出方案，并经厂长批准。

(7)在锅炉汽压未到零或电动机电源未切断时，不允许对锅炉设备及辅机设备不加监视。

(8)锅炉冷却后，应对锅炉内外部进行一次全面检查。检查其炉墙和受热面管道的磨损情况，并进行详细记录，以便进行维修。

(二)停炉后的防腐

前面已经介绍停用锅炉的防腐保养方法，这里不再说明。煤粉炉主要采用湿法防腐和干法保护法进行保养。

锅炉短期停炉备用时，可采用“锅炉剩余压力法”防腐保养。锅炉在备用保养期间，必须将所有的孔门和挡板严密关闭，必要时，还应在炉底空气预热器等处放置生石灰，以维持其内部干燥；保养期间应有专人监视，化验人员定期化验。

(三)停炉后的防寒

在我国北方，如果冬季停炉，必须加强监视锅炉的各部分温度变化情况，对存在有汽水设备，尤其注意防止结冰损坏。为了防止冻坏设备，应采取下列措施：

(1)关闭锅炉房各部门窗，加强室内取暖，维持最低温度在5℃以上；

(2)备用炉的孔门应严密关闭，检修锅炉应有防止冷空气侵入的措施；

(3)若炉内有水，当炉温低于10℃时，应进行上水和放水，必要时要将炉水全部放尽；

(4)锅炉进行检修或长期备用时，通知热工人员排出热工仪表管内的积水；

(5)轴承冷却门应开小，使冷却水流动；

(6)冷渣机进出口阀门应小开，使冷却水流动；

(7)电除尘加湿机溢流管阀门应小开，保证溢流管畅通。

基础知识

停炉的主要操作就是停止燃烧设备的工作，锅炉的停炉过程是一个冷却过程。在停炉过程中应注意使机组缓慢冷却。停炉过程的操作比较简单，但如果操作不当，将使锅炉冷却过快，同样会因各部件的温度冷却不均而产生较大的热应力，引起锅炉设备的变形或损坏。

一、滑参数停炉和额定参数停炉

锅炉的停运一般分为滑参数停炉和额定参数停炉两种。单元制锅炉多采用滑参数停炉；而母管制锅炉一般采用额定参数停炉。

滑参数停炉实质上是锅炉、汽轮机联合停止运行。机组由额定参数负荷工况下，用逐步降低锅炉汽压、汽温的方法，使汽轮机逐步减负荷。当汽温汽压降低到一定程度以后，可将锅炉熄火。锅炉熄火后，汽轮机可利用锅炉余热所产生的低温低压蒸汽继续发电。一直待汽压降到零，才解列发电机。

滑参数停炉与汽轮机滑参数停机同时进行。它可以利用锅炉停炉过程中的部分余热发电，又可以利用温度逐渐降低的蒸汽使汽轮机部件得到比较均匀和较快的冷却。对停运后要进行检修的汽轮机，可缩短从停机到开缸的时间。但锅炉在低负荷燃烧时稳定性较差。

额定参数停炉是指在机组停运过程中，汽轮机前的蒸汽压力和温度不变或基本不变的停运方式。在额定参数下，锅炉负荷逐渐降低至零时再与蒸汽母管解列。若机组是短期停运，进入热备用，可采用额定参数停炉。因为锅炉熄火时蒸汽压力和温度都很高，有利于缩短下次启动时间。

二、正常停炉和事故停炉

锅炉的停止运行，一般分为正常停炉和事故停炉两种。

锅炉设备运行的连续性是有一定限度的，必须进行有计划的停炉检查。另外，由于外界负荷的减少，根据调度计划，也要将一部分锅炉停止运行转入备用，这些都属于正常停炉。

当锅炉设备由于内部或外部原因发生事故，必须停止锅炉运行时，称为事故停炉。根据事故的严重程度，需要立即停止锅炉运行时，称为紧急停炉；若事故不太严重，但为了锅炉设备安全又不允许继续长时间运行下去，必须在一定的时间内停止其运行，则为故障停炉。

锅炉运行中发生下列危及设备和人身安全的重大事故时，锅炉应紧急停炉：

(1)锅炉严重缺水，水位低于锅筒水位计的可见水位时；锅炉严重满水，水位超过锅筒水位计的可见水位时。

(2)锅炉炉管爆破不能维持锅筒的正常水位时。

(3)锅炉炉墙发生裂缝有倒塌危险或炉架横梁烧成红色时。

(4)锅炉尾部烟道发生再燃烧,使排烟温度不正常地升高时。

(5)锅炉上所有水位计损坏时。

(6)锅炉的燃油管道爆破或者着火,威胁人身及设备安全时。

(7)锅炉的汽水管道爆破,威胁人身及设备安全时。

锅炉运行中发生下列事故时,锅炉应请示故障停炉:

(1)锅炉承压部件泄漏而无法消除时。

(2)锅炉给水、蒸汽或者炉水品质严重低于标准,经处理仍无法恢复正常时。

(3)安全门阀动作后不回坐,经多方努力仍不回坐,或者安全阀严重泄漏无法维持汽温、汽压时。

(4)过热汽温或者过热器壁温超过允许值,经多方处理无效时。

(5)锅炉严重结焦或者积灰无法维持正常运行时。

资料链接

1. 为什么无论是正常冷却,还是紧急冷却,在停炉的最初6h内均需关闭所有烟、风炉门和挡板?

答:停炉后的正常冷却和紧急冷却,在停炉后的最初6h内是完全相同的,均需关闭所有烟、风炉门和挡板。两者的区别在于:正常冷却时,可在停炉6h后开启引风机、送风机的挡板进行自然通风;而紧急冷却时,允许在停炉6h后启动引风机通风和加强上水、放水来加速冷却。

制约停炉冷却速度的主要因素,是停炉后锅筒不得产生过大的热应力。与点火升压时蒸汽和炉水对锅筒加热相反,停炉后因锅筒外部有保温层,锅筒壁温下降的速度比蒸汽和炉水的饱和温度下降速度慢,是上部的蒸汽和下部的炉水对锅筒壁进行冷却。因炉水对锅筒壁的放热系数较大,锅筒下半部的壁温下降较快,而饱和蒸汽在锅筒上半部的加热下成为过热蒸汽。过热蒸汽不但导热系数很小,而且因其温度比饱和蒸汽温度高,密度比饱和蒸汽小,无法与饱和蒸汽进行自然对流,所以,蒸汽对锅筒上壁的放热系数很小,锅筒上半部的温度下降较慢。锅筒上、下半部因出现温差产生向上的香蕉变形而形成热应力。

在停炉初期锅筒形成较大热应力时,锅筒的压力还较高,两者叠加所产生的折算应力较大。因此,停炉初期过大的热应力会危及锅筒的安全。

由于锅筒热应力的大小,主要取决于蒸汽和炉水饱和温度下降的速度。所以,降低锅筒热应力的最有效方法是延缓锅筒压力下降的速度。停炉后的最初6h内,关闭所有烟、风炉门和挡板,是防止锅筒压力下降过快的最好、最简单易行的方法。

停炉6h内,因炉墙散热和烟囱仍然存在引风能力,冷空气从烟、风炉门、挡板及炉管穿墙等不严密处漏入炉膛,吸收热量成为热空气后从排囱排出。所以,即使是关闭所有烟、风炉门挡板,锅筒压力仍然是在慢慢下降。停炉6h后,锅筒压力已降至很低水平,即使启动引风机通风和加强上水、放水,加快冷却,锅筒的热应力也较小,而且此时因锅筒压力很低。其两者叠加的折算应力也较小,已不会对锅筒的安全构成威胁。

2. 冷备用与热备用有什么区别?

答:由于负荷降低,锅炉停炉或锅炉检修后较长时间不需要投入运行,在这种情况下,锅炉可转入冷备用。如果备用的时间较短，可以不采取防腐措施，只需将炉水全部放掉。如果停炉时间较长，则应根据停炉时间的长短，采取相应的防腐措施。

对于担任电网调峰任务的机组，由于机组开停频繁，每昼夜至少开停一次。为了缩短升压时间，减少燃料消耗，停炉后，所有炉门检查孔和烟道挡板都要严密关闭，尽量减少热量损失，保持锅炉水位。在接到点火的通知后，能在很短的时间内接带负荷，这种备用方式称为热备用。

无论处于冷备用还是热备用的锅炉，未经有关电网调度人员的同意，不得随意退出备用状态。备用机组一般不允许进行工期长的检修工作，但经批准可以检修工作量不大且当天可以完成的项目。

3. 为什么锅炉从上水、点炉、升压到并汽仅需 6～8h，而从停炉、冷却到放水却需要 18～24h？

答：锅炉从上水、点炉、升压到并汽是从温度为室温、压力为大气压，加热升温升压到额定工作压力和温度，而停炉是锅炉从额定压力和温度冷却降至大气压力和温度不超过 80℃。前者的压力升高幅度与后者压力的降低幅度是相同的，而前者温度升高的幅度远大于后者温度降低的幅度。

锅炉上水所需时间受锅筒热应力不应过大的制约，中压炉夏季为 1h，冬季为 2h；高压炉夏季为 2h，冬季为 4h。锅炉升压速度同样受锅筒热应力不应过大，即锅筒上半部与下半部壁温差不得超过 50℃的制约。锅炉升压过程的实质是升温过程。由于在压力较低时，随压力升高，饱和温度升高较快，所以，锅筒热应力容易在锅炉升压初期出现最大值，这也是为什么锅炉升压初期所需时间较长的主要原因之一。由于锅筒出现热应力最大值时，锅筒的压力较低，锅筒压力和热应力叠加所产生的折算应力较低。随着锅炉压力的升高，由于压力升高，饱和温度升高的幅度下降，蒸汽对锅筒上半部的放热系数和炉水对锅筒下半部的放热系数的差别明显降低，锅筒的热应力显著减小，锅筒压力和热应力叠加所产生的折算应力仍然较低。所以，锅炉从点火、升压到并汽所需时间较短，中压炉约 3h，高压炉约 5h。对于有胀口的锅炉，在上水和升压过程中，因为管子的热容比锅筒孔桥的热容小，管子升温速度快于孔桥，管子的膨胀量大于管孔的膨胀量，管子与管孔更加紧密地连接在一起。因此，胀口不会成为制约锅炉上水和升压速度的因素。

停炉后，因锅筒上半部金属对锅筒内的饱和蒸汽加热，在锅筒上半部有一层过热蒸汽。过热蒸汽不能与下面温度较低的饱和蒸汽进行自然对流，锅筒上半部只能靠导热将热量传给过热蒸汽，其冷却速度比与水接触的锅筒下半部要慢得多。所以，停炉后的初期也会因锅筒上、下半部存在温差而形成热应力。因为停炉后锅筒热应力的最大值出现在锅筒压力较高时，两者叠加使锅筒的折算应力较高。为了防止锅筒产生较大的应力，停炉的最初 6h 以内，要紧闭一切炉门和挡板，防止冷却太快，以减缓压力下降的速度。对于有胀口的锅炉，胀口通常位于锅筒的水空间。当胀口浸没在炉水中时，管子和孔桥的温度大体相等。当炉水放掉后，因管子的热容小于孔桥的热容，管子的冷却速度比孔桥快，管子的温度低，收缩量大，管孔的温度高，收缩量小，结果在胀口出现环形间隙，导致胀口泄漏。所以，为了防止胀口泄漏，要求停炉 18～24h 后，如果炉水温度不超过 80℃，才可将炉水放掉。

对于没有胀口，全部采用焊接的大、中型锅炉，停炉 18～24h 后，炉水温度不超过 80℃，才可以将炉水放掉的要求，看来是过于严格了。因为适当提前放水，因管子和锅筒冷却速度的差别形成的少量热应力，通常不会导致焊口泄漏。因为早期的锅炉的炉管通常均采用胀接，为了防止胀口泄漏，规定停炉18～24h，炉水温度不超过80℃才可将炉水放掉，是非常正确的。显然，对于全部采用焊接的大、中型锅炉，采用这条规定对降低焊口的热应力，防止因疲劳热应力引起焊口泄漏和延长锅炉寿命是有利的。

知识拓展

1. 为什么不允许锅炉在锅筒与蒸汽母管不切断的情况下长期备用？

答：锅炉在长时期备用时，炉水因锅炉散热，温度逐渐降至室温。锅筒的下半部接触的是温度较低的炉水，如果锅筒在与蒸汽母管不切断的情况下备用，则锅筒的上半部在蒸汽的加热下，温度很高，而与炉水接触的锅筒下半部温度较低，锅筒的上半部与下半部温差很大，必然形成香蕉变形，产生很大的热应力。

因此，为了锅筒的安全，不允许锅炉在锅筒与蒸汽母管不切断的情况下长期备用。

2. 在停炉过程中锅筒壁温差是怎样产生的？如何控制？

答：在停炉过程中，因为锅筒绝热保温层较厚，向四周的散热较弱，所以冷却速度较慢。锅筒的冷却主要靠水循环进行，锅筒上壁是饱和蒸汽，在锅筒壁的加热下，上部还会产生过热蒸汽，下壁是饱和水，水的导热系数比蒸汽大，锅筒下壁的蓄热量很快传给水，使锅筒下壁温度接近于压力下降后的饱和水温度。而与蒸汽接触的上壁由于管壁对蒸汽的放热系数较小，传热效果较差而使温度下降较慢，因而造成了上、下壁温差扩大。因此停炉过程中应做到：

(1)降压速度不要过快，控制锅筒上下壁温差在40℃以内。

(2)停炉过程中，给水温度不得低于140℃。

(3)停炉时为防止锅筒壁温差过大，锅炉熄火前将水进至略高于锅筒正常水位，熄火后不必进水。

(4)为防止锅炉急剧冷却，熄火后6～8h内应关闭各孔门，保持密闭，此后可根据锅筒壁温差不大于40℃的条件，开启烟道挡板、引风挡板，进行自然通风冷却，18h后方可启动引风机进行通风。

3. 正常冷却与紧急冷却有什么区别？

答：锅炉进行计划检修，如大修或中、小修，停炉以后一般采用正常冷却。如果锅炉出现重大缺陷，不能维持正常运行，被迫事故停炉，而且又没有备用锅炉可以投入使用，为了抢修锅炉使之尽快投入运行，尽量减少停炉造成的损失，停炉后可采用紧急冷却。

正常冷却与紧急冷却在停炉后的最初6h内是没有区别的，都应该紧闭炉门和烟道挡板，以免锅炉急剧冷却。如果是正常冷却，在6h后，打开烟道挡板进行自然通风冷却，并进行锅炉必要的换水。8～10h后，可再换水一次。有加速冷却必要时，可开动引风机并再换水一次。

对于中低压锅炉，若是紧急冷却，则允许停炉6h后启动引风机加强冷却，并加强锅炉的放水与进水。

对于高压炉，由于锅筒壁较厚，为了防止停炉冷却过程中锅筒产生过大的热应力，应控制锅筒上下壁温差不超过50℃。因此高压炉的冷却速度要以此为限。

虽然紧急冷却对锅炉来说是允许的，但对延长锅炉寿命不利，因此正常情况下不宜经常采用。

任务 2.5　煤粉炉常见事故的处理

学习任务

(1)学习锅炉发生事故的原因。
(2)学习锅炉汽水共腾事故的处理。
(3)学习锅炉因满水、缺水造成的事故处理。
(4)学习煤粉炉膛灭火、打炮事故处理。
(5)学习煤粉炉烟道再燃烧事故处理。
(6)学习省煤器损坏和过热器管破裂的事故处理。

学习目标

(1)能根据事故现象迅速作出正确判断,迅速解除对人身和设备的危害,找出事故发生的原因,并积极地进行处理。

(2)小组合作,能正确处理煤粉锅炉的严重和多发事故(汽水共腾事故,缺水事故,满水事故,煤粉炉膛灭火、打炮事故,烟道再燃烧,省煤器损坏和过热器管破裂事故)。

(3)小组合作在规定的时间内正确完成锅炉的事故处理,确保锅炉安全运行。

(4)小组合作完成锅炉事故处理中的主司和副司的全部工作。

学习内容

锅炉是一种受压设备,它经常处于高温高压下运行,而且还受烟气中有害杂质的侵蚀和飞灰的磨损。所以,锅炉在运行(包括试运行)时,其本体受压元件、各种受热面、附件、燃烧室、烟道、钢架、炉墙等发生损坏,且被迫采取紧急处理措施的,或者锅炉在进行水压试验时本体受压元件发生损坏的现象等,都称为锅炉事故。

一、锅炉事故的原因分析

锅炉事故原因绝大部分是责任事故:有先天的和后天的;偶尔也有人为的破坏事故。具体事故原因如下。

(一)锅炉本身有先天性缺陷(设计制造方面)

锅炉结构的不合理。例如,主要受压元件采用不合理的角焊连接形式、水循环不良、锅炉某些部位不能自由膨胀等;金属材料不符合要求,质量不合格;制造质量不好;几何形状严重超差、焊接质量不合格;受压元件强度不够;安装不合格;最低安全水位低于最高火界、不能自如膨胀、该绝缘处未绝缘等;其他由于设计制造不良造成的事故隐患。

(二)安全附件不齐全、不灵敏

锅炉没有安全阀或安装不合理、未定压、粘住等;没有水位表或设计安装和使用不良;没有压力表或不符合要求;给水设备损坏或止回阀损坏;排污阀关闭不严或失灵造成严重泄漏等。

(三)管理不严或者操作人员责任心不强

锅炉运行操作无章可循;司炉人员不懂操作或擅离岗位,违反操作规程或误操作;设备失修，超过检修期限；无水处理设施或水质处理达不到标准等。

（四）其他原因

锅炉改造、检修质量不好等其他原因。

总之，锅炉事故发生时，要准确判断事故原因和处理方法，处理时要快速，以防事故继续扩大，同时要立即报告给有关人员。锅炉事故发生后，应将发生的事故的设备、时间、经过及处理方法等详细记录，并根据具体情况进行分析，找出事故原因，从中吸取教训，防止类似事故再次发生，并写成书面材料报告主管部门。防止事故发生的最根本的一条是加强设备的安全管理。

二、锅炉事故的种类

（一）锅炉汽水共腾

1. 汽水共腾的现象

锅筒水位计水面发生剧烈波动，严重时甚至看不清水位；蒸汽和炉水含盐量增大；过热蒸汽温度急剧下降。如果汽水共腾严重时，蒸汽管道内发生水冲击，法兰接头处出现冒白汽的现象。必须注意的是，汽水共腾现象与满水现象比较近似。其主要区别是：发生汽水共腾时锅筒水位计水面剧烈波动，炉水含盐量增大。

2. 汽水共腾原因

产生汽水共腾的原因是：炉水含盐量超过规定值造成蒸汽带水；锅水质量不合格，有油污；并汽时开启主汽阀过快，或并汽的锅炉汽压高于主汽管内的汽压，使锅筒内蒸汽大量涌出，造成汽水共腾；锅炉严重超负荷运行，锅炉运行时没有按规定排污或表面排污装置（连续排污阀）损坏，定期排污间隔时间太长，排污量过少，都会造成汽水共腾。

3. 汽水共腾预防措施

(1)保证锅炉用水品质达标。防止汽水共腾的重要措施是控制炉水的含盐量。坚持对炉水化验制度，加强给水处理及加大连续排污量等，是防止汽水共腾的有效措施。

(2)并汽时缓慢开启主汽阀。并汽锅炉的汽压低于蒸汽母管汽压 0.05～0.1MPa 时进行并汽。增加负荷时不能过快，以防止汽压急剧下降。

(3)及时修复损坏的连续排污装置，恢复连续排污装置的作用。

(4)缩短定期排污的间隔时间，增大排污量。应根据负荷变化改变排污时间和排污量。

4. 汽水共腾的处理

通知汽轮机、电气部门，降低负荷，并保持稳定负荷。停止锅炉加药，全开连续排污阀，必要时开启事故放水阀。维持锅筒水位略低于正常水位，但不应低于－50mm。通知化验人员取样化验。开启过热器疏水阀和蒸汽管道疏水阀。对锅炉进行上水、放水操作，以改善炉水品质。汽水共腾现象消失，炉水质量合格后，应恢复负荷，锅炉恢复正常运行。汽水共腾消除后，应冲洗锅筒水位计。

（二）锅炉缺水

锅炉缺水事故是锅炉的恶性事故之一。锅炉缺水分为轻微缺水和严重缺水。锅炉缺水会危及锅炉安全和人身安全，尤其是水位低于可见水位线以下已看不见水位时，属于严重缺水事故。锅炉严重缺水常会造成锅炉爆管，如果处理错误，在炉管烧红的情况下大量进水，就会造成极其严重的后果:水一旦接触烧红的炉管时,大量蒸发使汽压突然猛增,导致锅炉爆炸。因此,对缺水事故必须尽早预防,慎重处理。

1.锅炉缺水的现象

锅筒水位低于最低安全水位线,或者看不见水位,水位计玻璃管(板)上呈白色;低地位水位计指示负值增大;水位警报器发出低水位报器信号;过热蒸汽温度急剧上升;给水流量不正常或小于蒸汽流量;锅炉房内可嗅到焦煳味。

2.产生锅炉缺水的原因

锅炉操作工违反劳动纪律,擅离岗位或打瞌睡,忽视对水位计的监视造成锅炉的缺水;锅炉操作工不能识别假水位造成判断错误导致锅炉的缺水;给水设备发生故障,给水自动调节器失灵或水源突然中断给水;水位计指示不准确,或蒸汽、给水流量表指示不准确,运行人员误判断以致操作错误;给水管道被污垢堵塞或破裂,给水系统的阀门损坏;锅炉排污阀或排污管道泄漏;炉管或省煤器管破裂;用汽量增加后未加强给水等造成锅炉的缺水。

3.锅炉缺水预防措施

(1)加强对锅炉操作工的职业素质教育,建立健全岗位责任制。

(2)注意检查水位计安装位置是否符合规范要求,加强对水位的监视和检查,及时冲洗水位计,经常冲洗汽水连管。

(3)增大负荷时应立即加强给水。

(4)锅炉给水设备发生故障时,应立即停炉修复。水源突然中断时,应马上停炉。

(5)提高锅炉检修质量。

(6)要及时疏通被污垢堵塞的给水管,修复损坏的阀门。

(7)排污时和排污后及时检查排污阀的关闭情况,并检查排污阀有无渗漏。

(8)炉管或省煤器管破裂应立即停炉修复。

4.锅炉缺水的处理

锅炉操作工进行盘上和就地水位计指示的对照,冲洗锅筒水位计,以判明其指示的正确性。用叫水法判断缺水属于轻微缺水还是严重缺水。如果水位在规定的最低水位线以下,但水位计仍有读数时为轻微缺水;水位不但低于规定的最低水位线以下,而且水位计上已无读数时为严重缺水。如果水位计已看不见水位,则严禁上水,应立即通知机、电部门去掉负荷,关闭给水阀,停止锅炉上水,紧急停炉。当属于轻微缺水,则增加锅炉给水,必要时将给水调节自动控制切换成手动操作。除增加给水外,应检查排污阀、放水阀有无泄漏。检查给水泵、给水管道及锅炉各放水阀,应加强上水,待水位恢复正常后,适当关闭给水阀,保持正常水位,必要时可减负荷。

(三)锅炉满水

锅炉满水,会使蒸汽湿度增加,导致汽温下降;严重满水,甚至过水,会造成管道水冲击、汽轮机振动、打坏汽轮机叶片等恶果。因此,满水事故和缺水事故一样,是锅炉运行中常见且必须时刻预防的重大事故。

1.锅炉满水的现象

锅炉满水现象主要有锅筒水位高于正常水位,或者看不见水位;低地位水位计指示正值增大;水位警报器发出高水位信号;过热蒸汽温度下降,严重时大幅度下降;给水流量不正常地大于蒸发量;锅炉严重满水到过水时,蒸汽管道内发生水冲击,法兰处向外冒白汽、滴水等现象。

2.锅炉满水的原因

锅炉操作人员疏忽大意,对水位监视不严、调整不及时或误操作造成锅炉满水。水位计安装位置不合理,汽水连管堵塞,形成假水位;水位计的放水旋塞漏水,水位指示不正确,造成判断和操作错误;给水自动调节器失灵,或给水调整装置有故障;给水压力突然升高;锅炉负荷增加过快等造成锅炉的满水。

3.锅炉满水的预防措施

加强锅炉操作人员的职业素质教育。检查水位计的安装位置是否符合规程要求。水位计放水旋塞漏水应及时修复,杜绝漏水的现象发生。给水自动调节器出现故障应及时修复。给水阀出现泄漏现象应及时修复。

4.锅炉满水的处理

锅炉操作人员进行各水位计指示的对照,冲洗锅筒水位计,以判明其指示的正确性。用叫水法判断满水属于轻微满水还是严重满水。如果水位在规定的最高水位线以上,但在水位计上仍有读数时为轻微满水;水位不但高于规定的最高水位线,而且水位计上已无读数时为严重满水。将给水调节由自动控制切换成手动操作。关小给水调节阀,减小给水,必要时关闭给水阀。如果属于轻微满水,应开启事故放水阀和锅炉下部定期排污阀。根据汽温下降情况,关小或关闭减温水阀,必要时,开启过热器及锅炉房汽管道疏水阀,并通知汽轮机房开启蒸汽管道及汽水分离器疏水阀。等水位正常后,关闭各放水阀,开启或开大给水阀,保持正常水位,恢复正常运行。

如果属于严重满水,应紧急停炉。关闭给水阀门,停止向锅炉上水,同时开启省煤器再循环阀;完全开启过热器疏水阀。全开事故放水阀和锅炉下部定期排污阀,加强放水,注意水位。开启定期排污阀时,一定严格监视水位,因为排污阀在炉本体下部,容易放水过度,造成事故。等水位重新出现后,关闭放水阀,锅炉升火;温度正常后,关闭疏水阀;压力、水位正常后,恢复负荷,锅炉恢复正常运行,同时仍应注意调整水位。

(四)煤粉炉炉膛灭火、打炮

煤粉炉的灭火、打炮也是锅炉重大事故之一。当炉膛灭火时,如能及时发现,正确处理,则锅炉可以很快地恢复运行;如不能及时发现,没有很快停止供粉,或者虽已发现,仍采用错误方法(用关小引风机挡板或投油等方法来爆燃点火)处理,其后果往往是事故扩大,引起炉膛或烟道爆炸,俗称打炮,以致造成炉墙开裂、倒塌,甚至钢架打弯、水冷壁下联箱定期排污管折断等重大事故。

1.煤粉炉灭火现象

煤粉炉发生灭火的主要现象有:火焰监视器发出灭火信号;炉膛内变黑,看不见火焰;炉膛负压表指示值突然负至最大;一、二次风压降低;汽压、汽温下降,水位先下降后上升;系统辅机事故(送风机、引风机、给粉机或制粉系统电源中断)引起灭火,有时还有报警信号出现故障。

2.煤粉炉灭火、打炮的原因

(1)煤质过差或煤种突变。煤质过差,如挥发分过低,容易灭火;煤种突变,调节不及时,也容易造成灭火。

(2)炉膛温度低、负荷过低、炉膛负压过大、漏风过多、风量过大、放灰门开启时间过长等,都会造成炉膛温度过低而导致煤粉炉灭火。

(3)一次风或给粉故障、一次风压过大、一次风管堵塞、来粉不均、给煤机故障停运等，都会使燃烧恶化，可能导致灭火。

(4)燃烧器故障，燃烧器喷口烧坏，气流方向紊乱，燃烧恶化，容易造成灭火。

(5)全部给粉机停运，给粉机总电源中断或引风机、送风机跳闸，连续动作，导致全部给粉机跳闸，都会造成因供粉中断而灭火。

(6)水冷壁管爆破、炉膛掉下大渣，都可能引起灭火。

(7)煤粉未能完全燃烧，积存在炉膛内，一旦具备了燃烧条件，浓度达到一定值时，极易发生爆炸。

(8)点火或停炉的操作方法不当，使炉膛内积存大量的煤粉，再次点火时容易发生爆炸事故。

3. 灭火、打炮的处理

立即停止给粉机。停止制粉系统，完全切断向炉膛内供粉。将所有投入的自动操作切换为手动操作。关小减温水，控制汽温，关小锅炉给水，控制锅筒水位在低于正常水位－40mm左右，以免点火后水位升高。减小送风量，加大引风量，提高炉膛负压 5～10mmH_2O(50～100Pa)。通风 5min 以上。消除灭火原因后，重新点火，逐渐带负荷至正常值。如果煤粉炉发生了打炮的事故，立即切断一切向炉膛供应燃料和空气的途径。关闭送风机及引风机入口挡板；关闭并修复被炸开的防爆门、入孔门、看火门。缓慢开启送风机、引风机入口挡板，保持炉膛负压 5～10mmH_2O(50～100Pa)。通风 5～10min。锅炉点火前、停炉后一定做好吹扫、通风工作。损坏严重时(如管子弯曲或损坏，炉墙倒塌、横梁变形、锅筒移位等)，必须停炉检修。锅炉灭火、打炮事故处理完毕，可重新点火、恢复锅炉运行。

(五)烟道再燃烧

1. 烟道再燃烧的现象

再燃烧的烟道排烟温度升高，其后部烟道各烟气温度亦随之上升，热风温度不正常地升高；烟道内压力升高，烟道负压和炉膛负压剧烈波动甚至变正，严重时，烟道防爆门破裂；从引风机轴封和烟道不严密处向外冒烟或喷出火星；烟囱冒黑烟。

2. 烟道再燃烧的原因

烟道再燃烧的基本原因是：烟道内积存了大量未燃尽的煤粉，经热烟气加热后隐燃，当烟气中过量氧增多时，形成再燃烧。燃烧调整不当，如风量不足、炉膛负压过大、风粉配比不合理等，都会使部分煤粉未点燃而进入烟道。煤粉自流、煤粉过粗，以致部分煤粉未点燃而进入烟道。锅炉长时间低负荷运行，炉膛温度低，未燃尽的煤粉多，同时烟气速度低，未燃尽的煤粉容易在烟道中积存，加大了再燃烧的可能性。锅炉启动时，炉膛温度低，未燃尽的煤粉多，加上启动时烟气中过量氧量多，容易引起再燃烧。锅炉不及时吹灰，没将烟道内沉积的煤粉清除掉。

3. 烟道再燃烧的处理

紧急停炉，切断全部煤粉和空气的供给，尤其要严禁通风，停止鼓风机鼓风。但省煤器须通风冷却，或开省煤器再循环阀门，以保护省煤器。严密关闭烟风系统各处挡板和炉膛、烟道各孔、门。投入灭火装置，或利用油枪送蒸汽入炉膛灭火。当排烟温度接近喷入的蒸汽温度，并已稳定 1h 以上时，方可以打开检查门进行检查。在确认再燃烧已完全扑灭后，可启动引风机，渐开其入口挡板通风，抽出烟道中的烟气和蒸汽。检查设备无损坏，确认可以运行，通风5～10min后可重新点火；如设备损坏，则应停炉检修。

(六)省煤器管损坏

1. 省煤器管损坏的现象

锅炉水位下降，给水流量大于蒸汽流量。省煤器附近有泄漏声音，焊口的缝隙及下部烟道门处向外冒汽漏水。排烟温度下降，烟气颜色变白。省煤器下部灰斗内有湿灰，严重时有水流出。烟气阻力增加，引风机负荷增加，电动机电流增大。

2. 省煤器管损坏的原因

给水品质不合格，水中含氧量较高，管壁发生腐蚀而减薄。给水温度和流量变化频繁，或运行操作不当，使省煤器忽冷忽热，产生裂纹。给水温度偏低，排烟温度低于露点，省煤器外壁产生腐蚀(又称低温腐蚀)，或者因飞灰磨损使管壁减薄。管材质量不好或在制造、安装、检修过程中存在缺陷。非沸腾式省煤器内产生蒸汽，引起水击。无旁通烟道的省煤器，再循环管出现故障，使管壁过热烧坏。

3. 省煤器管损坏的预防措施

加强水质管理，给水必须达标。有除氧设备的锅炉应加强除氧。稳定给水温度和流量。使省煤器温度稳定，避免给水忽冷忽热。提高排烟温度，防止省煤器管外壁产生低温腐蚀。在烟气通道内加强清灰和除灰，减少烟灰对省煤器的冲刷，以减轻管壁的磨损或管壁减薄。选用合格的管材。无旁通烟道的省煤器，应加强再循环管路的维护，确保省煤器正常运行。

(七)过热器管破裂

1. 过热器管破裂的现象

过热器附近有蒸汽喷出的响声。蒸汽压力、流量不正常地下降。炉膛负压变为正压，从炉门及看火口向外喷汽和冒烟。排烟温度明显下降，烟气颜色变白；引风机负荷增大，电流增高。

2. 过热器管破裂的原因

水质不符合标准、水位经常过高并发生汽水共腾，汽水分离装置效果不好等造成蒸汽大量带水，管内结垢，使管壁过热。在锅炉点火、升压或长期低负荷运行时，过热器内蒸汽流量不够，造成管壁过热。锅炉运行中，由于风量配比不当，使火焰偏斜或延长到过热器处，过热器入口烟气温度升高，过热器长期超温运行，管壁强度降低。锅炉停炉或水压试验后，未放净管内的存水(特别是在垂直布置的过热器管弯头处容易积水)，使管壁因腐蚀而减薄。锅炉管材质量不合格、加工质量不好、管内被杂物堵塞。管距不均匀、管间有短路烟气、蒸汽分布不均匀、局部管内蒸汽流速过低，均易造成热偏差，使局部管壁过热。

3. 过热器管破裂的预防措施

锅炉水质应符合标准，水位正常，避免发生汽水共腾，防止管壁积盐。及时清除烟道中的积灰、结焦等，防止过热器超温运行。锅炉在停炉或做水压试验后，应将过热器管内的积存水放净。使用合格管材，保证管内洁净，防止杂物堵塞管子。过热器管距布置合理，管间不能出现烟气短路。蒸汽分布应均匀，流速不能过低，以减少过热器管子的热偏差，使管壁温度均匀。

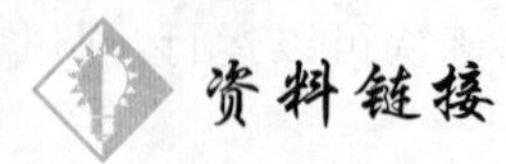

1. 炉吼的原因是什么？预防和处理措施有哪些？

答：炉吼是一种自激声振，主要发生在燃烧室（炉膛、炉胆）或烟道内。它不仅可引起锅炉燃烧室、受热面、辅机或烟道振动，造成疲劳损坏，还直接影响操作人员的身体健康。造成炉吼的原因有二：一是燃料燃烧产生的气体其激发频率与锅炉烟道内固有的频率一致，引起共振现象；二是流体以一定的速度垂直流经圆柱体（如空气预热器管、对流管束等）时，产生均匀的、周期性的漩涡（通常称为“卡门”涡流），其能量很大，频率很高，可激发该圆柱体固有频率而引起共振现象。

预防和处理措施是降低烟气的流动速度，消除因烟气流动速度过高而引起的共振现象；降低锅炉负荷，禁止锅炉长时间超负荷运行；合理配备锅炉的送风机和引风机，燃烧室内的负压不能过大；经常清除烟道内的积灰，保证烟道流通截面积；检查是否有因隔火墙等损坏造成烟气“短路”的现象；立式锅壳式锅炉发生炉吼时，可立即打开炉门或增加煤层厚度，以暂时消除炉吼；装有可调节烟道门的锅炉，可适当调节烟道门的开度，以暂时消除炉吼；发生过炉吼的锅炉，在对锅炉进行停炉内外部检查时，要注意找出引起共振的原因，并加以消除。

2. 为什么引风机、送风机发生故障，需用事故按钮停止其运行时，手按按钮要保持一段时间？

答：风机运行中出现危及设备和人身安全的情况时，如机械故障，动静部分摩擦，强烈振动，电机冒烟，有火花、弧光或人的手、辫子、衣服被转动部分绞住时，应立即按风机附近的事故按钮，停止风机运行。上述故障很突然，持续的时间很短，司炉在操作室内不易及时发现，或在电流表上根本没有反应。根据规定，风机跳闸后，如事先未发现有机械或电气故障，为避免停炉，允许司炉强行合闸一次。合闸成功可以继续运行。若合闸不成功，应拉闸，停止锅炉运行。

因此，为避免司炉强行合闸，扩大事故，手按事故按钮时必须要保持一段时间，约半分钟。这样司炉强行合闸不成功，就会将引风机或送风机的开关置于停止位置，按停炉处理，可避免事故扩大。

3. 为什么风机启动在 15min 内不宜超过两次？

答：风机大多由异步电动机驱动，异步电动机的启动力矩较小，启动电流很大，约为正常运行时电流的 6～7 倍，大电流持续的时间视电动机容量大小约为 10～15s。电动机导线的发热量与电流的平方成正比。电动机在启动时将产生很多热量，使定子温度升高。第一次启动时，由于电动机原来温度较低，温升不会太高，如果在短时间内多次启动，电动机产生的热量来不及冷却，使电动机的温度逐渐升高，轻则加速绝缘老化，缩短电动机使用寿命；重则温升超过规定，绝缘击穿，电动机烧坏。

理论分析和实践证明，15min 内电动机启动不超过两次，电动机是安全的。如两次启动失败，第三次启动应在第二次启动 30min 后进行。

4. 为什么给水、炉水和蒸汽取样导管和冷却器盘管不能采用碳钢管或黄铜管，而应采用不锈钢管或纯铜管？

答：为了掌握给水、炉水和蒸汽的各项指标是否在规定的范围内，必须要定期对给水、炉水和蒸汽取样分析。如果取样导管和冷却器盘管采用碳钢管或黄铜管，则其腐蚀产物会对样品产生污染，使采集的样品不能真实地反映给水、炉水和蒸汽的品质，从而失去了取样分析的意义。

由于不锈钢管和纯铜管耐蚀性能良好，不会对样品造成污染，所以，取样导管和冷却器盘管要采用不锈钢管或纯铜管。因为不锈钢管强度高，可以承受很高的压力，所以，取样导管和冷却器盘管大多采用不锈钢管。

5. 为什么过热器需要定期反洗？

答：从水冷壁、对流管和沸腾式省煤器来的汽水混合物，虽然经锅筒里的汽水分离装置分离后，绝大部分水从中分离出来进入锅筒，但仍有很少量的炉水随蒸汽进入过热器。混在蒸汽中的少量炉水含盐量比蒸汽大得多，这部分炉水吸收热量后成为蒸汽，而炉水含有的盐分则沉积在过热器管的内壁上。当汽水分离装置工作不正常、水位控制太高或由于炉水碱度太大、锅炉负荷超过额定负荷太多、汽水分离恶化时，蒸汽携带炉水的数量显著增加，使过热器管内壁结的盐垢更多。

盐垢的导热系数只有钢材的几十分之一，盐垢使过热器管壁温度显著升高，过热器有过热烧坏的危险，使用寿命也将缩短。盐垢的存在还会在停炉期间产生垢下腐蚀。过热器管内壁结的盐垢一般都溶于水，所以可以采取定期用给水反洗过热器管的方法将盐垢洗掉。

一般锅炉在过热器出口联箱上接有反冲洗管线。从过热器出口联箱进水，从定期排污阀排水。只要进出口水的含盐量基本相同，过热器管内积的盐垢可以认为都洗掉了。反冲洗的间隔时间，可根据锅炉运行的具体情况而定，一般锅炉大修前要进行过热器反冲洗。

6. 空气预热器泄漏的现象、原因及预防措施是什么？

答：空气预热器泄漏的现象：烟气中混入大量空气，锅炉排烟温度下降；引风机负荷增大，电动机电流骤升；送风量严重不足，锅炉负荷下降；燃烧工况突变，破坏正常燃烧。

空气预热器泄漏的原因：烟气温度低于露点温度，使管子产生酸性腐蚀；长期受飞灰磨损，管壁逐渐减薄；烟道内可燃气体或积炭在空气预热器处二次燃烧，或管内积灰严重，造成管子堵塞、局部过热，引起变形甚至损坏；材质不良，耐腐蚀性能和耐磨性能差。

空气预热器泄漏的预防措施：提高烟气温度，防止管子的酸性腐蚀；加强炉膛和烟气通道的积灰清除，减轻因积灰造成的磨损；停炉前延长引风机运转 1～2min；启动锅炉前先开启引风机运转 1～2min，将烟气通道内的可燃物质排出；清除管内积灰，使管束受热均匀，避免局部管子过热；选用耐磨性好、抗腐蚀能力强的材料制管。

7. 处理锅炉事故的要求有哪些？

答：锅炉一旦发生事故，司炉人员一定要保持镇静，不要惊慌失措。判断事故原因和处理事故时要做到“稳、准、快”。重大事故应保持现场，并及时报告有关领导。如果司炉人员一时查不清事故原因时，应迅速报告上级，不得盲目处理。在事故未妥善处理之前，不得擅离岗位。事故处理后，应将发生事故的部位、时间、经过及处理方法等情况详细记录，并根据具体情况进行分析，找出主要原因，从中吸取教训，防止类似事故再次发生。发生锅炉爆炸和重大事故单位，应尽快将事故情况、原因及改进措施用书面报告主管部门和当地锅炉安全监察部门。

知识拓展

1. 什么是蒸汽品质、蒸汽污染？蒸汽品质恶化对锅炉的影响？

通常所说的蒸汽品质是指蒸汽中的杂质含量，也就是指蒸汽的清洁程度。锅炉对蒸汽品质要求是十分严格的，因为它对锅炉设备的安全性和经济性有很大影响。

蒸汽污染是指蒸汽中带有的盐分或杂质导致蒸汽品质恶化。

蒸汽品质恶化对锅炉的影响：(1)降低了热能的有效利用，影响与蒸汽直接接触的产品的质量及工艺条件；(2)部分盐分沉积在过热器的管壁面上，将使管壁温度升高，产生垢下腐蚀，导致钢材强度降低，以致发生爆管事故；(3)部分盐分沉积在蒸汽管道的阀门处，使阀门动作失灵以及泄漏。为此，必须进行蒸汽净化。

2. 简述缺水叫水操作方法。

答：(1)打开水位计放水阀，同时注意观察水位计玻璃板是否有水位出现。如有水位下降，应考虑是否满水。如无水位出现，同时可起到排放水位计内余水的作用，放水后再关闭放水阀。

(2)关闭水位计汽连通阀，使水位计汽水侧失去压力平衡，注意观看水位计是否有水位上升。如有水位上升，说明缺水还不十分严重，可以恢复水位。

(3)如叫不上水，则说明缺水严重，应打开水位计汽连通阀停止叫水，并严禁向锅炉进水，以免锅筒、受热面在高温下突然进水冷却而产生巨大的应力变形损坏。

3. 简述满水叫水操作方法。

答：(1)打开水位计放水阀，冲洗水位计，同时可起到排放水位计内余水的作用。同时注意观察水位计玻璃板是否有水位出现。如有水位下降，应考虑是否满水。如无水位出现，且不能持续放出水来，应考虑是缺水事故。

(2)打开水位计放水阀，水位计有水位线下降表示轻微满水。

(3)如果关闭水位计水侧阀门后，仍无水位线下降，则为严重满水。

4. 什么是汽水共腾？有哪些危害？

答：当炉水含盐量达到或超监界含盐量，锅筒蒸发水面上出现很厚的泡沫层而引起水位急剧膨胀的现象称为汽水共腾。

汽水共腾时，锅筒蒸发水面上有大量泡沫。炉水含盐量越大，负荷越高时，泡沫越多，泡沫层也越厚。泡沫就是许多包有一层水膜的汽泡。当蒸汽膨胀时使水膜爆破，溅出许多细小水滴，被蒸汽携带使蒸汽大量带水，蒸汽被污染。

汽水共腾使蒸汽大量带水，因此它的危害性与锅炉满水事故相近，也会造成管道水击和结盐垢，严重时汽轮机产生振动，甚至汽轮机转子上的叶片被打坏。

除此之外，带有大量的水分的蒸汽进入过热器，蒸汽中的水分蒸发后，水中的盐分就会沉积在过热器管子内壁上，影响过热器传热，很容易使这部分过热器管壁超温，从而造成过热器管爆破事故。

5. 为什么省煤器管泄漏停炉后，不准开启省煤器再循环阀？

答：停炉后一段时间内因为炉墙的温度还比较高，当锅炉不上水时，省煤器内没有水流动，为了保护省煤器，防止过热，应将省煤器再循环阀开启。但是如果省煤器泄漏，则停炉后不上水时不准开启再循环阀，防止锅筒里的水经再循环管，从省煤器漏掉。

按规定停炉 24h 后，如果水温不超过 80℃，才可将炉水放掉。如果当炉水温度较高时，锅筒里的水过早地从省煤器管漏完，因对流管或水冷壁管壁比锅筒壁薄得多，管壁热容小，冷却快，锅筒壁热容大，冷却慢，容易引起锅筒胀口泄漏，或管子焊口出现较大的热应力。

为了保护省煤器，停炉后可采取降低补给水流量、延长上水时间的方法使省煤器得到冷却。

6. 对锅炉钢材的要求有哪些？

(1)对强度的要求。锅炉用钢应具有在工作温度下的较高强度，以在承受额定压力下而不致破坏。

(2)对韧性的要求。金属的韧性是指在有缺口处金属塑性变形的能力。当韧性很低时,在低于屈服强度的应力下,也会由缺口处的应力集中而产生脆性破坏。锅炉在制造、安装或运行中会产生一些缺陷,所以要求锅炉受压元件用钢应有足够的韧性,在正常工作条件下,承受载荷而不发生脆性破坏。

(3)可焊性。目前锅炉制造绝大部分采用焊接方法。因此要求选用的钢材必须容易被焊接,并获得较理想的焊接质量。

(4)对质量的要求。为保证安全使用,对质量有严格的要求。

①采用优质或高优质的镇静钢。

②应有良好的组织,限制分层、非金属杂质、气孔、疏松等缺陷,不许有白点和裂纹。

③钢材出厂及制造、改造修理单位材料入厂,都要对材料按技术条件进行质量检查。

情境三　循环流化床锅炉的运行与操作

任务 3.1　循环流化床锅炉启动前的准备

学习任务

(1)学习循环流化床锅炉冷态试验程序和操作内容。

(2)学习循环流化床锅炉启动前的检查和调试工作。

(3)学习循环流化床锅炉启动前的准备工作。

(4)学习循环流化床锅炉启动前的上水操作。

学习目标

(1)在组长的组织协调下,小组合作完成循环流化床锅炉的冷态试验操作。

(2)能够独立完成循环流化床锅炉启动前的准备工作。

(3)小组合作完成锅炉的上水操作。

(4)小组合作完成循环流化床锅炉启动前的检查与调试工作。

操作技能

一、循环流化床锅炉的冷态试验

循环流化床锅炉在第一次启动之前和检修后,必须进行锅炉本体和有关辅机的冷态试验,以了解各运转机械的性能、布风系统的均匀性及床料的流态化特性等,为热态运行提供必要依据,保证锅炉顺利点火和安全运行。

冷态试验的内容包括实验前的准备工作、布风均匀性检查、布风板阻力测定、料层阻力特性试验、风机及风门特性的检查和物料循环系统输送性能试验等。

(一)循环流化床锅炉冷态试验前的准备工作

冷态试验前必须做好充分的准备工作,使之具备一定的条件,以保证冷态试验得以顺利进行。主要准备工作如下:

(1)锅炉部分的检查与准备。检查和清理炉墙及布风板。不应有安装、检修后的遗留物;布风板上的风帽间无杂物;风帽小眼无堵塞;绝热和保温的填料平整、光洁。

(2)仪表部分的检查与准备。与试验及运行有关的风量表、压力表及测定布风板阻力和料层阻力的差压计、风室静压表等必须齐全,确定性能完好并安装正确。

(3)炉床底料的准备。炉床底料一般用燃煤的冷灰渣或溢流灰渣。

(4)实验材料的准备。准备好试验用的各种表格、纸张、笔等。

(5)锅炉辅机的检查与准备。检查机械内部与连接系统等部分的清洁、完好；地脚螺栓和连接螺栓不得有松动；轴承冷却器的冷却水量充足、回水管畅通；润滑系统完好。

(6)阀门及挡板的准备。检查阀门及挡板的开、关方向及在介质流动时的方向；检查其位置、可操作性及灵活性；检查其操作机构、安全机构及附件是否完整。

(7)炉墙严密性检查。检查炉墙、烟道及人孔、测试孔、进出管道等各部位的炉墙应完好，并确保严密不漏风。

(8)锅炉辅机部分试运转。锅炉辅机应进行分部试运，试运工作应按规定的试运措施进行。辅机电动机与机械部分应断开，单独试运行，待确定转动方向正确，事故按钮工作可靠、合格后方可带动机械部分试转。分部试运中应注意各辅机的出力情况，如给煤量、风量、风压等是否能达到额定参数，检查机械各部位的温度、振动情况，电流指示不得超过规定值，要做好记录。

(二)布风均匀性检查

布风板位于炉膛燃烧室底部，它将其下部的风室与炉膛隔开。布风板布风均匀与否是循环流化床锅炉能否正常运行的关键。布风的均匀性，将直接影响料层阻力特性及运行中流化质量的好坏，流化不均匀时床内会出现局部死区，进而引起温度场不均匀，以致结渣。

检查布风均匀的方法很多，对于布风板只有几平方米的小沸腾炉，可以用火钩探测；对于几十吨蒸发量的锅炉，可以挑选有经验的检验人员站在料层上，用脚试的方法；对于近百吨蒸发量的中温中压、次高压锅炉或几百吨的高温高压锅炉，主要采用突然停止流化料层的办法来检查。在实际的检验过程中，三种方法可以联合使用，但三种方法都是在流化状态下进行。对于电站流化床锅炉现在一般用后两种检验方法检查布风的均匀性。

1.沸腾法

沸腾法很简单，却很实用，尤其对中、大型流化锅炉应用较普遍。

首先在布风板上铺上一定厚度的料层(常取 300～400mm)，依次启动引风机、送风机，然后逐渐加大风量，注意观察料层表面是否同时开始均匀地冒小气泡，并慢慢开大风门。试验中要特别注意哪些地方的床料先动起来，对于床料不动的地方可用火钩去探测一下其松动情况。然后继续开大风门，等待床料大部分都流化时，观察是否还有不动的死区。所有那些出现小气泡较晚、松动情况较差，甚至多数床料都以流化时该处床料仍不松动的地方，都是布风不良的地方。这时应注意检查此处床料下是否有杂物或风帽是否堵塞，查明原因后及时处理并使其恢复正常。

待床料充分流化起来后，维持流化 1～2min，再迅速关闭送风机、引风机，同时关闭风室风门，观察料层情况。若床内料层表面平整，说明布风基本均匀。如床层高低不平，则料层厚的地方表明风量较小，料层低洼的地方表明风量偏大。发现这种情况，需检查一下风帽小眼是否被堵塞或布风板局部地方是否有漏风。

2.脚试法

在布风板上铺平约 300～400mm 厚度的床料。有经验的检查人员赤着脚，带上防尘面具进入炉内，站在料层上。启动一次风机，并逐渐增大风量，料层开始流化沸腾，检查人员随着风量的增加，逐渐下沉，最后站在风帽上。此时通知操作人员保持送风不变，检查人员在沸腾的料层中走动，如果停到哪里，哪里的料层马上离开，像蹚水一样，而且脚板能站在风帽和布风板上，脚一抬起，立刻被床料填平，这就说明布风板布风均匀，流化良好。如果检查人员停到哪里，感到有明显的阻滞，脚又踏不到风帽或布风板上，表明这些地方流化不好，布风不均，应查找原因，消除后再试验。

一般来说，只要布风板设计、安装合理，床料配制均匀，会出现良好的流化状态，床层也会比较平整。当然，即使通过冷态测试检查认为布风已经均匀，在锅炉点火启动时还要注意床内流化不太理想的地方，以免引起结焦。

（三）布风板阻力测定

布风板阻力是指布风板上无床料时的空板阻力。它是由风帽进口端的局部阻力、风帽通道的摩擦阻力及风帽小孔处的出口阻力组成的，前两项阻力之和约占布风板阻力的几十分之一，因而布风板阻力主要是风帽小孔的出口阻力决定的。

(1)测定布风板阻力时布风板上无任何床料，一次风道的挡板全部开放（一般留送风机出口挡板作调整）。

(2)启动送风机、引风机，并逐步开大调整风门。平滑地改变送风量，同时调整引风量，使二次风口处（或炉膛下部测压点处）负压保持为零。此时风室静压计上读出的风压值即认为是布风板阻力值。

(3)测定时应缓慢、平稳地开启挡板，增加风量，一般挡板全开。挡板从全关做到全开，再从全开做到全关，选择若干个挡板开度进行测量（一般可选每 500m^3/h 风量记录一次数据）。

(4)每次读数时，要把风量和风室静压的对应数值都记录下来。把上行和下行两次试验的数据进行整理，取两次测量的平均值作为布风阻力的最后值。

(5)测定完了，最后在平面直角坐标系中绘制出布风板阻力与风量变化关系的特性曲线。

（四）料层阻力特性试验

料层阻力是指气体通过布风板上料层时的压力损失。

料层阻力特性的测定方法，与布风板阻力的测定很相似，当布风板阻力特性试验完成后，在布风板上铺上要求粒度的床料（选用流化床锅炉炉渣时一般粒度为 0～6mm，有时也可选用粒度为 0～3mm 的黄砂）作床料，床料层的厚度应根据锅炉的设计和运行中的要求来确定，一般选取 200mm、300mm、400mm、500mm、600mm 五个厚度来进行测定（一般需要做三个或三个以上不同厚度料层试验），试验可从底料层做到高料层，也可反方向进行。试验用的床料要干燥，不能潮湿，否则会给试验结果带来很大误差。床料铺好后，将表面整平，用标尺量出其准确厚度，然后关好炉门，开始试验。

(1)首先调整送风机、引风机风量使二次风口处（或炉膛下部测压点处）负压保持为零，测定不同风量下的风室静压。

(2)以后逐渐改变料层厚度，重复测量风量、风室静压。

(3)依据料层阻力等于风室静压减去布风板阻力，把它们描绘在同一坐标系中，并用光滑曲线连接起来，就得到了不同料层厚度下料层阻力与风量的关系，如图 3-1 所示。

图 3-1(b)就是料层阻力特性曲线（已减掉了布风板阻力）。不难看出，曲线上有一近似水平段，它表明风量达到一定数值后，料层阻力基本为一定值，此时阻力不随风量的增大而增加。这时床料处于流态化状态，即沸腾状态，达到这一状态时的风量称为临界风量。在试验时，可通过观察和分析确定冷态时的临界风量，注意检查底料是否流化，记下起始流化的风量和风室静压，即是不同料层厚度的临界风量。

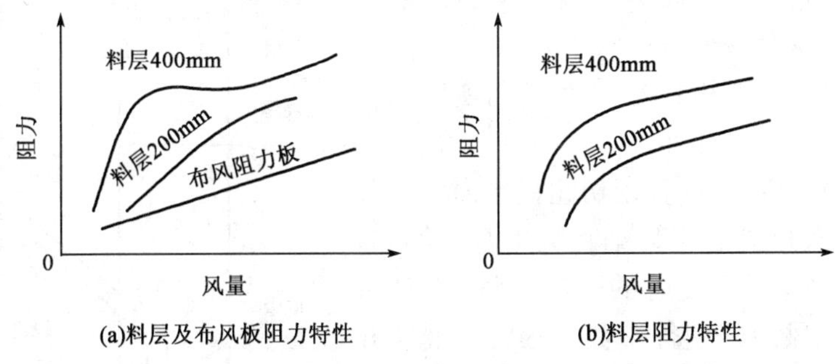

图 3-1　阻力特性曲线

（五）风机及风门特性的检查

风机和风门特性，可以在通风系统设备检查时做，也可以放在做冷态试验时结合起来一起做。主要是检查风机的风量和风压参数是否满足锅炉运行和事故处理的要求，同时检查风门的开度和控制盘上风门开度指示是否一致，以及风门开、关的灵活性和关闭的严密程度，为锅炉点火升炉提供依据。

1. 锅炉的最大运行风量的测定

（1）首先在维持炉膛微负压下，开启送风机和引风机的风门，直到风门全开，记下此时风机的风量、风压、风门开度及风机电流值，即为风机的最大风量。

（2）锅炉运行时，应低于最大风量运行，为锅炉事故处理留下一定的富余量。因为锅炉在处理超温事故时，需要在短时间内大量增加流化床内的流化风量，以降低物料温度，避免超温结焦。

（3）或者在维持床内炉料正常流化质量的情况下，不断往床内增加底料，在一边加厚料层的同时，一边增加送风量，直到风门开完、风量风压无法再继续升高为止。

（4）记下此时的风量、风压、风机电流及床料厚度等相关数据，便是锅炉运行的最大风压和最大的床料厚度。锅炉运行时床料厚度应低于该数值，否则，将因风压不足、物料沸腾不好而结焦。

2. 风门严密性检查

（1）在床内投入点火升炉的最低料层厚度情况下，首先全开引风机、送风机，再全关送风门、引风门，这时注意观察床内底料是否处于静止状态，如基本处于静止状态，说明风门关闭基本严密，对升炉点火影响不大，或没有影响。

（2）如全关风门后，床内底料仍处于沸腾状态，则说明风门关闭不严，点火升炉时，底料加热困难，应调整风门使之关闭严密。

（3）在引风门全关闭的情况下，注意检查炉膛是否呈微负压状态，可手提手套放于炉门口，如手套往炉内倾斜，说明负压过大，引风门关闭不严，升炉时，由于负压过大，加热底料时，热量易被引风抽走，加热底料困难，升炉难度大，应仔细检查风门，使风门关闭严密。

（六）物料循环系统输送性能试验

物料循环系统如图 3-2 所示。该系统的输送性能试验主要是指返料装置的输送特性试验。返料装置结构不同，其输送特性也不一样。现以常用的非机械式流化密封阀（U 形返料装置）为例说明其冷态试验情况。

在返料装置立管上设置一供试验用的加灰漏斗，试验前将一定厚度(0～1mm以下)的细灰由此加入，并首先使细灰充满返料装置，以保持与实际运行工况基本相同。

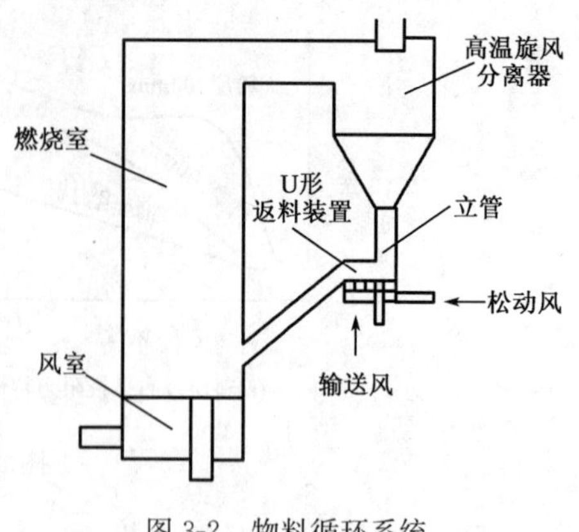

图 3-2　物料循环系统

试验时，缓慢开启送风门，密切注视床内的下灰口。当观察到下灰口处有少许细灰流出时，说明返料装置已开始工作，记下此时的输送风量(启动风量)、风室静压、各风门开度等参数。然后可继续开大风门并不断加入细灰，继续记录相关参数，当送灰风量约占总风量的1%时，此时的送灰量已很大。试验中一般可采用计算时间和对输送灰量进行称重的方法求出单位时间内的送风量、气固输送比等。试验中应注意连续加入细灰量以维持立管中料柱的高度，并保持试验前后料柱高度，这样试验中加入的细灰量即为该时间内送入炉内的固体物料量。

在做返料装置的输送性能试验时，事先应清理和检查返料装置布风板小风帽，以防风帽小眼堵塞，试验不准确。通过该系统输送性能的冷态试验，可以了解返料装置的启动风量、工作范围、风门的调节性能及气固输送比。这对热态运行具有重要的指导意义。

二、循环流化床锅炉启炉前的检查和调试

(一)循环流化床锅炉启炉前的全面检查

(1)炉内检查:对锅筒和集箱内部进行详细检查，查看是否有遗留的工具、异物。

(2)炉外检查:锅炉外部炉墙、管道支架及保温应正常。燃烧室、烟道所有的门孔应完好，开关应灵活、严密，防爆门动作后、应能自动复位。

(3)汽水系统检查:汽水系统所有阀门都应完好，并处于正常位置。锅炉启动前该开的阀门应开启，该关的阀门应关闭。对安全有密切关系的几个附件，如安全阀、主汽阀、排污阀、空气阀、水位计等，应进行试动作1～2次。

(4) 检查所有仪器、仪表应完好正常。对主要监视仪表也要求试动作。

(5) 燃烧室内检查炉墙是否变形、磨损。风帽是否烧坏，小眼是否堵塞，渣管口、二次风喷嘴、热电偶等是否损坏。

(6)检查分离器进口是否变形，筒壁是否磨损，顶盖及出口喉管是否变形损坏。

(7)检查返料装置流化室是否掉有异物，小风帽是否堵塞，放灰管是否变形裂纹，风室是否积灰等。

(8)注意检查冷渣机、出渣机是否损坏，尤其是冷渣机绞笼叶片的磨损;出渣机链节，刮板的连接部位是否磨损变形;注意检查破碎机轴承润滑及锤头磨损情况;注意检查电除尘落灰斗积灰情况和布袋除尘器的布袋损坏情况。

(二)循环流化床锅炉启炉前附属设备的检查和调试

(1)检查风机、电动机基础是否牢固;检查轴承的润滑油质、油位是否正常，轴承冷却水系统应完好，冷却水畅通。风机调节风门应正常，远距离调节机构应正常，应对风门的手动和电动调节进行调试，检查风门开度指示仪的指示位置与风门的实际开度位置是否一致，并进行

调整。

(2)送风机、引风机的检查。启动送风机、引风机，进行通风，并检查炉墙的密封程度。通风时间，一般不少于5min。进行风机试运转，旋转方向应正确，检查振动是否合格，如振动，应检查地脚螺栓是否收紧；风机出力是否能满足通风的需要。掌握风机风门的调节性能，即风门调节阻力的变化和风门关闭的严密程度。

(3)给料系统检查及调试：检查破碎机是否完好；采用皮带输送机的应检查皮带连接是否正常，启动皮带机，检查皮带是否跑偏。

(4)启动给煤机，对皮带给煤量进行标定，即每分钟不同的输送速度下的给煤量，以便在锅炉正常运行时作为参考依据。

(5)检查脱硫剂和石灰石的破碎、输送以及给料设备的工作性能是否正常；检查除渣和除灰系统是否正常。

(6)大型循环流化床锅炉较多采用电除尘器，所以在电除尘器投运前，应检查电场电源是否正常，并通电检查电场强度是否满足电除尘器要求。

三、循环流化床锅炉启动前的准备工作

锅炉启动前必须准备好所需要一切物品，才能保证锅炉的顺利、安全启动。首先要准备好燃料，依据所使用锅炉的特性以及给煤设备的性能，制备好锅炉运行所需要的燃料。燃料的颗粒度、发热量、水分、挥发分和煤种等应符合要求；其次准备好点火升炉用的引燃烟煤和引燃木柴、木炭及引燃油类等；再准备点火升炉用的底料，升炉底料的选择，也应充分考虑锅炉设计燃料粒径的要求，其关键是粒径，其次才是底料的性质。如果有流化床锅炉的溢流渣或颗粒不是十分粗的冷渣，作为升炉的底料最好，如果没有，使用河砂经过5mm的筛子过筛也可以。选用河砂时，同样应考虑宽筛分的要求，不宜全部选用绿豆砂，这样密度太大，升炉亦很困难。如果连河砂也没有，还可以使用层燃炉用过的炉渣，经过破碎机过筛也行。但是，由于此种物料经过高温膨化，密度较小，且含有一定的可燃物，点火时，其流化风速的选择应适当，点火时间要短，否则易形成超温结焦；最后准备齐全锅炉点火所使用的必要工具，如拖运底料、灰渣用的小拖车，投料用的铁铲，手动点火用的铁钩，打焦使用的手锤、钢钎等工具。

四、循环流化床锅炉上水

锅炉启动前的准备、检查和调试工作完成后，并确认整个机组完好，具备启动条件时，才可以进行锅炉上水操作工作。

(一)锅炉的上水温度和上水时间

(1)锅炉上水温度一般为80～90℃，与锅筒温度差不应超过50℃。

(2)锅炉上水应经过除氧处理，必须达到锅炉的水质要求。

(3)锅炉上水的速度应缓慢。锅炉上水时间的一般规定：中、低压锅炉，夏季不少于1h，冬季不少于2h，如上水温度和锅筒温度接近时，可以适当缩短上水时间。

(4)锅炉上水时环境温度不能低于5℃，否则应该有可靠的防寒、防冻措施。

(二)锅炉上水方法

因锅炉设备的条件不同，可以采取不同的上水方式。无论采用何种方式上水，都要遵循上水的速度应保持缓慢。在通常情况下，锅炉上水都是由给水管经省煤器上水。此时，可利用主

给水之旁路进行上水，待水位至锅筒最低可见水位时，即为点火水位时，停止上水。这是因为锅炉点火后炉水受热膨胀、汽化，水位会逐渐上升，因此锅炉上水至锅筒水位计的－100mm 处即可。也可以用疏水泵从定期排污阀或放水阀进行锅炉底部上水。

锅炉上水完毕后，应检查锅筒水位有无变化。若锅筒水位继续上升，则说明进水阀门未关严；若水位下降，则说明有泄漏的地方（如放水阀、排污阀等泄漏或未关），应查明原因并采取措施及时消除。锅炉上水前、后，均应记录各部膨胀指示器，比较锅炉上水前后设备的膨胀指示值，若有异常情况，必须查明原因并予以消除。

基础知识

一、循环流化床锅炉的优点

循环流化床锅炉技术在较短的时间内能够在国内外得到迅速发展和广泛应用，是因为它具有一般常规锅炉不具备的优点，主要有以下几点。

(1) 燃料适应性广。

这是循环流化床锅炉的主要优点之一。循环流化床锅炉几乎可以燃烧各种煤（如泥煤、褐煤、烟煤、贫煤、无烟煤、洗煤厂的煤泥），以及洗矸、煤矸石、焦炭、油页岩等，并能达到很高的燃烧效率。它的这一优点，对充分利用劣质燃料具有重大意义。我国使用循环流化床锅炉重点在于燃用劣质煤。

(2)燃烧效率高。

国外循环流化床锅炉，燃烧效率高达 99%。我国自行设计、投运的流化床锅炉燃烧效率也可高达 95%～99%。该炉型燃烧效率高的主要原因是煤粒燃尽率高。

(3)高效脱硫，有利于环境保护。

向循环流化床内直接加入石灰石、白云石等脱硫剂，可以脱去燃料在燃烧过程中生成的 SO_2。根据燃料中含硫量的大小确定加入的脱硫剂量，可达到 90%的脱硫效率。美国使用循环流化床锅炉侧重于环境保护，控制 SO_x 和 NO_x 的排放。

(4)负荷调节范围大，调节速度快。

煤粉炉负荷调节范围通常在 70%～110%，而循环流化床锅炉负荷调节幅度比煤粉炉大得多，一般在 30%～110%。即使在 20%负荷情况下，有的循环流化床锅炉也能保持燃烧稳定，甚至可以压火备用，这一特点对于调峰电厂或热负荷变化较大的热电厂来说，选用循环流化床锅炉作为动力锅炉非常有利。

(5)燃烧热强度大，炉膛截面积小。

循环流化床锅炉燃烧热强度比常规锅炉高得多，其截面热负荷可达 3～6MW/(m^2 · h)，是鼓泡床锅炉的 2～4 倍，是链条炉的 2～6 倍。其炉膛容积热负荷为 1.5～2MW/(m^3 · h)，是煤粉炉的 8～11 倍，所以循环流化床锅炉可以减小炉膛体积，降低金属消耗及降低锅炉成本。

(6)燃料预处理及给煤系统简单。

循环流化床锅炉的给煤粒度一般小于 13mm，因此与煤粉锅炉相比，燃料的制备破碎系统大为简化。

(7)易于实现灰渣综合利用。

循环流化床锅炉的燃烧过程属于低温燃烧，同时炉内优良的燃尽条件使得锅炉的灰渣含碳量低，低温燃烧的灰渣易于实现综合利用，如灰渣作为水泥掺合料或建筑材料。

二、循环流化床锅炉的基本构成

循环流化床锅炉燃烧系统由流化床燃烧室和布风板、飞灰分离收集装置、飞灰回送装置等组成，有的还配制外部流化床热交换器。与燃煤粉的常规锅炉相比，除了燃烧部分外，循环流化床锅炉其他部分的受热面结构和布置方式与常规煤粉炉大同小异。典型的循环流化床锅炉的系统和布置示意如图 3-3 所示。

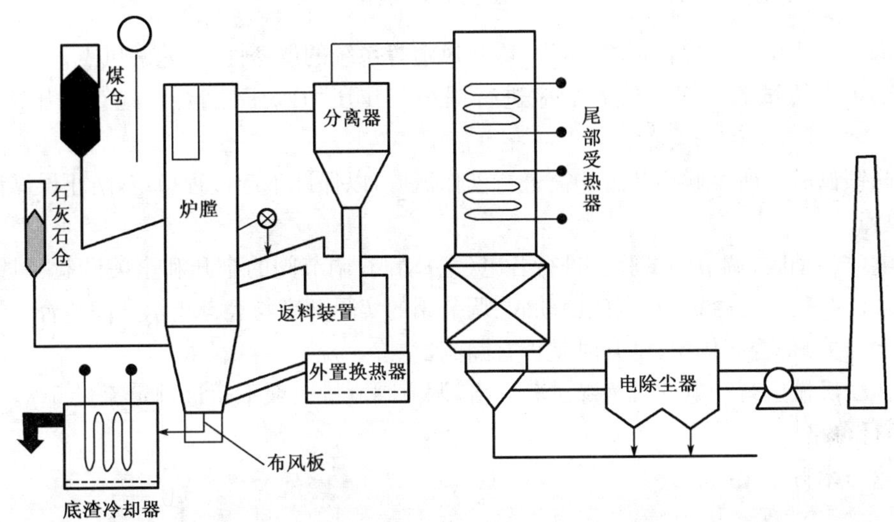

图 3-3　循环流化床锅炉系统示意图

三、循环流化床锅炉存在的问题

经过几十年的不断深入研究、实践和改进，我国循环流化床锅炉已经进入稳步发展阶段。早期普遍存在的磨损、结渣、出力不足等问题现在已经基本得到解决。但随着锅炉自身的发展以及锅炉容量的增大，用户对锅炉可靠性、可控性、自动化程度等要求越来越高，同时也出现了一些问题。

循环流化床锅炉自身的缺点：

(1) N_2O 排放较高。流化床燃烧技术可有效抑制 NO_x、SO_x 的排放，但是，又产生了另一个环境问题，即 N_2O 的排放问题。N_2O 俗称笑气，是一种对大气臭氧层有着非常强的破坏作用的有害气体，同时具有干扰人的神经系统作用。近年来一系列研究结果表明，流化床在低温燃烧时是产生 N_2O 的最大污染源。因此，控制循环流化床锅炉氮氧化物的排放必须同时考虑 NO_x 和 N_2O。

(2)厂用电率高。由于循环流化床锅炉独有的布风板、分离器结构和炉内料层的存在，烟风阻力比煤粉炉大得多，通风电耗也相应较高，因此，一般认为循环流化床锅炉厂用电率比煤粉炉高。

目前我国运行的循环流化床锅炉存在的问题：

(1)炉膛、分离器以及回送装置及其之间的膨胀和密封问题。

(2)由于设计和施工工艺不当导致的磨损问题。

(3)炉膛温度偏高以及石灰石选择不合理导致的脱硫效率降低问题。

(4)飞灰含碳量高的问题。只要循环流化床锅炉燃烧系统系统合理、运行调整良好，其底渣含碳量通常很低，至于飞灰含碳量高，仅存在于比较难于燃烧的煤种和负荷比较低时。提高炉膛温度是降低飞灰含碳量的有效手段，但受到石灰石最佳脱硫温度的限制。

(5)灰渣综合利用率低的问题。一般认为，循环流化床锅炉的灰渣利于综合利用，而且利用价值很高。但由于各种原因，我国循环流化床锅炉灰渣未能得到充分利用，或者只进行一些低值利用，需要进一步有效利用。

四、循环流化床锅炉启动前应进行的试验

(1)锅炉风压试验。检查炉膛、烟道、冷热风道等系统的严密性，消除漏风点。

(2)锅炉水压试验。锅炉检修后应进行锅炉工作压力水压试验，以检查承压部件的严密性。

(3)联锁试验。所有联锁装置均需进行动作试验，以保证生产过程稳定，防止误操作，能迅速消除故障。

(4)电(气)动阀、调节阀试验。进行各电(气)动阀、调节阀的全开和全关试验、闭锁试验，观察指示灯的亮、灭是否正确；电(气)动阀、调节阀的实际开度与表盘指示开度是否一致；限位开关(终点开关)是否起作用；全开时是否有漏流量。

(5)转动机械运行。电动机绝缘试验合格，调节阀流量一般不超过额定流量5%。全部转动机械运行合格。

(6)冷态床料流化试验。

五、循环流化床锅炉的给煤(进料)

(一)给煤机

燃煤循环流化床锅炉，成品煤(制备好的煤)的筛分一般都较宽，颗粒范围通常在0～25mm之间，而且水分较煤粉炉大得多。成品煤的流动性较差，气力输送比较困难，因此循环流化床锅炉输煤和给煤一般为同一装置完成。常用的给煤机械有螺旋给煤机、埋刮板给煤机和皮带给煤机等。

(二)给煤方式

循环流化床锅炉给煤方式分正压给煤和负压给煤两种。

正压给煤就是给煤口处炉膛内压力(p)大于大气压，负压给煤为给煤口处炉膛内压力(p)小于大气压，如图3-4所示。

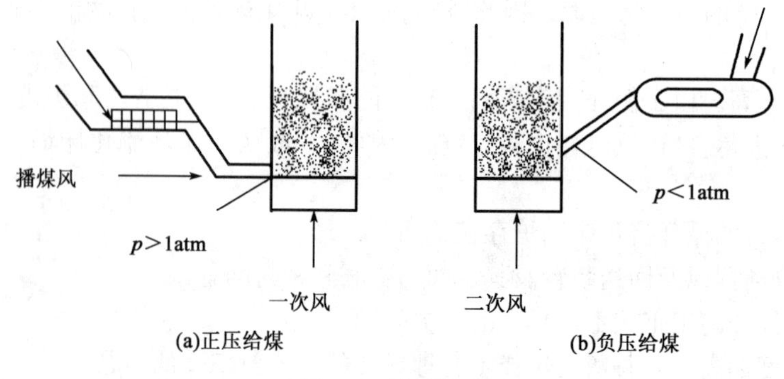

图3-4　给煤方式

正压给煤还是负压给煤，是由炉内气—固两相流的动力特性决定的。负压给煤一般使用在循环倍率比较低，有比较明显的料层界面，负压点相对较低的锅炉上。负压给煤方式，由于给煤口处于负压，只需少量的给煤机械，煤靠自身重力流入炉内。所以结构简单，对给煤粒度、水分的要求均较宽。但这种给煤方式由于给煤点比较高，容易造成细小颗粒未燃尽就被烟气吹走而落不到床内。另外给煤只是重力撒落不易做到均匀分布在炉内。

对于炉内呈湍流床和快速床的中高循环倍率的锅炉而言，炉内基本处于微正压状态，负压点很高或不存在，因此只有采用正压给煤。

正压给煤可以避免负压给煤的不足，锅炉燃用煤从炉膛下部密相区输送进去与温度很高的物料掺混燃烧。为了使给煤顺利进入炉内并在炉内均匀分布，正压给煤都布置有播煤风。

有的循环流化床的设计将给煤直接送入返料装置的出口段，使新鲜给煤与高温返料混合并升温后，一起送入炉膛。

六、循环流化床锅炉的冷态试验

(一)冷态试验的概念和条件

冷态试验，是指锅炉设备在没有投入燃烧运行前的冷状态下进行一系列的调整试验。通过试验来了解和掌握设备的特性，为锅炉投入热态运行提供必要的调节依据，保证锅炉顺利点火和安全运行。

冷态试验一般是新装、改造、大修后的锅炉设备对其性能尚未掌握前做，对于运行使用一段时间后，如果性能随着设备的使用磨损会发生变化，或其有关的因素发生变化时，也应做冷态试验。

(二)冷态试验的目的

(1)鉴定送风机风量、风压是否满足锅炉设计运行要求，能否满足燃烧的需要。

(2)检查风机、风门的严密性及引风机、送风机系统有无泄漏。

(3)测定布风板的布风均匀性、布风板阻力，检查床料各处流化质量。

(4)绘制布风板阻力、料层阻力随风量变化的曲线，确定冷态临界流化风量，用以估计热态运行时的最低风量。

(5)检查物料循环系统的工作性能和可靠性能。

七、热力型 NO_x 和燃料型 NO_x 的概念

空气中的氮在高温下氧化生成的 NO_x，称为热力型 NO_x，其发生反应的最佳温度为1450℃，在750～900℃时生成的 NO_x，可以忽略不计。

燃料中的挥发分氮和焦炭氮在高温下氧化生成的 NO_x，称为燃料型 NO_x，随燃料反应温度的降低，NO_x 生成量也降低，所以从燃烧、脱硫及 NO_x 排放综合考虑，循环流化床锅炉的床温选取850～950℃。

八、循环流化床锅炉的冷态试验包括的项目

循环流化床锅炉的冷态试验包括：风量标定(一次风、二次风、返料风)；给煤量标定，测量给煤机转速与给煤量之间关系，确定最小给煤量；布风板阻力特性试验；料层阻力特性试验；布风均匀性试验；临界流化风量试验；回料阀特性试验；冷渣器冷态试验；油枪出力标定，油枪雾化情况检查；风机出力检查；给煤、灰粒筛分试验。

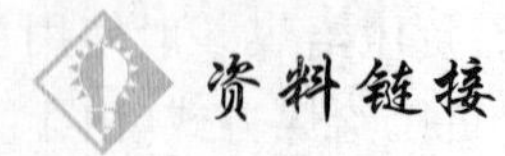

资料链接

1. 螺旋给煤机为什么要采用实物试验?

答:因为螺旋的叶片导程加工不规范时,其阻力会随着给煤量及时间的推移而增大。一般转子叶片导程越向尾部应越大,如越到尾部越小的话,燃料在旋转推进过程中,会越压越紧,阻力增大。一旦超过给煤机电动机的规定电流,给煤机就会卡死自动跳闸。因此,螺旋给煤机不通过实物给煤,很短时间内是试不出问题的。

2. 循环流化床锅炉灰渣的如何综合利用?

答:循环流化床锅炉燃烧温度低,灰渣不会软化和粘结,活性较好。另外炉内加入石灰石后,灰渣成分也有变化,含有一定的 $CaSO_4$ 和未反应的 CaO。循环流化床锅炉灰渣可以用于制造水泥的掺合料或其他建筑材料的原料,有利于灰渣的综合利用。这对于那些建在城市或对环保要求较高的电厂,采用循环流化床锅炉是十分有利的。

3. 循环流化床锅炉的环保性能体现在哪些方面?

答:循环流化床锅炉燃烧温度一般控制在 850～950℃的范围内,这是脱硫剂化学反应的最佳温度,有利于脱硫。氮氧化合物的生成反应,最佳温度一般为 1100～1450℃左右,可以抑制氮氧化合物(热力型 NO_x)的形成;由于循环流化床锅炉普遍采用分段(或分级)送入二次风,还原性气氛又可控制燃料型 NO_x 的产生。在一般情况下,循环流化床锅炉 NO_x 的生成量仅为煤粉炉的 1/4～1/3。NO_x 的排放量可以控制在 $300mg/m^3$ 以下。因此,循环流化床燃烧是一种经济、有效、低污染的燃烧技术。与煤粉炉加脱硫装置相比,循环流化床锅炉的投资可降低 1/4～1/3,这也是它在国内外受到重视、得到迅速发展的主要原因之一。

4. 什么是锅炉启动前的通球试验?

答:通球一般为木质或塑料的圆球,球径不小于管道内径的 80%。试验时,现场必须同时有安装、维修人员和司炉或验收人员参加。试验过程为:一人在锅筒内将小球从炉管上端接口放入,另一人在下锅筒或集箱炉管的下端接口观察,小球能从管内顺利通过为合格,通球率为 100%。试验结果,应记入锅炉设施的安装维修质量验收技术档案。

5. 影响循环倍率的运行因素有哪些?

答:影响循环倍率的运行因素很多,主要有以下几个方面:

(1)分离器效率,燃料粒度,燃料含灰量,燃料的成灰特性,灰颗粒的磨损特性,对循环倍率有决定性影响。

(2)锅炉负荷影响。随着机组负荷的降低,即锅炉蒸发量的减少,锅炉整体风量和烟气流速必然降低,促使锅炉循环倍率也相应降低。

6. 影响循环流化床锅炉热效率的因素有哪些?

答:煤质;锅炉负荷;氧量及一次风、二次风配比;排烟温度;风机出口温度;飞灰含碳量;大渣含碳量;排渣温度;给水温度。

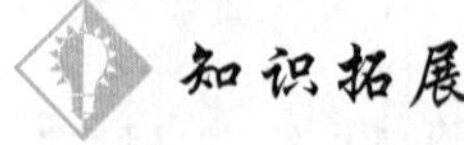

知识拓展

1. 循环流化床锅炉热态运行时为什么以冷态临界风量为下限?

答:炉内底料的流化风量,冷态和热态是不完全一样的。冷态时,由于物料温度较低、密度较大,其需要的临界风量较大。而热态时,物料的温度高、密度小,临界流化风量较低。所以,只要达到了冷态临界风量，在相同的底料厚度和底料颗粒下，就能完全保证床内炉料具有良好的流化质量。因此，锅炉运行时，其风量控制应以冷态临界风量为下限。

另外，炉内物料颗粒的分布情况，冷态和热态是不一样的。在做冷态试验时，床内的粗颗粒基本上在床内均匀分布，其起始流化较为一致，物料的整体临界风量较一致，也就是说，在相同的料层厚度下，其需要的临界流化风量值较低。热态的情况恰恰相反，尤其是锅炉于启炉点火时的低风量薄料层运行阶段，在给料口处，极易形成粗颗粒聚积现象。一些特别大的颗粒，随着低风量运行时间的延长，会很快在给料口堆积，给料口处的物料的临界流化风量比其他床面高。所以，尽管在热态，物料的临界风量从理论上要低，但由于物料颗粒的特殊分布状况，其运行风量，也不宜低于冷态临界风量。

2. 为什么对锅炉上水水位、水温和时间有要求？

答：因为锅炉升炉后，炉水加热，水的体积会膨胀，水位还会自然升高，如水位过高，会形成满水现象，如果再排污放水，则会造成不必要的浪费。

因为上水过程中，较薄的省煤器管和水冷壁管易于加热，而厚壁的锅筒及水冷壁联箱则加速度较慢。当水进入锅筒后总是首先与锅筒下半部接触，并且是内壁先受热，这样锅筒上、下部，内、外壁之间就必然存在温度差。如果水温较高，上水的速度又快，这样会使锅筒产生较大壁温差，这个温差又会使锅筒产生较大的附加应力，易于使锅筒、联箱发生弯曲、变形或焊缝裂纹现象，所以上水温度和时间必须加以控制。

3. 影响布风均匀的因素有哪些？

答：(1)风室的形状及结构尺寸；(2)风室进口风道形状及尺寸；(3)风室进口风速；(4)布风板风帽布置及风帽开孔等。

4. 测定布风板阻力和料层阻力对运行有哪些指导意义？

答：布风板阻力即是指在没有在布风板投入底料的情况下，测定布风板对气流产生的阻力。布风板阻力的高低，取决于布风板风帽小孔的开孔率，即风帽小孔总面积与布风板面积的比值。当通过布风板的空气流量一定时，开孔率越大，布风板阻力越小；开孔率越小，阻力越大；当开孔率一定时，空气流量越大，阻力越大；流量越小，阻力越小。流化床锅炉的布风板开孔率一般在2.2%～12%，布风板阻力一般在800～2000Pa左右。

料层阻力，是指锅炉运行时，风量通过床料所遇到的阻力。测定料层阻力的同时，是为了掌握炉内床料厚度与风量、风压、电流之间的关系，用以确定锅炉运行时炉内静止料层的厚度，以利司炉运行调整。锅炉正常运行时，控制盘显示出的风室静压等于运行风量下的布风板阻力加上料层阻力。当测出了布风板阻力和料层阻力，就可以根据料层厚度与料层阻力的关系来确定流化床内静止料层的厚度，以指导司炉运行操作，控制排放冷渣的数量，使锅炉在较理想的风煤比下燃烧运行。

5. 为什么循环流化床锅炉的厂用电率高于煤粉炉？

答：循环流化床锅炉的厂用电率高的主要原因有以下几点：

(1)流化床锅炉在密相区具有高浓度、较大颗粒的床料，为了使床料得到充分的流化，必须有高压头的流化风机供风。

(2)为使煤充分燃烧，二次风要具有较高的穿透力，必须有高压头的二次风。

(3)为了脱硫，投石灰石，必须有石灰石风机。

(4)部分流化床锅炉为了降低飞灰可燃物，将电除尘电场灰斗利用飞灰再循环送回炉膛，又增加了飞灰再循环流化风机。

(5)在采用风水联合冷渣器的循环流化床锅炉时，还需要冷渣器流化机。风机数量多、压头高是造成厂用电率高的主要原因。

任务 3.2　循环流化床锅炉的启动操作

学习任务

(1)学习循环流化床锅炉的点火、点火底料的配置。

(2)学习循环流化床锅炉的升压操作。

(3)学习循环流化床锅炉启炉中的暖管和并汽操作。

(4)学习循环流化床锅炉的启炉操作。

(5)学习循环流化床锅炉升压期间对锅炉设备保护的基本操作。

学习目标

(1)能够根据锅炉设备初始状态和系统布置情况，小组合作制订锅炉启动点火方案。

(2)小组合作完成循环流化床锅炉的升压、暖管、并汽等一系列操作。

(3)小组合作完成循环流化床锅炉的启动操作。

(4)在循环流化床锅炉启动中能够对锅筒、过热器、省煤器等设备实施正确的保护。

(5)能够通过监视运行参数、定时巡回检查，做到防止事故发生。

操作技能

一、循环流化床锅炉的点火操作

循环流化床锅炉的点火是锅炉运行的一个重要环节。循环流化床锅炉的点火，实质上是在冷态试验合格的基础上，将床料加热升温，使之从冷态达到正常运行温度的状态，以保证燃料进入炉膛后能稳定燃烧。下面介绍常用几种点火方式的操作。

(一)手动固定床点火操作

1.点火底料的配制

配制点火底料是点火过程的重要环节。因为底料是进行点火的物质条件，预热时间、配风大小、给煤时机等操作都是以此为依据的，底料不同操作方式就要随之改变。一般底料是依据煤的发热量、按一定比例与炉渣配制而成。循环流化床锅炉在点火前，底料的粒度及静止高度是两个重要的指标。

点火前准备好底料、引燃物、引火烟煤、加热底料用的木炭或木柴。试验结果表明：0～13mm 点火底料所需要的临界流化风量是 0～8mm 点火底料的 2 倍以上。实际应用中底料颗粒一般要求在 8mm 以下，如有条件达到 6mm 以下更好。另外，底料中大小颗粒的分布要适当，既要有小颗粒(小于 1mm)作为初期的点火源，又要有大颗粒(大于 6mm)作为后期维持床温之用。但大颗粒的比例超过 10%时不利于初期点火，且容易出现内结焦。

点火底料的静止高度不宜过高或过低，料层过高，会使加热时间延长，易造成加热不均；料层过低会发生吹穿，使布风不均而结焦，并使爆燃期的给煤配风不易掌握。一般选择静止料层高度在350～500mm之间较为合适。此外，要保持点火底料的干燥，使其水分含量尽可能的小，以利于点燃。

2.点火操作过程

由固定床过渡到流化床的手动点火操作过程一般分为三个阶段，即炭火制备阶段、底料加热升温阶段和正常运行前的调整控制阶段。具体操作过程如下：

(1)首先打开炉门，向炉内投入启炉底料，然后关闭炉门，开启引风机、送风机，一边将底料吹干，吹平整并将底料中的颗粒拌和均匀，同时对锅炉进行升炉前的通风，通风时间一般不低于5min。之后停止送风机、引风机运行，在底料上铺设木柴或木炭，用引燃物、油类或木屑将木柴或木炭引燃。在燃烧木柴、木炭的过程中，最好不要启动引风机，只开启调节风门，以免抽力过大，造成不必要的热量损失，有利于对炉墙及底料的预热。

(2)当木柴燃完，形成炭火以后，或者木炭已经燃透时，将未燃烧的木柴、木炭用铁钩扒出炉外，将炭火扒平，尽量均匀地覆盖在整个床面上。调整好热电偶的测温位置，关闭风门，启动引风机，维持炉膛微负压，同时往炭火表面上撒上一薄层引火烟煤。点火升炉操作进入底料升温的第二阶段。

(3)启动一次风机，微开风门，使床内底料有少量气流通过，但不宜过大，以免底料过早沸起，将炭火盖灭。开始往炉内送风时，一定要做到使底料均匀地膨胀，看不出底料的大面积跳跃状态。由于炉内开始供给空气，炭火燃烧加剧，将逐步引燃引火烟煤和加热底料。这时应注意保护炭火层的稳定，如果出现局部温度过高的白亮直线火苗，可用长铁钩将该处底料松动，消除直线火苗。但决不可用力在整个床面上大幅度搅拌，以破坏炭火层和延长升炉时间。如果床面上产生飘浮不定的蓝色火苗或浓烟时，说明底料在升温，引火烟煤开始着火。

(4)随着底料温度的升高，底料颜色由暗转红，可逐渐加大送风量和添加引火煤，使底料逐渐由固定床转变为移动床，再由移动床转变为流化床。如果发现火色由红转暗，或温度显示仪表温度上升的速度转慢时，应及时减小送风量，使温度回升。如果底料温度上升较快，火色发亮时，应及时突然大幅加风，尽快降低温度，防止局部高温结焦，用流化风速将高温底料吹散，防止互相粘结。

(5)当底料温度达到600℃以上，底料已经开始流化，火色也已为橘红色时，开始向炉内少量给煤，可以手工投煤来控制温度，同时可往炉内添加底料，在尚未达到临界风量之前，应注意用铁钩适当扒动床底尚未完全流化的粗颗粒，随着温度的升高，逐渐加大送风，使底料完全流化。这时应注意控制炉温上涨速度，养厚底料，调整好给煤量，逐步停止手动投煤。

(6)当炉温已经稳定在800℃左右，床内又没有沉积的粗颗粒和焦块时，底料已全部流化，即可关闭炉门，转入表盘控制，点火升炉操作进入流化床运行调整控制的第三阶段。

(7)流化床运行调整控制的关键是要控制好给煤量和逐步加大送风量，使风量达到冷态临界风量值，送风量要稳定，依据给煤量来控制炉温。如果升炉较快，时间短，没有升炉投料养料控制炉温的过程，关闭炉门后，在加风量超过临界风量时，由于炉内未燃完的炭火以及过多地投煤，或机械给煤量过大时，将会使炉温有一个大幅上升的过程，这时，可采取短期大量增加送风量，控制住炉温的上升势头，一旦数字表温度上升速度减缓时，就应及时将风量降到稍高于临界风量上运行。也可以采取断续停止给煤的方式来控制给煤量，尽量使炉温、一次风量、给煤量处于稳定状态。

(8)当燃烧室炉温稳定在900℃左右时，即可将返料装置的放灰门打开，开启流化风，将分离器分离的冷循环灰排出炉外，当见到红灰排出时，即可停止排灰，向流化床密相区返料，注意炉温的变化。如果炉温下降，可适当关小返料装置流化风，减小返料量，或打开放灰门继续向炉外排灰。待炉温回升时，再逐步打开返料风。当返料风全开，或返料已经正常，且炉温也已稳定时，可启动二次风机，向燃烧室投入二次风。

(9)锅炉刚刚启动时，由于炉内燃烧尚不十分稳定，炉墙温度也较低，在投入二次风时，应注意二次风量不宜过大，流化床燃烧温度，尽量稳定在900℃以上，不宜过低。启动二次风机后，应注意炉温变化，如果温度下降过低，应及时停止输送二次风。一般炉温不宜低于800℃。

(10)如果在升温过程中，在投入二次风和返料装置时，造成炉温急剧下降，当炉温低于800℃时，应及时、果断地采取热状态压炉措施，用压火的办法提升底料温度，一般压火时间为15min左右，同时打开炉门，查看底料火色，如底料转红，可投入少许烟煤，关闭炉门直接启动。如果底料无红色，温度较低，可添加木柴或木炭，重新加热底料，重复上述点火操作程序。但在重新启动时，应注意用长铁钩检查靠近风帽下层的底料是否在压火时，有局部超温结焦的现象。循环流化床锅炉的点火操作，只有当返料装置、二次风已经投入，且整个循环燃烧系统已经趋于稳定且排渣排灰正常时，才算点火升炉成功，升炉操作进入升压阶段。

(二)由固定床直接到流化床的手动点火启动操作

由固定床直接到流化床的点火操作，适用于中小型流化床锅炉的手动点火升炉操作。其特点是利用底料的翻滚加热技术来达到加热底料的目的，当底料达到500℃以上时，直接加风使床料流化。其具体操作方法如下。

1.制备炭火

(1)当启炉前的检查准备工作就绪以后，即可往流化床内投入底料，底料可分两次以上投入加热，尽量均匀覆盖整个流化床布风板。

(2)无须将底料流化吹平，以免在底料流化的过程中形成底料颗粒的粗细分层，不利于对底料中粗颗粒加热。

(3)投入底料后，即可在底料上铺木柴或木炭，并引燃木柴和木炭，制备炭火，同时加热底料和炉墙。

需要注意的是，在制备炭火的过程中，打开引风门，自然通风，但不宜启动风机，以免造成大量的热量被引风抽走，不利于底料的加热。当木柴已经燃透，全部形成炭火，或木炭已经全部着火，形成红炭火时，在炭火上投入少量引火烟煤，即可采用底料翻滚加热技术。

2.底料翻滚加热

(1)关闭炉门，微开一次风机风门，启动一次风机，用流化风速将底料快速流化翻滚，使炭火、烟煤及底料混合均匀。

(2)立即停下一次风机，打开炉门，查看底料是否流化吹平以及底料的加热情况。如果底料太厚，炭火层过薄，当底料翻起来后，很容易造成流化床下部低温底料将炭火盖灭。因此，最好采取分几次制备炭火、加热底料的操作方法。

(3)当底料经过第一次翻滚加热以后，停止风机打开炉门，再往炉内投入底料，同时在底料上再铺上木柴、木炭引燃制备炭火和继续加热底料和炉墙，重复前面的操作过程，进行第二次底料的流化翻滚加热。一直到底料温度达到600℃以上，即底料已呈橘红色，且整个床面火色基本均匀为止。

3. 流化启动

(1)关闭炉门,关闭送风机、引风机风门,启动引风机、送风机,调整风门,将风量风速调整到临界流化风量,使底料直接由固定床转为流化床,并维持炉膛微负压。

(2)启动给煤机,向炉内给煤,注意给煤量不宜过大。根据炉内温度的变化来调整一次风量和给煤量。

(3)当启动一次风机以后,随着风量的逐步增加,底料将逐步由固定状态转为流化状态,底料温度也随着逐步的升高,这时,应调整好风煤配比,稳定好流化床的燃烧,将床内燃烧温度控制在 900℃左右。

(三) 底料流态化燃油自动点火启动操作

底料流态化燃油自动点火操作方法,是在底料处于流化状态下,启动燃油喷燃装置对底料加热的一种升炉方法,一般在大型流化床锅炉上采用。根据喷燃装置的设置位置,又分为床上加热、床下加热、床上床下混合加热等方式,但其点火升炉的原理及操作基本相同。这种点火方式由于床料一直处于流化状态,不易形成局部高温结焦现象,但是燃油消耗量大,点火成本高。具体操作如下:

(1)启动引风机、送风机,对炉内进行通风和置换。通风时间不少于 5min,其目的是通过通风将炉膛及烟道内的废气,尤其是 CO 可燃气体排出炉外,置换成新鲜空气,以免在投入燃烧器时发生可燃气体爆炸。同时,又检查和调试了送风机、引风机及风门装置;启动油泵,检查油箱油位及油压。

(2)试验燃烧器点火装置,检查其是否能自动点火,或油枪点火。检查燃烧器或油枪能否顺利投入和退出。向炉内投入底料。为节省点火用油、缩短点火时间,流态化点火时常在底料中加入一定量的烟煤,且底料的粒度也应比较小(可取 0~5mm)。粒度较小、热值相对高的床料,将有利于减小流化风速、减少点火能量。

(3)启动引风机、送风机,调整风门开度,使底料在冷态临界流化风量下成流化状态,维持炉内微负压。启动油泵,待油压达到约 2.0MPa 时,可准备点火。打开进入燃烧器前的调油阀门,立即按下电弧点火器的启动按钮,这时从看火孔的视镜中若能看到橘红色的火焰,说明油燃烧器已经点燃。如看不到火焰,应立即关闭调油阀门,开大点火调节风门,清扫热风炉内的油雾,同时检查油路系统和电弧点火器,分析、找出不能正确点火的原因,并及时处理。待 3~5min 后,热风炉的油雾基本清扫干净时,再按上述操作重新点火。

(4)当床料加热到 650℃左右时,即可向床内投煤,煤量逐渐增加,这时应注意控制温升速度,并可适当减小热风量;当床温上升到 930℃左右且基本稳定后,即可停止油燃烧器的运行,进一步调整给煤量,使燃烧投入正常运行。

(5)当新煤着火以后,随着炉温的升高,逐步退出燃烧器点火装置,完全由给煤来维持燃烧温度。注意检查底料的流化风量是否正常。如果底料颗粒过粗,密度较大,流化风量过低,靠近风帽处的粗颗粒流化质量欠佳,当退出燃烧器后,床温将逐步下降。这时,应注意适当增加一次风量,改善流化质量,使粗颗粒燃料也能沸起,参与正常燃烧。当燃烧温度已经能控制在 900℃左右,燃烧器已全部退出时,即可投入循环燃烧系统和二次风。

(6)由于锅炉刚点火升炉,床层蓄热量较小,在投入循环灰时,大量的冷灰涌入床内,会吸收大量的热量,使炉温降低。这时,应根据炉温降低情况,来调整返料量,当炉温较低时,低于

800℃时，应停止返料，可向炉外排放，待炉温回升时，再投入。如果炉温低于700℃时，可重新投入燃烧器点火装置，提升床温。

(7)投入二次风时，同样应注意炉温的变化，如果炉温下降较快时，应及时停止二次风待炉温回升以后再重新投入；在投入脱硫剂时，也应注意床温的变化。在投入时，应逐步增加，以免引起床温大幅度波动。

(8)当炉内燃烧已经正常，循环灰、二次风、脱硫剂都已投入，床温已经稳定在900℃左右，且排渣、排灰畅通时，即可将燃烧的调节控制由手动转为自动控制，点火阶段告以结束，启炉进入升压阶段。

(四)分床点火启动操作

分床点火启动技术是大型化的需要。对于大容量循环流化床锅炉，由于床层面积较大，因而在点火启动时直接加热整个床层较为困难，一般都采用分床点火方式。分床点火启动是先将部分床面(床料)加热至着火温度，再利用已着火的分床提供热量来加热其余的床面。从点火启动速度和成功率以及对着火装置容量的考虑，分床点火启动都是必要的。在采用这种方法时，床面被设计成有几个相互间可以有物料交换的分床组成，其中某个分床作为点火启动床，在实际启动过程中首先将该床加热到煤的着火温度。

在利用分床点火启动技术时，整个床层的分床点火启动则依赖于几种关键的技术。它们是床移动技术、床翻滚技术和热床传递技术。分床点火启动的操作步骤如下：

(1)点火底料的准备，点火分床的底料较厚，一般在400～600mm，而工作分床的底料较薄，一般在200mm左右，以将隔墙下的流通窗口密封为原则。同时，工作分床的底料可掺入一定量的引火烟煤，但其可燃物的含量不得超过5%。

(2)用点火分床点火时，点火分床的一次风调节门应开启，而工作分床的一次风调节风门呈关闭状态。让点火分床的底料通风流化，并投入喷燃装置，加热底料，其他工作分床的床内不供给一次风，底料呈静止状态，静止的底料将窗口堵塞，点火分床的底料不能流入工作分床。

(3)待点火分床的底料温度加热到正常温度，并投入给煤，退出燃烧器能正常工作后，再打开工作分床的调节风门，使工作分床的底料流化，这时窗口由于底料松动而被打开，点火分床的高温底料流入工作分床与低温底料混合并加热。

(4)点火分床的床料是依靠两分床的压差转移到工作分床的。随着床料的转移，逐步减小点火分床的流化风量和给煤量，维持点火分床的正常燃烧和流化。同时，对工作分床的流化风量，应尽量采取断续送风的措施。当打开工作分床的送风门时，床料流化，点火分床的床料流入工作分床；当关闭工作分床的送风门时，床料静止，窗口关闭，停止点火分床的床料进入。这样，既可防止点火分床的床料在短时间大量涌入工作分床，而使点火分床失去了稳定，又能使工作分床的床料，在不断的翻滚流化中，与进入分床的高温炉料均匀混合加热，还可以减少工作分床在流化中流化风带走大量热量。

(5)在断续的翻滚流化加热中，当工作分床与点火分床的床料达到一致时，即可建立起工作分床的正常流化质量，当床料温度达到600℃以上时，可正常给煤，调整好燃烧，投入正常运行。当建立起了稳定运行的床层流化燃烧工况以后，再依次投入各分床的细灰循环燃烧系统和二次风及脱硫剂系统。

(6)当锅炉所有系统各处工况均已稳定运行后，再将燃料燃烧由手动控制状态调整转入自动控制状态。

(五)循环流化床锅炉点火启炉时需要注意的问题

(1)设计上需注意的问题。要有均匀的布风装置、灵活的风量调节手段、可靠的给煤机构、适当的受热面和边角结构设计,并具有可靠的温度和压力监测手段。

(2)床料调整中需注意的问题。注意保持床层流化质量和床高。为此,除适当配风外,无论是全床还是分床点火方式,加热过程中都应以短暂流化或钩火方法使床层加热均匀,防止低温结焦。短暂流化,一般需多次重复。另外在开始投煤后,应注意及时放渣。

(3)投返料时需注意的问题。锅炉点火稳定一段时间后,即可启动返料装置,逐步增大返料量,并投入二次风。由于锅炉点火中对风量调节要求较高,影响因素也很多,调节相对困难,适时投入返料往往能更好地控制床温。但要注意返料量不能增加太快,因为点火时突然加入大量返料容易造成熄火。

(4)配风、给煤和停油中需注意的问题。配风对点火十分重要。底料加热和开始着火时,风量应减少,只要保证微流化即可。床温达到 600～700℃左右时可加入少量精煤。760～800℃时可逐渐增加给煤,慢慢关闭油枪,一般床温达到 800℃时,可考虑正常给煤,同时注意灵活调节风量以防超温。在点火过程中,炉膛出口的氧浓度监视是极为重要的,氧浓度比床温更能及时准确地反映点火过程后期床内的实际情况。

二、循环流化床锅炉的升压

锅炉点火后,各部件逐渐被加热,炉水温度也逐渐升高,产生蒸汽,锅炉的汽温、汽压不断上升。从锅炉点火到锅炉汽压升高到工作压力的过程称为升压过程。

锅炉机组升压过程,是根据锅炉规程规定的升压速度进行。锅炉冷态启动从点火至并汽的时间,一般不得少于 6h。升压时间规定:锅炉升压从 0MPa 到 0.3MPa,一般不少于 120min,从 0.3MPa 到并汽压力一般不少于 240min。总之,千万不可赶火升压,以防炉内温度急剧升高而使受热面温升过快,使金属部件产生较大的热应力而损坏。为满足炉膛温度均匀升高,控制升压速度,需要及时地控制进入炉内的燃料量。

在锅炉升压过程中,还有其他一些操作工作,需要认真做好,这对保证锅炉顺利启动和投入正常运行是非常重要的。

(一)循环流化床锅炉升压操作

(1)锅炉升压一定要缓慢进行。当汽压升至 0.1～0.2MPa 时,锅炉内的蒸汽足以将锅筒内的空气赶走,此时需关闭空气阀。

在空气阀关闭后,可进行锅筒水位计的冲洗工作,以检查水位计指示的可靠性。为保证锅筒水位计指示正确,在整个升压过程中,要多次进行冲洗。每次冲洗完水位计,应对照锅筒两端水位计的指示,如有误差,应找出原因并进行消除,然后方可继续升压(以上水位计是指普通玻璃水位计,其他类型水位计应按照制造说明进行操作)。

(2)为防止热工仪表的导管堵塞,在汽压升至 0.2～0.3MPa 时,通知热工人员冲洗仪表导管并对其进行检查。

(3)在汽压升至 0.2～0.3MPa 时可进行定期排污,开启水冷壁下联箱各放水阀,以排除锅筒内杂质。在整个升压过程中,应进行多次排污、放水操作,使锅炉在低压阶段水冷壁各处受热均匀,尽快建立正常水循环。同时,也可保证并汽前达到合格的汽水品质要求。

(4)检修后的锅炉启动,当汽压升到 0.3～0.4MPa 时,应通知检修人员热紧螺钉。因为检修工作是在冷状态下进行的，当锅炉点火启动后，各部件逐渐受热膨胀，会使锅筒人孔门、各联箱手孔门、汽水管路连接法兰处的螺钉松动，如不热紧螺钉，可能会使结合处泄漏。

(5)在点火前、点火过程中和并汽前各记录一次膨胀指示器，比较各受热面的膨胀情况。如有异常，应停止升压，找出原因，采取措施予以消除，然后方可继续升压。

(6)在升压过程中，无论在温度、汽压、热膨胀、水循环及燃烧情况等各方面的变化都是十分显著的。所以，要求工作人员时刻注意锅炉升压过程中各种变化，发现问题及时解决。

(二)升压过程中应注意的问题

(1)升压过程中，严格控制升压速度，应当力求炉膛热负荷均匀，逐渐升高。逐渐增加进入炉内的燃料量，使汽压稳定上升，避免进入炉内燃料过多过快，以防引起燃烧工况的剧烈变化，使设备膨胀不均。

(2)升压过程中，禁止采用停火降压的办法来控制升压时间，也禁止用关小疏水阀或向空排汽阀的方法来提高汽压；升压中，设法尽早建立起水循环。锅炉点火初期，尚未建立起正常的水循环，锅炉内的水扰动小，水同金属接触传热很差，当水循环逐步形成后，锅筒中的水流动较快，扰动大，使水和锅筒壁的传热加强，因而能使锅筒上、下壁温差逐渐减小。因此，尽快地建立起正常的水循环，是减少锅筒壁上下温差的有效方法。

(3)升压过程中对于锅炉水位，必须特别加以重视。因为工况变动的本身就会使锅炉水位发生经常的波动，而很多必要的操作，也会引起锅炉水位频繁波动。如果掉以轻心，往往会造成严重的水位故障。

(4)点火、升压过程中，应特别注意人身安全。例如，点火、投入燃烧器运行、冲洗水位计、排污放水等，要注意防止烧伤、烫伤。操作时，不可面对设备，以防有意外情况发生，做好能及时躲避的准备。

(5)升压过程中控制汽包上、下壁温差小于 50℃，汽包内饱和汽温上升速度不超过 1.5℃/min。必要时，可采取水冷壁下联箱放水。

三、循环流化床锅炉的并(通)汽

锅炉升压完毕后，即可进行暖管并汽，如有两台以上的锅炉需并列供汽时，新投入运行的锅炉就要进行并汽(即并入已运行锅炉的行列，共同供汽)，但事先需要进行暖管。

(一)暖管

1.暖管的目的

锅炉在供汽前对主蒸汽管道的预热，先以少量的蒸汽对其进行加热，使管道温度缓慢地上升，称之为暖管。暖管的目的是使蒸汽管道及其阀门、法兰等缓慢地加热升温，使管道温度逐渐接近蒸汽温度，为供汽做好准备。如果不进行暖管就直接送汽，将会使蒸汽管道、阀门、法兰等部件因升温不均匀而产生热应力受损。另外，未暖管就送汽，进入管内蒸汽突然遇冷凝结，会形成局部低压，使蒸汽携带冷凝水向低压处冲击，发生“水击”现象。水击可使管道变形、振坏、保温层损坏，严重时能使管道振裂。因此，并汽前必须进行暖管。

暖管采用的蒸汽可由蒸汽母管送来。对于滑参数启动锅炉可由启动锅炉产生，因为锅炉启动时须不断排汽，其温度由低到高逐渐上升，正好适应暖管的需要。

2.暖管的操作

(1)暖管前，先开启主蒸汽管道上的所有疏水阀，排出蒸汽管道内积存的冷凝水。

(2)缓慢开启锅炉主汽阀约半圈(或缓慢开启旁通阀)，让少量的蒸汽进入管道，使其温度逐渐升高，待管道充分预热后再将锅炉的主汽阀全开启。

(3)锅炉产生的蒸汽直接送到蒸汽母管的并汽阀前。

(4)并汽前的整个暖管过程，随着汽压的升高，用调整并汽阀前疏水阀的开度来控制升压和暖管时间，按照暖管温升速度2～3℃/min要求进行升温。

(5)暖管需要的时间应根据蒸汽温度、环境气温以及管道的长度、直径和保温等情况而定，没有具体的时间规定。暖管要使蒸汽管路疏水排尽，工作压力在0.8MPa以下的锅炉，暖管时间约为30min左右，当锅炉的工作压力大于0.8MPa时，暖管时间要相应延长。

(6)暖管要使蒸汽管道疏水排尽，当疏水阀排出的全部为蒸汽时，暖管结束。暖管结束后，即可关闭管道上所有疏水阀，进行并汽工作。

3. 暖管时注意事项

(1)暖管时，如发现管道膨胀和支架或吊架有不正常现象，或有较大振击声时，应立即关闭汽阀停止暖管，待查明原因消除故障后再进行暖管。若查无异常现象，则表明暖管升温太快，须放慢供汽速度，即放慢汽阀开启速度，以延长暖管时间。

(2)暖管结束后，关闭管道上的疏水阀。

(二)锅炉通汽

当单台运行的锅炉的汽压升到使用工作压力时，即可进行供汽，通常称此操作为通气。供汽前，单台锅炉的供汽运行人员必须事先与用汽部门取得联系，查明蒸汽管道上确实无人检查，以及管道和附件完好后，才可进行供汽。另外，应先开启通往用汽部门的蒸汽管道上的所有疏水阀。

通汽时，缓慢地旋开通往用汽部门的主汽阀，先进行暖管，然后在逐渐开大主汽阀。如管道里有水击声，可关小主汽阀的开度，并继续疏水，应回关半圈，并关闭旁通阀，最后关闭管道上的疏水阀。

(三)锅炉并汽

锅炉房内如果有多台锅炉同时运行，蒸汽母管内已由其他锅炉输入蒸汽，将新启动(并汽)锅炉内的蒸汽合并到蒸汽母管的过程称为并汽(俗称并炉)。锅炉并汽后，可以向蒸汽母管送汽，接带负荷。因此，锅炉并汽本身标志着锅炉启动过程进入最后阶段。

1. 锅炉并汽应具备的条件

(1)参与并汽锅炉的汽压应略低于蒸汽母管的汽压(中压锅炉一般低于母管压力0.05～0.10MPa，高压锅炉低于母管压力0.2～0.3MPa)时，即可开始并汽。

(2)并汽锅炉的压力高于蒸汽母管的压力时不能并汽。因为并汽后，大量蒸汽涌入母管，使并汽锅炉的压力突然降低，负荷骤增，使锅筒水位升高，造成蒸汽带水，蒸汽温度降低，破坏运行系统额定压力。因此，并汽压力不能高于蒸汽母管的压力。

(3)并汽锅炉蒸汽压力过多地低于蒸汽母管的压力时不能并汽。因为并汽后，母管的蒸汽就会大量倒流入新启动锅炉，从而使母管汽压降低，使运行锅炉的参数、水位发生波动，使启动锅炉瞬时无蒸汽送出，以致造成过热汽温升高。

(4)新启动锅炉汽温应比额定值低一些，一般低30～60℃，以免并炉后由于燃烧加强而使汽温超过额定值。但温度也不能太低，否则低温蒸汽进入母管时，将引起母管蒸汽温度迅速降低。

(5)并汽前，锅筒水位应低一些，以免并汽时水位急剧升高，蒸汽带水，汽温下降。一般启动锅炉锅筒水位应低于正常水位 30～50mm。一定要注意蒸汽品质应符合质量标准。

(6)并汽前，应调整炉膛燃烧工况，锅炉燃烧要保持稳定，锅炉设备无重大缺陷。

(7)锅炉并汽时，至少有一块蒸汽温度表好用，水位计至少有一块准确好用。

2. 锅炉并汽操作

(1)当锅炉汽压低于运行系统的汽压 0.05～0.1 MPa 时，即可开始并汽。并汽时要特别注意控制所启动锅炉的压力。可逐渐打开并汽阀的旁路阀门，待启动锅炉汽压与母管汽压趋于平衡时，缓慢打开主汽阀。

(2)逐渐开大主汽阀(全开后再回转半圈)，然后关闭旁通阀及蒸汽母管和主汽管上的疏水阀。

(3)并汽时应保持汽压和水位正常，若管道中有水击现象，应暂停并汽，疏水后再并汽。

(4)并汽后应开启省煤器主烟道挡板，关闭旁通烟道挡板，无旁通烟道时，关闭再循环管道上的阀门，使省煤器正常运行。

并汽时，应注意严格监视汽温、汽压和水位的变化。并汽后，启动锅炉可逐渐增加负荷，但负荷增加不能太快，一般要经过 1 h 左右才能达到额定负荷。

3. 锅炉并汽后进行的工作

有过热器的锅炉，应关闭过热器出口集箱疏水阀；开启省煤器烟道，关闭旁通烟道，关闭省煤器给水再循环阀，使锅炉给水和烟气通过省煤器；打开锅炉连续排污阀。装有给水自动调节器的锅炉，将给水自动调节装置投入运行，并观察其运行是否正常；再次冲洗水位计，并与低地位水位计进行对照，注意监视锅炉水位及汽压的变化。同时观察和监视各测量与控制仪表的变化和指示；对锅炉各部分进行一次外部检查，并开始做锅炉运行记录。

热水锅炉升温应缓慢，升温期间应冲洗压力表存水弯管，且应随时监视出水温度和压力变化。

四、循环流化床锅炉的启动

根据启动前设备及内部工质的初始状态，可把循环流化床锅炉的启动分为冷态启动、温态启动和热态启动三种。冷态启动是指启动前设备及内部工质的初始温度与环境温度一样时的启动；温态启动和热态启动分别是指床温在 600℃以内和 600℃以上时对锅炉进行启动。

(一)冷态启动

循环流化床锅炉的冷态启动一般包括：启动前的检查和准备、锅炉上水、锅炉点火、锅炉升压、锅炉并列几个方面。以油枪点火的 220t/h 循环流化床锅炉为例，大致步骤如下简述：

(1)检查并确认各有关阀门都处在正确的开关状态；确定锅炉各种门孔、锁气装置关闭；检查并确认风机风门、进总风箱的风门、二次风门、返料装置风门等处于关闭状态；检查并确认控制检测仪表、各机械传动装置和点火装置处于良好状态。

(2)煤仓上煤，化验锅水品质，电气设备送电，给水管送水，关闭所有的水侧疏水阀门，开启汽包和过热器所有排气阀，将过热器、再热器管组及主蒸汽管道中的凝结水排出。

(3)确定锅炉给水温度与汽包金属壁温差不超过 110℃，经省煤器向锅炉缓慢上水，至水位计−50～100mm 处停止，若汽包里有水，则应验证水位显示的真实性。

(4)将配好的底料搅拌均匀后填入流化床，底料静止高度 400～500mm，启动引风机和送风机，并逐渐增大风量使床层充分流化几分钟后关闭送风机、引风机，以备点火。

(5)启动送风机、引风机并缓慢增大风量，使床层达到确定的流化状态，其他风机的开启视具体情况而定；启动点火油泵，调整油压后进行点火，并调整油枪火焰。

(6)待底料预热到 400～500℃时，可缓慢增大风量使床层达到稳定流化状态，确保底料温度平稳上升；当底料温度达到 600～700℃时，可往炉内投入少量的引燃煤，适当增大风量使床层充分流化。

(7)当床温达 800℃左右时，启动给煤机少量给煤，并视床温变化情况适当调整风量和给煤量。

(8)调整投煤量和风量逐渐使床温稳定在适宜的水平上(如 850～900℃)。投入二次风和返料系统，并逐步增加返料量，稳定工况。

(9)锅炉缓慢升压，并监视床温、蒸汽温度和炉体膨胀情况，保证水位指示真实，水位正常。当汽包压力上升至额定压力的 50%左右时，应对锅炉机组进行全面检查，如发现不正常情况应停止升压，待故障排除后再继续升压。

(10)检查并确认各安全阀处于良好工作状态，并进行动作试验。对蒸汽母管进行暖管，暖管时间对冷态启动不少于 2h，对稳态启动和热态启动一般为 30～60min。

(11)锅炉并列前应确认，蒸汽温度和压力符合并炉条件且符合汽轮机进汽要求，蒸汽品质合格，汽包水位约为－50mm。锅炉并列，注意保持汽温、汽压和汽包水位，如发现蒸汽参数异常或蒸汽管道有水击现象，应立即停止并列，加强疏水，待情况正常后重新并列。

(12)关闭省煤器与汽包之间的再循环阀，使给水直接通过省煤器。

(二)温态启动

温态启动的基本操作步骤：

(1)首先进行炉膛吹扫，炉膛吹扫完毕后，启动点火预燃器，按照正常燃烧方式加热床层，检查床温。

(2)当床温达到 600～700℃时，可开始给煤、调风，使床温逐渐达到稳定状态，并逐步进行升压、暖管和并汽等操作，自点火起各有关步骤与冷态启动时相同。

(三)热态启动

热态启动比较简单，启动引风机、送风机时，在很多情况下可以直接给煤提高床温和汽温。为了不使炉温进一步下跌，所有启动步骤都应越快越好。热态启动一般只需要 1～2h，就可以达到稳定运行状态。

五、循环流化床锅炉升压期间对设备的保护

循环流化床锅炉升压期间对锅筒、省煤器、蒸汽过热器及空气预热器等设备的保护同 2.2 煤粉炉的启动，在此就不作介绍。

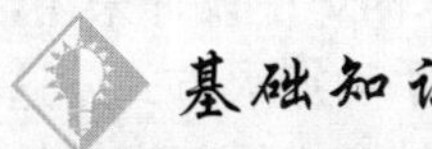

基础知识

一、循环流化床锅炉点火

循环流化床锅炉的点火，就是指通过外部热源使最初加入床层的物料温度提高到煤着火

的最低水平，使投入的煤迅速着火，并保持床层温度在煤自身着火水平上，实现投煤后的正常稳定运行的过程。

二、循环流化床锅炉启动过程中的安全注意事项

(1)控制床温，防止局部超温结焦，避免造成点火失败。

(2)注意汽包水位，防止锅炉缺水。

(3)严格控制温升速度，防止金属和耐火材料因温差过大造成裂纹和脱落(一般控制饱和温度温升在50℃/h以内)。

(4)控制风室温度不超过900℃。

(5)膨胀指示器指示准确。

(6)点火过程中要保持适当的炉膛负压，以防止火焰喷出伤人。点火启动中不得任意打开人孔门。

(7)点火启动过程中，油点燃后，检查燃烧情况，一旦熄火，能自动立即切断油路，防止爆燃。若自动失灵，应立即改为手操处理。

(8)点火启动时若点不着火或熄灭时，应立即停止喷油，利用引风机和一次风机加强通风，吹扫持续时间为3～5min。

(9)启动给煤机之前，应先投入播煤机。油枪油门不得开得过大，点火风量也不宜过大，以免损坏设备。

三、循环流化床锅炉的点火方式分类和特点

循环流化床锅炉的点火方式一般分为四种。

第一种是由固定床到移动床再到流化床的手动点火方式，多为小型流化床锅炉所采用。这种方法为手动操作，较为简单，无须其他的辅助设施，不需要外加点火系统。同时，引燃物较广，木柴、木炭、油或其他可燃的物质，均可用作点火引燃物。同时，手动点火方式较直观，易于实现控制，引燃物消耗较少，点火成本低。为此，有的容量稍大的循环流化床锅炉，如35t/h、75t/h循环流化床锅炉都由燃油点火改为手动固定床点火。

第二种是由固定床到流化床的手动点火方式。这种点火方式是采用床料翻滚技术进行加热，当底料达到500℃以上时，直接加风使床料流化。这种方式的优点是操作更简便，操作人员少，不易产生局部高温结焦现象。但是，由于在底料翻滚加热过程中，需要快速地频繁启停一次风机，极易造成风机电动机和电气设施损坏。所以一般不宜采用，但在司炉人员不足的特殊情况下，可偶尔使用，一般正常点火启炉采用的不多。该方法适用底料颗粒较粗的点火操作。

第三种是采用流态化燃油自动点火方式。这种方式，是在床上、床下或床上床下同时设置有油燃烧器，使床内底料在流化状态下，利用燃油来加热。当底料温度达到新煤着火温度以后，再投入燃煤，逐步退出燃油装置。这种点火方式一般在大型流化床锅炉中设计采用，因为锅炉容量大，床层截面大，投煤和捅火很难达到整个床面，不适宜采用手动点火方式。这种点火方式的优点是：在整个点火加热过程中，床料一直处于流化状态，不易形成局部高温结焦现象。但是，由于在床料加热过程中，床层有大量的空气流过，会带走大量的热量，使燃油消耗量较大，点火成本较高。

第四种是分床点火方法。分床点火适用于大型流化床锅炉床面，设计成点火分床和工作

分床点火操作。其工作过程是利用床料的翻滚加热技术将点火分床底料加热到800℃以上，再利用床料转移技术，将点火床的高温底料，通过设置在点火分床与工作分床之间隔墙上的窗口（或阀），逐步转移到工作分床，最终达到建立起整个燃烧室热态流化床。

四、分床点火的床移动技术、床翻滚技术和热床传递技术

分床点火技术是大型化的需要。在利用分床点火技术时，床面被设计成由几个相互间可以有物料交换的分床组成，其中某个分床作为点火启动床，在实际启动过程中首先将该床加热到煤的着火温度。在利用分床点火启动技术时，整个床层的分床点火启动则依赖于几种关键的技术，它们是床移动技术、床翻滚技术和热床传递技术。

床移动技术就是将冷床的风量调节到稍高于临界流化所需的风量水平上，待点火分床点火稳定后，使已着火的热床料缓缓移动到冷床。当冷床全部流化后，可慢慢给煤，并逐渐将其床温调整到正常运行工况。这种床移动技术的优点是热料与冷料间的混合速度较慢，启动区可以较小，因而不至于使点火分床降温速度太快而导致熄火。

床翻滚技术是利用流化床内的强烈物料混合，在点火启动区数次进行短时流化而使床温均匀。这种方法可以用来较快地提高整个床温，同时避免局部超温结焦。因为床上油枪加热床料相对困难，因此在床料中往往混入精煤，使床料平均含碳量在5%左右，加热时的静止床高约为400mm。

热床传递技术是点火启动床的静止床高取1000mm左右，冷床静止床高约为200mm，从而在两床之间建立一个较大的床料高度差。首先将点火启动床的温度在流化状态下提高到850℃左右，并使冷床处于临界流化状态，接着将冷热床之间的料闸打开，使热床床料流向冷床。注意，这时冷床的流通截面积约为最大分床面积的0.5%～2%，就可满足热料传递的需要，此时，只需不到2min时间就可以使冷热床面持平。

五、循环流化床锅炉底料物质和底料（床料）过细或过粗的缺点

可作为循环流化床锅炉底料物质有黄砂、流化床的溢流渣或冷渣等。上述物料应过筛，保证合格的颗粒度。

循环流化床锅炉底料过细，在点火过程中大量的细颗粒会被吹走，使料层减薄，容易造成局部吹穿；底料过粗，需较大的流化风量才能流化，增加点火启动时间，也会因为风量不足而使床料流化不良，影响点火。

资料链接

1. 影响循环流化床锅炉启动速度的因素有哪些？

答：影响循环流化床锅炉启动速度的主要原因有床层的升温速度、汽包等受压部件金属壁温上升速度，以及炉膛和分离器耐火材料的升温速度。只有缓慢地加热才能使汽包的金属壁和炉内耐火层避免出现过大的热应力。上述因素中汽包金属壁温的上升速度最为关键。

2. 循环流化床锅炉在点火过程中为什么会出现低温结焦和高温结焦？

答：低温结焦，是在点火过程中，整个流化床的温度还很低（400～500℃），但由于点火过程中风量较小，布风板均匀性差，流化效果不好，使局部达到着火温度，虽然尚未流化但此时的风量却足以使之迅速燃烧，致使该处物料温度超过灰熔点，若发现不及时就会结焦。此时，整个

床的温度还很低，故称为低温结焦。这类焦块的特点是熔化的灰渣与未熔化的灰渣相互粘结。当发现结焦时，应立即用专用工具扒出，然后重新启动。

高温结焦是在点火后期料层已全部流化，床温已达到着火温度，此时料层中可燃成分很高，使床料燃烧异常猛烈，温度急剧上升，火焰呈刺眼的白色，当温度超过灰熔化温度时，就有可能发生结焦。高温结焦的特点是面积大，甚至波及整个床，且焦块是由熔化的灰渣组成，质坚块硬。这种结焦一经发现要立即处理，否则会扩大事态。

3. 循环流化床锅炉启动升压过程有哪些注意事项？

答：(1)在启动升压过程中，应检查汽包、联箱的孔门及各部阀门、法兰、堵头等是否有漏水现象，当发现漏水时应停止升压并进行处理。

(2)应注意调整燃烧保持炉内温度均匀上升，使整个升温升压过程平缓、均匀。

(3)锅炉上水前、后以及升压的各个阶段，应检查并记录膨胀指示值。若因局部受热不均匀而影响膨胀时，可在联箱膨胀较小的一端放水，使其受热均匀。若系承压部件卡住，则应停止升压，待故障消除后继续升压。

知识拓展

1. 循环流化床锅炉启动前吹扫的目的是什么？

答：在锅炉每次冷态启动前或主燃料切除后不具备热态启动条件时的再次启动前，必须对炉膛、旋风分离器尾部受热面区域进行吹扫。吹扫是指所有风机在自动方式或最小风量要求状态下吹扫5min，以有效清除任何可燃气体，得到清洁的空气和烟气流程。吹扫时，应确保所有燃料源与炉膛隔开。

2. 采用锅炉底部加热有什么意义？应注意什么？

答：在锅炉冷态启动之前或点火初期，投入底部蒸汽加热有以下好处：

(1)在启动初期建立起稳定的水循环，减少锅筒上、下壁温差。

(2)缩短启动时间，降低点火用油耗量。

(3)由于水冷壁受热面的加热，故提高了炉膛温度，有利于点火初期油的燃烧。

(4)比较容易满足锅炉在水压试验时对锅筒壁温度的要求。

投入底部蒸汽加热前，应先将管道内的疏水放尽，然后投入。投入初期，应稍开进汽阀，以防止产生过大的振动，再根据加热情况逐渐开大。投用过程中，应注意汽源压力与锅筒压力的差值。特别是在锅炉点火初期，更应注意其差值不得低于0.5MPa，以防止锅水倒入汽源母管。

3. 启动过程中为什么要对过热器进行保护？如何保护？

答：在锅炉启动过程中，尽管烟气温度不高，但过热器管壁仍有可能超温。这是因为启动初期，过热器管中没有蒸汽流过或蒸汽流量很小。立式过热器管内往往存有积水，特别是水压试验后，往往不能彻底清除。在积水排出前，过热器处于“干烧”状态，另外热偏差也比较明显。综上所述，过热器在启动过程中冷却条件较差，所以要对其进行保护。

锅炉点火初期产生蒸汽较少，过热器管内蒸汽流量小，过热器处于“干烧”状态。此时，必须限制过热器入口的烟气温度。控制烟气温度的方法是限制燃料量和调整炉膛火焰中心位置。随着压力的逐步升高，过热器内蒸汽流量逐渐增大，使管壁得到良好的冷却。这时，可采用限制过热器出口汽温的方法来保护过热器。

任务3.3　循环流化床锅炉的运行调节操作

学习任务

(1)学习循环流化床锅炉蒸汽压力和温度的控制与调节操作。

(2)学习循环流化床锅炉床温的控制与调节操作。

(3)学习循环流化床锅炉风量、料层厚度、循环灰浓度的控制与调节操作。

(4)学习循环流化床锅炉给煤量、粒径、水分及脱硫剂的控制与调节操作。

(5)学习循环流化床锅炉炉膛负压的控制与调节操作。

(6)学习循环流化床锅炉水位的控制与调节操作。

(7) 学习循环流化床锅炉运行监测与联锁保护。

(8)学习循环流化床锅炉正常运行时的日常工作。

学习目标

(1)能在组长组织协调下完成循环流化床锅炉汽温、汽压、床温、料层、锅筒水位、燃烧工况等一系列运行操作的控制与调节,保证锅炉的安全经济运行。

(2) 能够独立完成循环流化床锅炉监测与联锁保护及正常运行时的日常工作。

(3) 能够通过监视运行参数、定时巡回检查,防止事故发生。

操作技能

锅炉设备运行的目的就是生产合格的蒸汽,可是在其生产过程中,反映运行工况的各种参数会因一些外部或内部因素的变化而发生变化。为了保证锅炉运行的各参数能在安全、经济的范围内波动,就需要通过适当的调节来满足。循环流化床锅炉的广泛使用为人们提供了丰富的经验和有关运行调节的参考依据。循环流化床锅炉运行参数的调节主要包括汽压、汽温、床温、风量、炉膛负压、料层厚度、循环灰浓度、给煤量、燃料的粒径、水分及脱硫剂、锅炉水位等多个方面,下面逐一说明。

一、蒸汽压力的控制与调节

锅炉蒸汽压力是锅炉安全和经济运行的最重要指标之一。蒸汽锅炉运行时,必须保持稳定的汽压,并且不得超过最高许可工作压力。否则,安全阀即迅速排汽,一旦因故不能自动排汽,必须立即用人工方法开启安全阀,进行迅速排汽。一般规定过热蒸汽工作压力与额定值的偏差不得超过±(0.05～0.1)MPa。当出现外部或内部扰动时,汽压发生变动。如汽压变化速度过大,不仅使蒸汽品质不合格,还会使水循环恶化,影响锅炉安全及经济运行。汽压稳定与否决定于锅炉蒸发设备输入和输出能量之间是否平衡,输入能量大于输出能量时,蒸发设备内部能量增多,汽压上升;反之,汽压下降。蒸发设备能量包括水冷壁吸热量、汽包进水热量;输出热量主要是蒸汽热量,其他还有连续排污、定期排污热量等。

汽压变动的速度决定于两个因素:一是锅炉蒸发区蓄热能力的大小,二是引起压力变化不平衡趋势的大小。蒸发区蓄热能力越大,则发生扰动时蒸汽压力的变动速度就越小;引起压力变化的不平衡趋势越大,压力变动的速度也越大。

具体操作如下：

(1)锅炉正常运行时，蒸汽压力一般要求在工作压力下稳定运行，其正常波动范围在±(0.05～0.1)MPa，异常范围为±0.15MPa 以外。

(2)蒸汽压力调节应通过改变燃烧工况来实现，当蒸汽压力升高时，应减弱燃烧；当蒸汽压力降低时，应加强燃烧。当外界负荷增加，使汽压下降时，必须强化燃烧，增加给煤量和风量；当外界负荷减小，使汽压升高时，必须减弱燃烧，减少给煤量和风量。

(3)汽轮机增加负荷时，操作人员应及时调节蒸发量，尽快适应外界负荷的要求。

(4)单炉运行，操作人员要根据汽压的变化调节负荷，防止安全阀动作。

(5)操作人员要在运行中不断积累经验，逐步掌握汽压与给煤量的关系。

(6)值班长在值班站长的统一指挥下，合理分配负荷，以提高锅炉机组安全经济性能。

二、蒸汽温度的控制与调节

过热蒸汽温度是锅炉安全经济运行的又一重要指标。蒸汽温度的变化，与流经过热器的蒸汽流量、烟气量、烟气温度以及过热器本身的工作状况等因素有关。如果烟气量、烟气温度不变，即燃烧工况不变，流经过热器的蒸汽流量加大，过热汽温将降低。如燃烧不变，流经过热器的蒸汽量减少，过热汽温会升高。当蒸汽流量不变时，如果流经过热器的烟气量增大、烟气温度升高时，过热汽温将上升；相反，蒸汽流量不变，烟气量及烟气温度下降时，蒸汽的吸热量将减少，过热汽温将降低。所以，锅炉在运行过程中，随着蒸汽流量，即供汽量的改变，燃烧的调节，给水的调节，以及床高的变化，循环灰浓度的变化，都会影响到过热汽温的变化。在进行上述操作调节时，应联想到对过热汽温的监视和调节。

锅炉运行时注意如下事项：

(1)锅炉正常运行时，蒸汽温度规定允许偏差在±5℃以内波动。允许变动范围为±15℃，事故异常范围为超过±25℃。锅炉正常运行时，要求蒸汽温度在允许波动范围内供汽。

(2)锅炉正常运行时，减温来水电动阀、减温来水手动阀及调节阀、前后手动阀要全开。一级减温水要经常投运以保护二级过热器作为粗调，二级减温水作为细调以保证合格稳定的蒸汽温度。

(3)锅炉正常运行时，要注意给水温度、给水压力及蒸汽压力的变化，掌握汽温变化的规律。随时了解煤质的焦化，合理调节风量，维持良好的燃烧工况保证汽温变化的规律。调节减温水量时，不应该猛增猛减；汽温调节过程中，应严格控制过热器各段管壁温度在允许范围内。由于其他操作而引起蒸汽温度变化超出范围时，应暂停此项工作。

(4)锅炉正常运行时，应尽量控制一些异常的运行状态的发生。例如高水位运行，炉水碱度过高，蒸汽含盐量过大使蒸汽品质变差，蒸汽带水严重，使过热器受热面内壁积盐垢，影响过热器传热。再如燃烧调整不当，炉膛出口烟气温度过高，过热器受热面外壁积灰；火焰中心偏移，使过热器整体传热不均匀等。

三、床温的控制与调节

维持正常床温是循环流化床锅炉稳定运行的关键。床温是通过布置在密相区和炉膛各处的热电偶来监测的。循环流化床锅炉的燃烧比层燃炉和煤粉炉的燃烧要复杂，影响的因素也较多，除了燃烧室流态化燃烧过程外，还有细灰循环燃烧过程，因此，循环流化床锅炉的燃烧，较其他炉型难以控制。一般来说，循环流化床锅炉的燃烧是通过对流化床密相区温度的控制来实现的。

(一)影响床温的因素

影响床温的因素主要有锅炉负荷(给煤量)、一次风量、二次风量、料层厚度、循环灰浓度、脱硫剂的给料量、煤质及粒度和石灰石量等。锅炉正常运行时,供汽量稳定,如果风量不变,给煤量减少,炉温降低。给煤量不变,风量增加,炉温亦下降。当给煤机风量稳定,冷料增多,料层增厚时,炉温下降,循环灰浓度增大,返料量增大,从流化床带出的热量增多,炉温下降。供给的脱硫剂量增大,吸热量增大,炉温下降。蒸发量增大,给水量加大,传热量大,炉温下降。

(二)床温的控制

目前国内外研制和生产的循环流化床锅炉,密相区温度大都在800～1000℃范围内,温度太高,不利于燃烧脱硫,当床温超过灰的变形温度时就可能产生高温结焦;温度过低,对煤粒着火和燃烧不利。所以,在安全运行允许的范围内一般尽量保持床温高些,燃烧无烟煤时床温可控制在900～1000℃;燃烧烟煤时床温可控制在850～950℃范围内。对于加脱硫剂进行炉内脱硫的锅炉,床温最好控制在800～900℃范围内。选用这一床温主要基于该床温是常用石灰石脱硫剂的最佳反应温度,能最大限度地发挥脱硫剂的脱硫效果。

循环流化床锅炉一般设置有沸下、沸中、沸上、炉膛出口及返料装置等多个炉温测点,主要监控温度是沸下,即流化床密相区的燃烧温度。

(三)风煤比的调节

对流化床温度的控制,主要是通过调节风煤比来实现。当风与煤的配比适当时,可获得较稳定的燃烧温度。当风量不变、炉温下降,说明给煤量偏小,或是煤质变差,可燃物含量减少,这时应加大给煤量,直至炉温回升和稳定在控制范围。如果供汽负荷增加,蒸汽流量增大,吸热量增多时,应达到稳定的热平衡关系,增大放热量,加强燃烧,这时再加大给煤量时,应同时加大送风量,使风和煤的配比,达到新的平衡。相反,当供汽负荷减小时,吸热量少,放热量大于吸热量,床层有多余的热量,炉温会升高,这时应适当减小给煤量,同时减小送风量,减弱燃烧,降低炉温。

(四)床温的调节方法

锅炉运行时床温主要靠改变一、二次风的比例来调节,增大一次风量、减少二次风量,可降低床温;反之,提高床温。增加床料量或石灰石量,可降低床温。增大排渣量,床压下降,物料量减少,将使床温升高。床料平均粒度过大时床温升高,应增大排渣量,排除较大粒径的床料,通过加料系统加入合格的床料,或通过石灰石系统加入符合设计要求的石灰石以替换原来粒度不合格床料,使床温恢复正常。

(1)循环流化床锅炉的燃烧室是一个很大的“蓄热池”,热惯性很大,这与煤粉炉不同,所以在炉内温度的调整上,往往采用“前期调节法”“冲量调节法”和“减量给煤法”。

①前期调节法,就是当炉温、汽压稍有变化时,就要及时地根据负荷变化趋势小幅度地调节燃料量;不要等炉温、汽压变化较大量才开始调节,否则将难以保证稳定运行,床温有可能出现更大波动。

②冲量调节法,就是指当炉温下降时,立即加大给煤量。加大的幅度是炉温未变化时的1～2倍,同时减小一次风量,增大二次风量,维持1～2min后,然后恢复原给煤量。在上述操作2～3min时间内炉温如果没有上升,将上述过程再重复一次,炉温即可上升。

③减量给煤法，则是指炉温上升时，不要中断给煤量，而是把给煤量减到比正常值时低得多，同时增大一次风量，减小二次风量，维持 2～3min，观察炉温，如果温度停止上升，就要把给煤量恢复到正常值，不要等温度下降时再增加给煤量，因煤燃烧有一定的延时时间。

(2)有的锅炉采用冷渣减温系统来控制床温。其做法是利用锅炉排出的废渣，经冷却至常温干燥后，由给煤设备送入炉床降温。因该系统的降温介质与床料相同，又是向炉床上直接给入的，冷渣与床温的温差很大，故降温效果良好而且稳定。需要注意的是，该方案经锅炉给煤设备送入床内，故有一定的时间滞后。

(3)对于采用中温分离器或飞灰再循环系统的锅炉，用返回物料量和飞灰量来控制炉温是最简单有效的方法。因为中温分离器捕捉到物料温度和飞灰再循环系统返回的飞灰的温度都很低，当炉温突升时，增大循环物料量或飞灰再循环量进入炉床，可迅速抑制床温的上升。但这样会改变炉内的物料浓度，从而对炉内的燃烧和传热产生一定的影响，所以在额定负荷下，一般是通过改变给煤量和风量来调节床温，尽可能不采用改变返料量的方法。

(4)还有采用喷水减温或者蒸汽减温系统来控制床温，喷水或蒸汽减温系统结构简单，操作方便，降温效果良好。但因该系统在喷水(喷蒸汽)时，极易造成炉渣的局部冷却凝结以致堵塞喷嘴。又因为减温水(蒸汽)的喷入量需借助锅炉的测温系统调节，一旦失调或测量不准，就可能造成减温水(蒸汽)过量喷入，使锅炉床料冷却凝结或熄灭。因此，除非锅炉配备有精确可靠的测量调节系统，否则不宜在循环流化床锅炉的设计中采用喷水(蒸汽)减温系统。

(5)对于有外置式换热器的锅炉，也可通过外置式换热器进行调节；对于设置烟气再循环系统的锅炉，也可用再循环烟气量进行调节床温。

四、循环流化床锅炉风量的控制与调节

对于循环流化床锅炉的风量调节，不仅包括一次风的调节、二次风的调节，有时还包括二次风上下段以及播煤风、回料风的调节与分配等。

(一)一次风的控制与调节

一次风的主要作用是保证物料处于良好的流化状态，同时为燃料燃烧提供部分氧气。基于这一点，一次风量不能低于运行中所需的最低流化风量。实践表明，对于粒径为 0～10mm 的煤粒，所需的最低截面风量为 $1800(m^3/h)/m^2$ 左右。风量过低，燃料不能正常流化，锅炉负荷受到影响，还可能造成结焦；风量过大，不仅会影响脱硫，而且炉膛下部难以形成稳定燃烧的密相区，对于循环流化床锅炉，大风量增大了不必要的循环倍率，使受热面的磨损加剧，风机电耗增大。因此，无论在额定负荷还是在最低负荷，都要严格控制一次风量使其保持在良好的风量范围内。

锅炉运行中，一次风量不能过大。如运行风量过大，过量的空气会增加锅炉排烟热损失。同时，流化风量过大，风量过高，会增大流化床密相区细颗粒的带出率，改变循环流化床锅炉密相区和稀相区之间的燃烧份额比例。再有，一次风量的调节对床温会产生很大影响，给煤量一定时一次风量增大，床温会下降；反之床温将上升。因此调整一次风量时，必须注意床温的变化。

锅炉运行中，通过监视一次风量的变化，可以判断一些异常现象。例如，风门未动、送风量自行减少，说明炉内物料增多，可能是物料返回量增加的结果；如果风门不动、风量自动增大，表明物料变薄，阻力降低，原因可能是煤种变化，含灰量减少，或料层局部结渣，风从料层较薄

处通过;也可能是物料回灰系统回料量减少等。当一次风量出现自行变化时,要及时查明原因,进行调节。一次风量在锅炉异常情况下,也不能低于冷态临界风量,如点火初期的低风量、薄料层运行阶段。尤其是对于燃料粒度较粗的锅炉,由于风量太低,很容易形成给煤口粗颗粒堆积,导致局部流化质量不良而结焦停炉事故。对于燃用无烟煤的锅炉,由于升炉初期运行风量过低,颗粒又较粗,流化质量较差,新煤着火温度又较低,很容易形成大量追煤后局部堆积超温结焦。在故障情况下,一次风量的调节,也应注意流化风量不宜低于临界风量。锅炉正常运行时,静止床料较厚,其临界流化风量亦较高,在发生断煤床温大幅度降低的故障处理时,流化风量一定要高于对应床料厚度的临界风量,不能按升炉时底料厚度的临界风量来作依据操作。在减风提升床温时,应注意最低运行风量应高于事故时床料厚度的临界风量。尤其是在低温压火闷炉后的再启动,由于闷炉时间过短,床料平均温度尚很低,再启动时,一次风量因温度上升慢,加风也较慢,底部床料长时间处在未流化状态下闷烧,很容易导致底部结有一层高温焦。遇有这种情况时,闷炉后,应打开炉门检查底料温度,床温不回升或回升不够,不要随意再启动。如床料过厚,应适当放薄后再启动,这样启动时,由于床料减薄,流化风量较低,有利于低温、低流化风量再启动,使锅炉尽快恢复正常运行。

(二)二次风的控制与调节

二次风一般在密相床的上部喷入炉膛。一是补充燃烧所需要的空气;二是起到扰动作用,加强气、固两相混合;三是改变炉内物料的浓度分布。二次风口的位置很重要,如设置在密相床上部过渡区灰浓度相当大的地方,就可将较多的炭粒和物料吹入上部空间,增大炉膛上部的燃烧份额和物料浓度。

循环流化床锅炉二次风量占总风量比率较大,一般为40%～60%。对二次风的调节,会影响到锅炉的燃烧效率和设计出力。

在锅炉变负荷运行中,当增加供汽量、增加一次风加大给煤强化燃烧时,应按比例增加二次风量,以建立新的一次风和二次风的燃烧比例关系。当降负荷时,减小一次风量,同样应注意按比例减小二次风量。在故障情况下,可以完全停止二次风的供给。例如,床温大幅度下降,在减小一次风量时,应相应减小二次风量,当一次风量减到最低运行风量时,床温低于800℃时,二次风量可以完全关闭,减少空气从床内带走大量热量,以利床温的回升。当床温回升时,一般床温达到800℃以上时,方可启动二次风机,恢复二次风的输送。

(三)一、二次风量的配比与调节

为了使燃料在锅炉内实现高效低污染燃烧,应保证一、二次风的合理配比。在循环流化床锅炉中,一次风从密相区的布风板送入,一次风量应满足密相区燃料燃烧需要,也就是说应根据燃烧份额配一次风;为减少 NO_x 和 N_2O 的生成量,密相区的实际过量空气系数应接近1,使密相区主要处于还原性气氛。二次风从密相区和稀相区的交界处送入,以保证燃料完全燃烧,提高燃烧效率。

对于不同形式的循环流化床锅炉,由于设计工况不同,煤种不同,一般一次风量占总风量60%～40%,二次风量占40%～60%。播煤风和返料风约占5%。

一、二次风量的配比,对流化床锅炉的运行非常重要。启动时,先不启动二次风,燃烧所需空气由一次风供给。实际运行时,当负荷在正常运行变化范围内下降时,一次风量按比例下降,当降至临界流化流量时,一次风量基本保持不变,而降低二次风量,这时循环流化床锅炉进入鼓泡床锅炉的运行状态。

在锅炉运行中，一次风量主要依据料层温度来调整，料层温度高时应增加一次风量，反之应减少。但一次风量在任何情况下，不能低于临界流化风量，否则，易发生结焦；二次风量主要根据烟气的含氧量来调节，氧量低说明炉内缺氧，应增加二次风量，反之则应减少二次风量，一般二次风量调整中的参数依据是控制过热器后烟气含氧量在3%～5%之间。

(四)回料风和播煤风的控制与调节

回料风和播煤风是根据给煤量和回料量的大小来调节的。负荷增加，给煤量和回料量都必须增加，返料风和播煤风也相应增加。因此，播煤风和回料风是随负荷增加而增大的。这样，只要设计合理，在实际运行中可根据给煤量和回料量的大小来做相应调整。

锅炉正常运行时，回料风和播煤风等约占燃烧总风量的5%左右。虽然对燃烧的影响不是很大，但如果调节控制得当，对燃烧有利，同时，也有利于运行故障的处理。

回料风是循环灰的输送动力。小型工业循环流化床锅炉，其回料风由一次风分出。大型锅炉，一般都设计有单独的风机和控制回路。在锅炉点火时，当流化床建立了正常的流化燃烧工况时，即可投入回料风向床层回料。一般回料风的压力，不能大于分离器立管料腿的压力，否则，易在分离器形成回料风向分离器返窜，影响分离效果。在投入回料风时应注意查看回料情况，不宜开得过大。正常运行时，一般不作调节。但在异常情况下，如床温大幅降低时，应及时关闭回料风，停止回料，以提升床温。因为，不少锅炉运行时，回料温度比床温低，而且，循环灰的温度也随着床温的降低而降低。所以，一般当床温降低到800℃以下时，应及时关闭回料风，停止回料。

播煤风是在投入燃料、石灰石脱硫剂时，起风力播散作用的。燃料、石灰石脱硫剂投入时，播煤风也相应投入。大型循环流化床锅炉的播煤风，一般都设计有单独的控制回路。正常运行时，一般不调节，在异常时，如床温降低、断煤等，应注意停止播煤风。恢复正常时，再重新投入播煤风。

五、炉膛负压的控制与调节

流化床锅炉一般都采用平衡通风，其正负压零点多设计在燃烧室流化床密相区的出口处，也有设计在炉膛出口和分离器出口的。零压点布置在炉膛内，有利于给煤、给料装置的布置，否则，炉膛正压值过大，密封困难，锅炉运行时漏灰漏烟严重。

炉膛负压值一般控制在－10～20Pa，尽量微负压运行。为了控制好炉内适当的负压，除了监视好炉膛负压表外，在调风时，应做到加风时先调引风后加送风；减风时，先减送风后减引风。在排灰、放渣时，由于床料减薄，阻力减小，一次风量会自行增加。这时，应注意适当调整引风或减小一次风量，维持炉内微负压。除了在熄火事故处理时或床温过低时，短时间内锅炉微正压养火以外，其他时间锅炉严禁正压运行。

六、料层厚度、循环灰浓度的控制与调节

锅炉正常运行时，床料的厚度及灰浓度，对燃烧及传热会产生很大影响，是一个应当严格控制且需多次调节的参数。

(一)料层厚度的控制与调节

维持相对稳定的床高或炉膛压降在循环流化床锅炉运行中是十分必要的，循环流化床锅炉由于床层面积小，流化风速高，其床料厚度视锅炉容量大小及一次风压的高低而定。床料的

形成，一是依靠点火升炉时预先在炉内投入一定厚度的底料；二是在锅炉正常运行时，由燃料和脱硫剂的灰分共同组成。

锅炉运行中，床料的变化主要决定于燃料的特性。煤质好，发热量高，灰分小，燃烧后形成的灰渣也就少；煤质差，发热量低，灰多，燃烧后形成的灰渣也就多。如果煤的颗粒度小，呈粉状，再加上灰的碎裂性好，煤在燃烧的过程中不断热碎形成细灰，增加了分离器的工作难度，易随烟气带走，床料也很难形成。一般燃用较好的无烟煤灰渣少，燃用含有大量煤矸石的劣质烟煤灰渣特别多。流化床锅炉一般 2～3h 排放一次冷渣较为正常。如果燃烧颗粒较细的燃料时，床料很难形成，不但长时间不需要排渣，甚至床料还会减薄，使流化床密相区的颗粒变粗，使流化质量变劣，如不及时补充床料，将会导致分层、穿孔和局部高温结焦事故。

锅炉运行中，床料的过高过低都会影响流化质量，甚至引起结焦。床料厚度的调节，主要依据燃烧工况的变化，即床温的变化和蒸汽负荷的变化来调节。当负荷不变时，床料增厚，床温下降，可适当放渣，减少冷渣的吸热量来提升床温。当蒸汽负荷增大时，吸热量增大，床温下降，这时应加大给煤量，同时应加大送风量，建立新的风煤配比关系。由于燃料量的增加，灰量增加，床料量增加，一、二次风量增加，流化风也加大，床料厚度增大。当负荷减小时，可减小流化风量、减小给煤量、降低床料厚度、减弱传热来适应减负荷的变化。

放底渣也是常用的稳定床高的方法，在连续放底渣情况下，放渣速度是由给煤速度、燃料灰分和底渣份额确定的，并与排渣机构或冷渣器本身条件相协调。在定期放渣时，通常做法是设定床层压降值或用控制点压力的上限作为开始排渣的基准，而设定的压降或压力下限则作为停止放渣的基准。这一原则对连续排渣也是适用的。如果流化状态恶化，大渣沉积将很快在密相区底部形成低温层，故监测密相区各点温度可以作为放渣的辅助判断手段。风机风门开度一定时，随着床高或床层阻力增加，进入床层的风量将减小，故放渣一段时间后风量会自动有所增加。

大型循环流化床锅炉的排渣，一般都使用选择性冷渣器，对冷渣的排放实施自动控制，排渣的信号指令，来自床温和床高。冷渣器内布置有受热面，充分利用了灰渣物理热；同时，对排出的细灰、可燃物及脱硫剂，用流化风返回流化床循环使用。

(二)循环灰浓度的控制与调节

循环灰浓度是指循环流化床锅炉稀相区的物料量。灰浓度高，说明循环物料量大，循环倍率高；灰浓度低，则循环物料量少，循环倍率低。循环流化床锅炉运行时灰浓度的高低，一般用炉膛出口的烟气压差值来表示。灰浓度越大，烟气的阻力越大，测定的压差值则越小。循环流化床锅炉正常运行时，炉膛出口压差值一般在 200～400Pa 左右。

灰浓度高，说明流化风速大，稀相区的燃烧份额多，放热量大，同时，物料多，从密相区带出的热量多，放热量大；流化风速大，冲刷速度快，细颗粒密度大，碰撞剧烈，传热快。所以，灰浓度高，能起到强化稀相区传热的效果。灰浓度的大小，具有较强的蒸发负荷调节功能，这也是循环流化床锅炉优于粉煤炉的地方。循环流化床锅炉变负荷运行的能力较强，它可以在高负荷时，采取高床料、高循环灰浓度的运行方式，在低负荷时，可采取低床料、低灰浓度的运行方式。

循环灰浓度的调节，一般采取从返料装置放灰管排放细灰的方法。灰浓度高，有利于传热，但同时，大量的循环灰要吸收一定的热量来加热自身，为此，高灰浓度还会降低床温，影响正常的燃烧。当供热负荷一定时，灰浓度增大，床温下降，可排放一定的循环灰来提升床温，恢复正常燃烧。对于使用外置式换热器的,还可以通过调节外置式换热器的灰量,来平衡总的循环灰量。

循环灰量的变化,除了与流化风速和密、稀两相的燃烧份额有关外,还和燃料的性质和脱硫剂的多少有关,燃料的粒度越小,灰的热碎性越强,循环灰量越大;煤质越差,灰分越高,灰量越大。运行中,对灰量的控制应适当,灰量大,阻力大。当流化床阻力大于送风机的压头时,会形成床料塌死、沸不起来的现象。如果煤质太好,灰量少,又会形成养不厚床料的现象,这时,可采取补充循环灰,或增加石灰石的办法,维持一定的灰浓度。对于建立有炉外细灰循环系统的大型电站锅炉,可将细灰储备仓的灰补充到炉内。

七、循环流化床锅炉的给煤量、燃料的粒径、水分及脱硫剂的控制与调节

(一)给煤量的控制与调节

循环流化床锅炉运行时,当燃煤性质一定时,给煤量总是与一定的锅炉负荷相适应,当锅炉负荷发生变化时,给煤量也要发生变化。再有运行中若煤质发生变化,给煤量也要发生变化。改变给煤量和改变风量应同时进行。

给煤量主要受床温和供热负荷的影响变化。供热负荷增大,蒸发量大,吸热量大,床温降低,应增大给煤量。为了减少热损失,在增加负荷时,通常是先加风,后加煤;供热负荷降低,蒸发量减少,吸热量少,床温上升,则应减小给煤量。在减小负荷时,应先减煤,后减风,以减少燃烧损失。

燃烧还受到床温的限制,燃料燃烧需要一定的着火温度,当床温下降到一定温度(视燃料的性质定,烟煤 600~700℃,无烟煤 700~800℃)时,燃料将难以着火燃烧,这时应停止给煤,大型循环流化床锅炉一般设计有主燃料跳闸控制系统。当床温低于设定温度时,给煤机自动跳闸停机。当床温低到一定程度时,采用手动向锅炉给煤。应注意减小给煤量或停止给煤量,尤其是煤的水分较重时,更应如此。这时,床温过低,再大量追煤,不但不能提升床温,相反还因新煤加热、吸热而降低床温。如追煤量过大,一旦床温回升,燃料开始着火,床温又很难控制,这样往往易发生先低温、后高温结焦的事故。

(二)燃料的粒径

不同的循环流化床锅炉炉型对煤的粒径度分布要求不同。高循环倍率的循环流化床锅炉对入炉煤的粒径要求比较细,中低倍率的循环流化床锅炉对入炉煤的粒径要求比较粗。燃料的粒径度,应能适应锅炉燃用。我国循环流化床锅炉多为中低倍率的循环流化床锅炉,对高挥发分低灰煤,入炉煤粒径为 0~13mm;对低挥发分高灰煤,入炉煤粒径为 0~8mm。

(三)燃料的水分

燃料的水分应适中。对于采用皮带负压给煤方式的锅炉,水分可以偏大,可控制在 8%~10%;采用螺旋绞笼给煤的,水分应控制在 5%以内。水分过量,不但加热吸热量大,而且还会造成绞笼堵料,影响给煤。合适的水分存在对燃烧效率并无不利影响,因为水分可以同时促进挥发分析出和焦炭燃烧,扣除水分造成的排烟损失后,总的锅炉效率变化取决于水分总量和所采用的燃烧方式。

(四)脱硫剂的调节

对于脱硫剂的调节,主要根据给煤量的变化来调节。增加给煤量时,同时增加石灰石量,

维持一定的煤和石灰石比例。为了提高脱硫效果，减少脱硫剂的耗量，一般石灰石颗粒应破碎得较小，低于1mm以下。颗粒小，面积大，反应时接触面积大，效果好。一般钙、硫比控制在3∶1左右。

八、锅炉水位的控制与调节

水位正常是保证锅炉安全、经济运行的重要条件。水位过高会造成汽带水，使蒸汽品质恶化，过低破坏水循环，甚至出现严重缺水，锅炉运行人员必须严密监视水位。

锅炉水位调节就是通过手动或自动控制调节给水阀的开度，以保证锅炉进水与蒸发之间的平衡，维持锅筒正常水位。

锅炉水位参数控制指标。锅炉正常水位：0～150mm。一般在锅筒中心线至其以下100mm范围内，运行中允许波动±50mm以内。锅炉异常水位：±100～±175mm。锅炉障碍水位：水位计可见部分剩10mm。锅炉事故水位：所有水位超出水位计可见部分。

锅炉给水应均匀，必须经常调节锅筒水位在锅筒水位计的正常水位，允许在±50mm范围内变化。在锅炉运行中，锅炉给水应根据锅筒水位计的指示进行调节，不允许中断锅炉给水。当给水自动装置投入运行时，须经常监视锅炉水位的变化，保持给水量变化平稳，避免调整幅度过大，并经常对照给水流量与蒸汽流量是否相符，若给水自动装置失灵，应立即改为手动调整给水，并通知热工人员消除缺陷。

在锅炉运行中，应经常保持两台锅筒水位计完整，不应有泄漏。水位计应指示正确，清晰可见，照明充足，如停滞不动，模糊不清，应立即冲洗水位计并查明原因。按照定期工作安排冲洗就地水位计、电接点水位计。每班校对电接点水位计两次，若不准则按就地水位计控制，并通知热工人员检修。在锅炉运行中，必须经常监视给水压力和给水温度的变化。定期对水位进行报警试验，试验时必须保持运行稳定，水位计指示正确，当锅筒水位调整到±50mm时，报警铃响，信号显示，否则通知热工人员检修。

九、循环流化床锅炉的运行监测与联锁保护

为确保循环流化床锅炉的安全运行，应重点考虑如下方面的保护方案。

（一）主燃料跳闸系统

循环流化床锅炉主燃料的跳闸原则应该是根据确保送风压差足够高，使入炉燃料能稳定着火、燃烧来判断。如果床温未达到预定的最低值，应防止主燃料进入床区，该最低值可根据经验设置，一般可取760℃。此外，在下列情况之一发生时，即应紧急停炉，实行强制性主燃料跳闸：所有送风机或引风机不能正常工作；炉膛压力大于制造商推荐的正常运行上限；床温或炉膛出口温度超出正常范围；床温低于允许投煤温度，且辅助燃烧器火焰未被确认。

主燃料跳闸后，应根据现场情况决定是否关停风机。在不停风机时，应慎重控制入炉风量，而不应盲目地立即减小风量。

（二）炉膛燃烧监测

循环流化床锅炉内温度分布均匀，炉膛径向和轴向波动很小。为此，一般循环流化床锅炉多采用温度检测方式进行炉膛燃烧状况监测。首先必须在炉膛内适当位置安装热电偶，通过观察温度变化，间接了解炉膛火焰的状况，有时也可通过观察炉膛出口处氧浓度来监视炉内的

燃烧状况。

(三)联锁保护

联锁保护的基本功能是在装置接近于不合理的或不稳定的运行状态时，依靠预设顺序限定该装置的动作，或是驱动跳闸设备产生一个跳闸动作。对于循环流化床锅炉，当流化床燃烧室内达到正压极限时，锅炉保护将动作，停止输入燃料并切断所有送风机、引风机。在引风机后面的闭式挡板维持开启位置的同时，全开风机导向挡板，在引风机惰走作用下炉膛减压。

但是，由于流化床燃烧室是密闭的，因而存在着由于引风机惰走而迅速达到负荷极限的危险。为此，在引风机后面装了闭式挡板，其关闭时间为 2s。当达到炉膛负压极限时，闭式挡板即可关闭，切断引风机的全部气流。

十、循环流化床锅炉正常运行的日常定期工作

(一)监视工作

(1)控制室内监视和调整各仪表、参数，使其在锅炉正常运行的允许控制范围。例如，水位、汽压、汽温、床温、床高、循环灰浓度、炉膛负压、一次风、二次风、返料装置温度、给煤量、脱硫剂量、蒸汽流量、给水流量、给水压力以及风机、水泵等的电流、电压值变动情况。

(2)现场调整，如放灰、放渣等可以根据表盘操作人的要求，由其他人员负责完成。

(二)巡检工作

(1)每小时应作一次运行记录，由表盘操作人负责完成。

(2)每小时全面巡回检查一次锅炉设备。按照预先设计的检查路线，对一些重要的关键部位逐一检查，如水位计、膨胀指示器、一次风机、二次风机、引风机、给水泵等。交班前 1h 冲洗一次水位计，清扫设备及工作场地卫生。

(3)每周做一次安全阀手动排汽试验，各转动机械润滑部位添加一次润滑油。每月校验安全阀一次。

(4)每月冲洗一次蒸汽压力表。对于运转设备中存在的缺陷，当班的主司炉或锅炉班长应在设备的运行交接记录中予以记录，或记入现场设备缺陷记录簿以备查。

(三)吹灰工作

为了保证受热面不积灰，减少锅炉由于积灰造成的热损失及其他由积灰造成事故，锅炉需要定期对受热面吹灰。

当省煤器出口烟温高于正常值 16℃进行吹灰工作；当锅炉负荷降到 50%MCR❶ 之前或停炉之前要进行吹灰。吹灰工作一般选择在供汽负荷较低、压力较高时进行，并且吹灰前要通知电除尘操作人员。吹灰时，打开吹灰总汽阀，调整吹灰蒸汽压力，一般在 0.6～0.8MPa。维持炉膛较高的负压值，以便抽走吹落的积灰，以避免造成过热器蛇形管、省煤器鳞片、省煤器蛇形管间积灰。

吹灰的顺序，一般按烟气流动的方向，由炉膛至烟道，再至尾部烟道。也有的为了防止管式空气预热器烟气进口侧积灰过多造成细灰堵塞，而先吹一次空气预热器，再吹前面烟道，最

❶ MCR 表示锅炉最大连续蒸发量。

后再吹一次空气预热器的操作顺序。

吹灰的具体操作程序：

(1)打开吹灰器管路疏水，逐步开启吹灰器支路控制汽阀。

(2)关闭支路疏水阀，投入吹灰器进行吹灰。

(3)退出吹灰器，关闭支路吹灰汽控制阀，进行下一支路的吹灰。

吹灰时，不允许站在炉门、烟道门，以及窥视孔前观察炉内火焰。不允许几个支路同时吹灰。吹灰器严禁在无蒸汽时伸入，如果吹灰器在吹灰时出现故障，应设法尽快将其退出，在退出之前，不能中断蒸汽。

循环流化床锅炉在下列情况下需要进行吹扫：冷态启动之前；运行中主燃料跳闸使床温低于 760℃；运行中给煤机故障使床温低于 650℃；进行热态或温态启动之前。

吹扫时应使足够的风量进入炉膛，以将可燃气体从炉膛带走，并防止一切燃料入炉。吹扫时应确认入炉风量符合吹扫要求，执行吹扫程序直到达到规定时间。

遇到下列情况，应立即停止吹灰：锅炉运行不正常或燃烧不稳定；吹灰设备故障或设备损坏；锅炉负荷小于 50%MCR，低负荷运行时。

(四)排污工作

为了防止水渣、水垢堵塞受热面管道，破坏水循环，锅炉应进行排污。设计排污率为 1%。锅炉排污分定期排污和连续排污，应当根据炉水化验结果执行。连续排污量的大小，根据化学汽水品质监督要求，用调整阀控制排污量。定期排污一般在供热负荷轻、锅筒水位较高的时进行。定期排污由运行人员操作，先全开一次阀，后全开二次阀。关闭时先关闭二次阀，后关闭一次阀。开关要缓慢，各回路排污时间不大于 30s，以免破坏水循环。

排污时的注意事项：

(1)应穿好工作服，戴好手套，侧身操作。

(2)排污前应将水位进至高水位，排污时，应注意监视水位，以防缺水。

(3)排污时，不能几个排污点同时排污，不得随意加长排污手柄。

(4)几台锅炉共用一根排污总管时，应注意系统内是否有人检修排污设施。

 **基础知识**

一、循化流化床锅炉运行调节的主要任务

对运行锅炉进行监视和调节的主要任务是为了保证锅炉运行的各参数能在安全、经济范围内波动，就需要通过适当的调节来满足，具体任务如下：

(1)保证炉水和蒸汽品质合格，保持正常的汽压、汽温、床压和床温。

(2)保持锅炉蒸发量在额定值内，以满足机组负荷的需求。

(3)均匀给水，维持正常水位。

(4)及时进行正确的调节操作，消除各种异常、障碍和隐形事故，尽可能维持各参数在最佳工况下运行。

(5)维持燃料经济燃烧，尽量减少各种热损失，提高锅炉效率。

(6)努力减少厂用电消耗。

(7)减少飞灰、SO_x、NO_x 等污染物的排放，烟气排放符合标准要求，降低设备的运行噪声。

二、循化流化床锅炉一次风和二次风的作用

循环流化床锅炉的一次风的作用，主要是保证物料处于良好的流化状态，为燃料燃烧提供部分氧气。同时一次风的调节使用，还影响着密相区、稀相区的燃烧份额，以及循环灰浓度等。

二次风一般在密相床的上部喷入炉膛，它的作用：一是补充燃烧所需要的空气；二是可起到扰动的作用，加强气—固两相流的混合；三是改变炉内物料浓度分布。

三、循环流化床锅炉不宜长时间在低负荷下运行的原因

(1)循环流化床锅炉在低负荷运行时，床料流化差，易造成局部结焦。

(2)循环流化床锅炉在很低负荷下，由于床温下降较多，物料循环量大大减少，燃烧效率大大降低。

(3)由于低负荷不宜投石灰石，排烟温度较低，低温受热面腐蚀严重，排放超标，失去循环流化床锅炉脱硫的优越性。

(4)低负荷时厂用电率太高，运行不经济。

四、循化流化床锅炉二次风调节的原则

启动及低负荷时，不考虑加二次风。在锅炉厂指定的负荷(一般是50%左右)以上时，维持炉膛出口氧含量在3%～5%，同时调整一、二次风比，使燃烧室上下温差达到最小。

五、影响炉内温度变化的原因

影响炉内温度变化的原因是多方面的，具体如下：

(1)负荷变化时，风、煤未能很好地及时配合。

(2)给煤量不均或煤质变化。

(3)物料返回量或大或小。

(4)一、二次风量配比不当。

(5)过多过快地排放冷渣等。

综合上述，原因主要是风、煤、物料循环量的变化引起的。在正常运行中，如果锅炉负荷没有增减，而炉内温度发生变化，就说明煤量、煤质、风量或循环物料量发生了变化。当床温波动时，应首先确定给没速度是否均匀，然后再判断给煤量的多少，给煤过多过少、风量过小或过大都会使燃烧恶化，床温降低。而在正常范围内，当负荷上升时，同时增加给煤量和风量会使床温水平有所升高。风量一般比较好控制，但给煤量和煤质不易控制。运行中要随时监视炉内温度变化，及时调整风量。

六、锅筒虚假水位及形成原因

锅筒水位反映了给水量与蒸发量之间的动态平衡。在稳定工况下，当给水量等于蒸发量时，水位不变。当给水量大于蒸发量(包括连续排污、汽水损失)时，水位升高。反之，水位下降。不符合上述规律造成的水位变化，称为虚假水位。虚假水位分为三种情况：

(1)水位计泄漏。汽侧漏，水位偏高；水侧漏，水位偏低。

(2)水位计堵塞。无论汽侧堵塞还是水侧堵塞，水位均偏高，水位计水侧堵塞时，水位停止

波动。

(3)当负荷骤增,汽压下降时,水位短时间增高。负荷骤增,压力下降,说明锅炉蒸发量小于外界负荷。因为饱和温度下降,炉水自身汽化,使水冷壁内汽水混合物中蒸汽所占的体积增加,将水冷壁中的水排挤到锅筒中,使水位升高。反之,当负荷骤减,压力升高时,水位短时间降低。

掌握负荷骤增、骤减时所形成的虚假水位,对调整水位、平稳操作有很大帮助。当运行中出现此种虚假水位时,不要立即调整,而要等到水位逐渐与给水量蒸发量之间平衡关系变化一致时再调整。具体地讲,当负荷骤增、压力下降、水位突然升高时不要减少给水量,而要等到水位开始下降时,再增加给水量;负荷骤减、压力升高、水位突然降低时,不要增加给水量,而要等水位开始上升时,再减少给水量。

资料链接

1. 床温过高或过低时的现象、原因是什么? 如何处理?

答:床温过高或过低的现象:床温指示值超过规定值;床温高或低报警;负荷升高或降低。

床温过高或过低的原因:给煤粒度过细或过粗;给煤不正常;一、二次风配比失调;排渣系统故障;返料系统堵塞;煤质变化大;炉膛结焦;流化异常;排渣过量等。

处理方法:床温高时,应适当增加流化风量、下二次风量,增大外置换热器调温幅度,减小给煤量;床温低时,应适当减小流化风量、下二次风量,减小外置换热器调温幅度或关闭外置换热器,增大给煤量,若床温低于 760℃,可投入油燃烧器;及时恢复给煤正常;必要时,增大排渣量。

2. 床压过高或过低时的现象、原因是什么? 如何处理?

答:床压过高或过低的现象:床压高或低报警;冷渣器排渣量不正常地增加或减少;水冷风室压力过高或过低;床压高时,一次风机出口风压过高。

床压过高或过低的原因:床压测量故障;冷渣器故障,排渣量过小或过大;石灰石量、燃料量和返料量不正常;一次流化风量不正常;煤质变化大;炉膛排渣不畅或不能排渣;给煤粒度过粗或过细;锅炉增、减负荷过快,燃烧效率低等。

处理方法:检查床压测点,若有故障,及时恢复正常;及时排除冷渣器故障,必要时,可进行炉膛事故排渣;床压过高,加大冷渣器排渣量,减少石灰石量、燃料给料量;床压过低,减少冷渣器排渣量,必要时,补充床料;调整一次流化风量;改善煤质;调整的给煤粒径;必要时,适当降低负荷运行。

3. 水分对运行的影响有哪些?

答:根据一些单位的运行经验,床温可以控制在 950～1050℃,燃料中的水分在 1000℃以上的高温下会分解为氢气和氧气。氢气和氧气都是活性气体,有助于燃烧。燃料虽含有一定的水分,只要控制调整得当,对燃烧反而有利。有的电厂还专门在输煤皮带上装有水分调节喷嘴。但对水分的调节要求相当严格。由于燃料水分调得过重,应注意监视给煤卡斗断煤和下煤口堵塞,以防发生断煤熄火事故。

4. 运行中,通过监视一次风量的变化,可以判断哪些异常现象?

答:运行中,通过监视一次风量的变化,可以判断一些异常现象。例如,风门未动,送风量自行减小,说明炉内物料增多,可能是物料返回量增加的结果;如果风门不动,风量自动增大,表明物料层变薄，阻力降低。原因可能是：煤种变化，含灰量减少；料层局部结渣；风从较薄处通过；也可能物料回送系统回料量减少。

5. 运行中如何控制和判断床层厚度？

答：运行中判断床层厚度的方法主要是通过上、中、下床压来判断，其次可以通过水冷风室的压力和布风板的阻力来判断。控制床层厚度的方法主要是通过调整排渣量、调整给煤量和石灰石量，调整一、二次风量和高压流化风量来控制床层厚度。

6. 锅筒水位计的零水位是如何确定的？

答：从安全角度看，锅筒水位高些，多储存些水，对安全生产及防止炉水进入下降管时汽化是有利的。但是为了获得品质合格的蒸汽，进入锅筒的汽水混合物必须得到良好的汽水分离。只有当锅筒内有足够的蒸汽空间时，才能使锅筒内的汽水分离装置工作正常，分离效果才能比较理想。

由于水位计的散热，水位计内水的温度较低，密度较大，而锅筒内的炉水温度较高，密度较小。有些锅炉的汽水混合物从水位以下进入锅筒，使得锅筒内的炉水密度更小，这使得锅筒的实际水位更加明显高于水位计指示的水位。因此，为了确保足够的蒸汽空间，大多数中压炉和高压炉规定锅筒中心线以下 150mm 作为水位计的零水位，如图 3－5 所示。

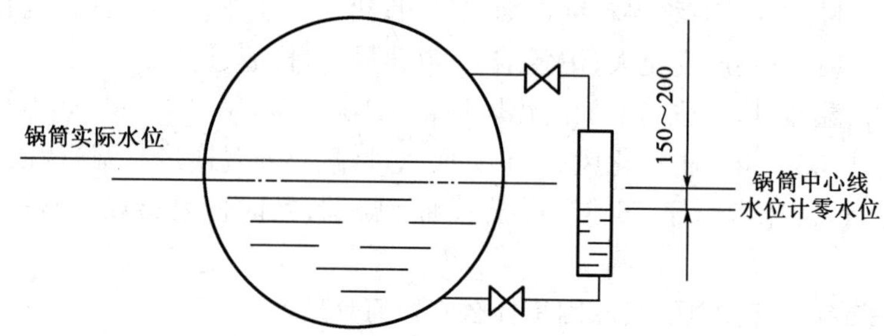

图 3－5　筒中心线与水位计零水位的关系

由于超高压和亚临界压力锅炉的汽水密度更加接近，汽水分离比较困难，而且超高压和亚临界压力锅炉锅筒内的炉水温度与水位计内的水温之差更大，为了确保良好的汽水分离效果，需要更大的蒸汽空间。所以，超高压和亚临界压力锅炉规定锅筒中心线以下 200mm 为水位计零水位。

7. 不正常水位的现象有哪些？

答：(1)水位偏高。有可能是汽连通管堵塞，或汽侧接头、旋塞阀等漏气，汽、水侧压力失去平衡。

(2)水位偏低。有可能是水连通管堵塞、漏等，或水侧漏水，如接头、水旋塞阀、放水旋塞阀泄漏，使汽、水侧压力失去平衡。

(3)水位呆滞，即水位不波动。有可能是汽水旋塞阀、管路堵塞，或假水位所致。应查明原因，及时消除。

(4)水位剧烈波动，模糊不清。可能炉水品质恶劣，蒸汽带水严重，产生汽水共腾事故。

8. 运行中如何确定热态良好流化风量？

答：锅炉正常运行时，风量应稳定在正常的流化风量，对于不同厚度的床料，流化风量值也不一样，一般由升炉前的冷态试验确定，锅炉运行时以冷态试验时的数值对照调整。由于冷态时的床料密度大，需要的流化风量也较大，热态时可以适当进行修正。修正办法是在冷态试验时的临界风量和最大运行风量之间选择最佳值。在负荷不变的情况下，稳定床料厚度，调小一次风量，如果给煤量不变，床温升高，说明原来的一次风量过大，在减小的一次风量下运行，要稳定床温不变，则可以减少给煤量，取得较好的经济运行效果。如床料厚度不变，增大一次风量，床温相应升高，而给煤量不增加，则说明原来运行风量过低，密相区呈贫氧运行。这时，虽然不增加给煤量，仍可提高床温，增加传热，提高蒸发量，多带负荷，提高锅炉的热效率。

9. 循环流化床锅炉运行中的定期维护工作内容是什么?

答:冲洗就地水位计;校对各水位计示值;锅炉受热面吹灰;锅炉本体设备全面检查;冷渣器大渣排放管放灰;备用转机设备切换运行。

知识拓展

1. 循环流化床锅炉的变负荷调节过程是什么?

答:循环流化床锅炉的变负荷调节过程是通过改变给煤量、送风量和循环物料量或外置换热器冷热物料流量分配比例来实现的，这样可以保证在变负荷中维持床温基本稳定。在负荷上升时，投煤量和风量都应增加，如总的过量空气系数及一、二次风比不变，则预期密相区和炉膛出口温度将稍有变化，但变化最大的是各段烟速及床层内的颗粒增加。研究表明，采取上述措施后各受热面传热系数将会增加，排烟温度也会稍有增加。对于无外置式换热器的循环流化床锅炉，变负荷调节一般采用如下方法:

(1)负荷改变时，改变给煤量和总风量，这是最常用也是最基本的负荷调节方法。

(2)改变一、二次风比，以改变炉内物料浓度分布，从而改变传热系数。一般随着负荷增加，一次风比减少，二次风比增加，炉膛上部稀相区物料浓度和燃烧份额都增大，炉膛上部及出口烟温升高，从而增加相应受热面 ，满足负荷增加的需要。

(3)改变床层高度。提高或降低床层高度，以改变密相区与受热面的传热，从而达到调节负荷的目的。这种调节方式对于密相区布置有埋管受热面的锅炉比较方便。

(4)改变循环灰量。利用循环灰收集器或炉前灰渣斗，在增负荷时可增加煤量、风量及灰渣量;减负荷时可减少煤量、风量及灰渣量。

(5)采用烟气再循环，改变炉内物料流化状态和供氧量，从而改变物料燃烧份额，达到调节负荷的目的。

对于有外置式换热器的循环流化床锅炉，可通过调节冷热物料流量比例来实现负荷调节。负荷增加，增加外置式换热器的热灰流量;负荷降低时，减少外置式换热器的热灰流量。外置式换热器的热负荷最高可达锅炉总热负荷的25%～30%。

在锅炉变负荷过程中，汽水系统的一些参数也发生变化，所以在进行燃烧调节的同时，必须同时进行汽压、汽温、水位等的调节。

2. 炉膛负压维持在多少? 为什么?

答:炉膛负压值一般控制在－10～20Pa，尽量微负压运行。负压值越大，漏风量越大，烟气量相应增大，排烟热损也越大。漏风量过大，还会降低炉温，影响燃烧。一般不应正压运行，正压运行，炉墙密封性能差时，会有大量烟、灰漏到锅炉外，既不安全也不卫生，而且还易损坏炉墙。正压运行，还容易形成空气量不足，燃烧不完全，产生过多的一氧化碳气体。当可燃气体浓度达到爆炸极限时，在一定的温度下会发生爆炸事故，造成燃烧设备的损坏，甚至人员的伤亡，一般大型电站循环流化床锅炉都设计有床压保护。

3. 如何判断二次风的调节是否合理？

答：循环流化床锅炉一般设计为流化床密相区贫氧燃烧，即CO含量较大，而在稀相区为富氧燃烧区，炉膛出口烟道烟气中氧含量的高低，表明二次风的调节是否合理。一般烟气中的氧含量为6%～10%较为合适，二次风量较低，氧含量较低；二次风量高，氧含量较高。

4. 锅炉运行中吹灰的频率应根据什么来决定？

答：锅炉吹灰的目的是防止受热面积灰。一般来说，吹灰频率由煤种灰分决定，或根据空气预热器出口烟温来掌握。排烟温度升高，表明对流受热面有较多飞灰沉积。CO排放量也可作为吹灰的辅助依据，尤其是烧活性较差的煤时，积灰会使含碳的飞灰在管壁上就地气化，从而使一氧化碳含量提高。运行人员必须熟悉煤种特性，并在吹灰成本和吹灰后锅炉热效率的提高之间进行比较，有时吹灰频率可高达每班一次，有时则每周进行一次。

5. 床料颗粒过粗是什么原因？应如何处理？

答：一般是煤筛断条，或破碎机锤头磨损，应及时检查消除。一旦炉内进入大量粗颗粒时，会造成放渣困难，这时，千万不能减小风量运行，应采用高流化风速、较薄的床料厚度运行。排放冷渣时，应尽量采取断续全开渣门的手动排渣方式，尽量将粗渣逐步排出炉外。但应注意：床料不宜过薄，过薄易穿孔。排渣时，一次排渣量不宜过多，时间不宜过长；采取一次排渣量应少、勤排渣的运行方式。

6. 循环流化床的床温控制在多少？为什么？

答：一般煤中灰分的变形温度在1200℃左右，为了防止燃烧超温结焦，床温一般不超1000℃，根据有关实验数据，燃烧脱硫的最佳温度在900℃左右，同时，该炉温下燃烧产生的NO_x气体也很少，因此，床温一般控制在850～950℃之间。为了防止高温分离器金属材料的变形损坏，炉膛出口温度也不宜超过900℃。

7. 循环流化床锅炉飞灰含碳量为何偏大？

答：循环流化床锅炉飞灰含碳量偏大的原因：煤筛分(破碎系统)不能保证煤的粒径范围和颗粒分布特性满足要求；分离器效率达不到设计值，降低了循环倍率；炉膛的燃烧温度偏低；炉膛的含氧量偏低且分布不均匀。

任务3.4　循环流化床锅炉的停炉操作

学习任务

(1)学习循环流化床锅炉正常停炉前的准备工作。

(2)学习循环流化床锅炉正常停炉操作。

(3)学习循环流化床锅炉热备用停炉操作。

(4)学习循环流化床锅炉紧急停炉操作。

(5) 学习循环流化床锅炉冷却和保养。

学习目标

(1)小组合作完成循环流化床锅炉停炉前的检查与准备工作。

(2)能够根据循环流化床锅炉停炉后的需要和系统布置情况，制订停炉方案。

(3)小组合作完成循环流化床锅炉正常停炉、压火停炉、紧急停炉等的停运操作。

(4)小组合作能够正确完成锅炉停炉后的冷却和保养工作。

操作技能

锅炉停止运行称为停炉。循环流化床锅炉的停炉也分为正常停炉、压火停炉(热备用停炉)和紧急停炉(故障停炉)三种。

一、循环流化床锅炉停炉前的准备工作

(1)当接到正常停炉的指令后,注意检查锅炉设备情况,如阀门的泄漏、炉墙的漏风、运转设备的振动等,并将检查出的问题,逐一详细进行登记记录。

(2)填写好停炉操作票。

(3)3d 以内的停炉应使煤位降至 5m 以下。

(4)预计停炉大修或长时间备用,在停炉前应提前停止上煤,将煤仓内的煤烧完、石灰石烧完。

(5)锅炉停炉超过 5d,应将床料全部排出。

二、循环流化床锅炉停炉操作

(一)正常停炉

锅炉本身需要停炉检修时,有计划的长时间停止锅炉运行的停炉方式为正常停炉。

正常停炉的操作步骤:

(1)接到正常停炉的指令后,司炉操作人员应逐渐减少供煤量和风量,降低锅炉负荷,注意为了避免锅炉冷却和卸压过快,应逐步减负荷运行,当负荷减至 50%以下时,应将自动改为手动操作。如给水调节、负荷过低时,调节将失灵,注意维持水位正常。

(2)锅炉负荷降至 50%以前或停炉前进行吹灰一次。

(3)继续降低负荷,以每分钟不超过 10%的速度减少给煤量。

(4)控制床温的温降速度小于 100℃/h,控制承压部件的壁温温降速度小于 50℃/h。控制锅筒壁上、下壁温差小于 40℃。

(5)当负荷减至 70%以下时,可以停止给煤,停止脱硫剂给料,汽轮机可以采取滑参数停机方式,随着锅炉汽压的降低,逐步关小调速汽门减小负荷。

(6)当床温低于 500℃时,可停止向炉内送风,停止循环灰系统的运行。如果炉膛需要检修时,可在排放完床料后再停一、二次风机,并停止引风机,紧闭炉门及烟道门缓慢冷却。

(7)当汽压降至 0.2MPa 以下时,可打开锅筒排空阀。如采用湿法保养,停炉后,应维持较高水位,同时各联箱应排污一次。如采用干法保养,停炉 24h 以后才允许将炉水排尽。

(8)如果停炉后需检修炉膛,需快速冷却时,可不停引风机,强行通风冷却,有必要时,还可以辅以排污换水冷却炉墙及受热面管道。

(9)停炉后,应注意退出除尘设备的运行,关闭除尘水(碱水)及电源,排放除尘灰以及返料装置和对流管处的细灰。如系并列运行机组,应与系统联系,做好解列及设备、场地的清扫工作。

(10)锅炉冷却后,应对锅炉内外部进行一次全面检查,尤其是炉膛、分离器、返料装置内

部，检查其炉墙和受热面管道的磨损情况，并进行详细记录，以便进行维修。

（二）压火停炉

压火停炉一般用于锅炉按计划停运并准备在若干个小时内再启动的情况。对于短期事故抢修、短期停电或负荷太低而需短期停止供汽时，也常采用此方法。压火停炉的压火时间一般为数小时至一二十多个小时不等，这与锅炉本身性能有关。

压火停炉（热备用停炉），锅炉只是暂时停止运行，但锅炉设备处于一种保温、保压、保水位的热备用状态。燃烧室流化床内的炉料及整个炉体将保持在较高的温度状态下，锅筒的蒸汽也处于一定的带压状态，锅筒保持较高的水位，一旦需要恢复供汽，锅炉即可以在较短的时间内迅速启动恢复正常供汽运行。

压火停炉时间较短，一般为24h以内，压火停炉后的再启动时间较短，消耗的燃料也较少，与冷状态的启动过程相比，具有一定的灵活性和经济意义。不同的锅炉结构，以及不同的操作方法，具有不同的压火性能。一般的锅炉热备用压火4h以内，可直接再启动投入正常运行，无需对床料重新进行加热。当锅炉结构紧凑，保温性能好，操作得当，最长的压火时间可达24h以上。

1. 压火停炉操作步骤

（1）当接到停止供汽、压火停炉的指令以后，立即停止给煤，停止脱硫剂给料，一般得把料层中煤基本烧完。如果是并列运行的锅炉时，应通知邻炉。

（2）当炉内温度降至800℃时，停止一次风机、二次风机和引风机的运行，使床料处于静止状态。停止风机以后，可让其继续惰走一段时间以后，再关闭风机风门，以便将炉内的可燃气体随风机的惰走而排出炉外。

（3）对于采取单独送风的返料装置流化风，外置换热器流化风，及整体式换热床流化风应在停止一、二次风后及时关闭风门，停止送风，停止物料循环。

（4）关闭主汽阀，停止供汽，同时开启过热器疏水阀，注意监视蒸汽温度，待汽温正常时可关小或关闭疏水阀。

（5）将水位进至2/3水位计的高水位，同时停止进水，打开给水再循环阀，当省煤器出口水温升高时，可进水循环冷却省煤器。

（6）关闭所有烟道门及放灰、放渣门。压火时间较长时，应注意关闭除尘水和退出除尘电源，清除电除尘灰室落灰后关闭排灰门。

（7）为延长压火备用时间，应使压火时物料温度高些，物料浓度大些，这样静止料层就较厚，蓄热多，备用时间长。料层静止后，在上面撒一层细煤粒效果更好。

（8）压炉期间，应注意监视汽温、汽压及水位的变化，尤其是防止缺水现象的发生。因为压炉后，炉体温度较高，受热面的蒸发现象也在一段时间内缓缓进行，再加上过热器疏水有时会开启，停炉后，还会有少量疏水排汽等，水位还会因排汽、用汽而降低，需要及时上水维持正常。

（9）如果压火时间较长，床温、汽压下降较低时，中途应启动锅炉进行缓火。床温的控制，一般以不低于燃料着火温度为原则。燃用挥发分较高的烟煤时，床温可低一些，燃用挥发分较低的劣质烟煤和无烟煤时，床温应控制较高些。床温不低于500℃，床料在再启动时呈红色为宜。

2. 锅炉压火停炉后再启动

锅炉压火停炉后再启动，分为温态启动和热态启动两种。当床温在500℃以上，床料是红色时，属于热态启动，可在表盘直接操作。由于给煤品质的差别，锅炉再启动的步骤也不同。具体操作如下：

(1)若压火停炉时间在2h以内，可直接启动引风机和一次风机，开启给煤机，调整一次风量和给煤量来控制床温，注意启动时一次风量不能太大，只需略高于最低流化风量，以后再根据床温的变化，适当增加风量和给煤量。

(2)若压火停炉时间在2～5h，床温保持在650℃以上或给煤质量较好时，可先打开炉门，根据底料烧透的程度，向床内加少量引火烟煤，启动送引风机，逐渐开启风门到运行风量同时开始给煤。

(3)床温在500～600℃、给煤质量一般时，需先抛入适量烟煤，启动风机慢慢增加风量至点火风量，待床温达到给煤着火点后，再加大风量，投入给煤。以上这三种情况属于热态启动。

(4)如果床温较低时，床温500℃或更低时，属于温态启动。温态启动的基本步骤是：炉膛吹扫，启动点火预燃器，按正常启动方式加热床层，检查床温；当床层开始着火时，可以开始逐步给煤并慢慢达到正常值。

(三)紧急停炉

当锅炉处于事故状态下，为了不让事故扩大，需要立即停止锅炉运行时，应采取紧急停炉方式。首先立即停止给煤，待床层温度下降至400℃以下时，停止送风机、引风机；将锅炉与蒸汽母管隔断，开启放空阀，如这时锅炉汽压很高，或有迅速上升趋势，可提起安全阀手柄或杠杆排汽，或者开启过热器疏水阀疏水排气，使压力降低。停炉后打开炉门，促使空气对流，加快炉膛冷却。当然紧急停炉根据事故的不同性质，操作也各有差异。下面简单介绍几种由于突发事故造成紧急停炉的操作方法。

1.锅炉汽、水管道破裂紧急停炉操作

当发生锅炉汽、水管道破裂，炉膛、烟道内的大量烟灰、水蒸气瞬间喷出，操作者应立即停止给煤，停止向炉内送风，但不停引风机，让灰、水蒸气从烟道抽走；与值班长联系，发出事故信号，待汽轮机停机后，关闭主汽阀，停止供汽。如果是汽管破裂，还应打开锅炉排汽阀，排汽降压，维持锅炉正常水位；如果是炉管破裂，应停止给水，打开排污阀放水，迅速排尽炉水。还要打开渣门，尽量排尽主床内的高温炉料。待炉内正压消失后，再停止引风机。

2.锅炉满水事故的紧急停炉操作

当水位计水位高于上部极限水位时，应立即关闭给水调节阀，打开锅炉排污阀放水，降低锅炉水位。同时打开过热器疏水阀和主蒸汽管路疏水阀，以防蒸汽带水，危及汽轮机。减弱燃烧，降低负荷，减弱蒸发，避免蒸发带水。如水位仍然无法降低，水位从玻璃板上部可见边缘消失时，应立即与邻炉联系，并发出满水及紧急停炉信号，通知汽轮机，同时关闭主汽阀，停止供汽。停止给煤，停止石灰石给料，待炉温下降后，停止送风，停止燃烧，同时停止物料循环系统，使锅炉处于压火状态。加大排污放水，待水位恢复正常以后，再重新启动，恢复锅炉正常运行。

3.锅炉缺水事故紧急停炉操作

当锅炉发生严重缺水事故时，应立即关闭给水调节阀，停止向锅炉供水。停止给煤，停止锅炉送风和引风，停止炉内燃烧。关闭主汽阀，停止供汽，同时关闭所有排污阀，如定期排污阀、连续排污阀，关闭所有疏水阀和排汽阀，如过热器疏水阀，维持锅炉缺水时的水位，使锅炉处于压火状态。先压火停炉，再行叫水，迅速判断锅炉缺水程度，并恢复水位。如叫不上水，则应立即排放燃烧室内的炉料，熄灭火焰，紧闭炉门及烟道门，让锅炉缓慢冷却，并迅速将事故报告有关领导，待冷炉监测事故危害程度后，再决定是否恢复锅炉运行。如果使用叫水法能叫上水，说明缺水并不十分严重，即可向锅炉供水，恢复水位正常后，可重新启动锅炉，恢复正常运行。

三、停炉后的冷却与保养

循环流化床锅炉停炉后的冷却与保养同煤粉炉，这里不做介绍。

基础知识

一、正常停炉、故障停炉和紧急停炉的解释

锅炉计划内大、小修停炉和由于总负荷降低，为了避免大多数锅炉低负荷运行，而将其中一台锅炉停下转入备用，均属于正常停炉。

锅炉有缺陷必须停炉才能处理，但由于种种原因又不允许立即停炉，而要等备用锅炉投入运行或负荷降低后才能停炉的称为故障停炉。省煤器管泄漏但仍可维持正常水位，等待负荷安排好再停炉处理就是故障停炉的典型例子。

锅炉出现无法维持运行的严重缺陷，如水冷壁管爆破、锅炉灭火或省煤器管爆破无法维持锅炉水位、安全阀全部失效、炉墙倒塌或钢架被烧红、所有水位计损坏、严重缺水满水等，不停炉就会造成严重后果，不需请示有关领导，应立即停炉的称为紧急停炉。

应该说明紧急停炉与紧急冷却或正常停炉与正常冷却是两回事，两者之间并无必然的联系。紧急停炉也可以采取正常冷却；正常停炉也可采取紧急冷却。当检修工期较长，紧急停炉也可以采用正常冷却；当检修工期很短，甚至需要抢修时，为了争取时间，正常停炉也可以采取紧急冷却。

紧急冷却虽然是规程所允许的，但对锅炉寿命有不利影响，因此，只要时间允许尽量不要采取紧急冷却。

二、压火停炉的要点

压火停炉又称临时停炉或热备用停炉。当锅炉负荷暂时停止时，压火一段时间后，如果需要恢复运行时，可随时进行启动。

压火时，要向锅炉进水和排污，使水位稍高于正常水位线。在锅炉停止供汽后，关闭主蒸汽阀，压火完毕，要按正常操作步骤冲洗水位表一次。

压火期间，应经常检查锅炉内的汽压、水位的变化情况；检查烟、风道挡板是否关闭严密。锅炉需要重新启动时，应先进行排污和给水，然后冲洗水位表，开启烟、风道挡板和灰门，接着启动引风机和一次风机，添加新煤，恢复正常燃烧。待汽压上升后，再及时进行暖管、通气或并汽工作。

资料链接

1. 循环流化床锅炉“压火”注意的事项有哪些？

答：(1)压火前，机组应经过50%左右低负荷运行，时间不少于30min。

（2）停止给煤后，待氧量明显增大、燃料挥发分完全析出，方可停运风机。

（3）压火过程中，必须保证流化均匀。

（4）压火恢复，投煤前应经过充分通风，防止爆燃。

2. 哪些情况下应采取紧急停炉措施，以免事故扩大？

（1）锅炉严重缺水或锅炉严重满水时。

（2）给水设备全部损坏，锅炉无法正常上水时。

（3）锅炉三大安全附件之一全部损坏，或失灵时。

（4）锅炉汽、水管道破裂，无法维持正常供汽或水位时。

（5）锅炉受压元件损坏、变形，锅炉有爆炸危险时。

（6）锅炉钢架烧红，炉墙倒塌影响锅炉正常燃烧时。

（7）其他危及锅炉正常运行的事故及故障，如锅炉引风机、送风机损坏及锅炉房发生火灾等。

3. 哪些情况下应采取请示故障停炉？

答：（1）锅炉承压部件泄漏而无法消除时。

（2）锅炉给水、蒸汽或者炉水品质严重低于标准，经处理仍无法恢复正常时。

（3）安全阀动作后不回坐，经多方努力仍不回坐或者安全阀严重泄漏无法维持汽压。

（4）过热汽温或者过热器壁温超过允许值，经多方处理无效时。

（5）锅炉严重结焦或者积灰无法维持正常运行时。

4. 锅炉的防冻应重点考虑什么部位？如何防冻？

答：锅炉最易冻坏的部位是水冷壁下联箱定期排污管至一次阀前的一段管道以及各联箱至疏水一次阀前的管道和压力表管。

因为这些管线细，管内的水较少，热容量小，当气温低于0℃时，会首先冻结。为防止冬季冻坏上述管道和阀门，应将所有疏放水阀门开启，把锅水和仪表管路内的存水全部放掉，并防止有死角积水的存在。

知识拓展

1. 循环流化床锅炉停炉后的快速冷却步骤是什么？

答：（1）循环流化床锅炉停炉后当床温降至400℃时，可对炉膛进行强制通风冷却，但风量不得过大，控制降温速率在100℃/h以下。

（2）当床温降至150℃时，停运高压风机和一、二次风机，开启炉墙下部人孔门，根据降温速率可适当提高炉膛负压值。

（3）当炉内温度降至60℃以下时，停运引风机。

2. 停炉后为何煤粉仓温度有时会上升？

答：煤粉在积存的过程中，由于粉仓不严密或吸潮阀关不严，以及煤粉管漏入空气的氧化作用会缓慢地放出热量，而粉仓内散热条件又差，燃料温度也会逐渐上升，直至上升到其燃点。所以停炉后必须监视粉仓温度，一旦发现粉仓温度有上升趋势，应及时采取措施。

3. 为什么停炉关闭主汽阀后，要将过热器疏水阀和对空排汽阀开启30～50min，然后关闭？

答：停炉关闭主汽阀后，锅炉停止向外供汽，过热器内不再有蒸汽流过。停炉以后的短时间内炉墙和烟气温度还很高，过热器管在炉墙和烟气加热下，温度会超过金属允许的使用温度，如果过热器管得不到冷却，容易过热烧坏，至少会降低过热器的寿命。关闭主汽门后开启过热器疏水和对空排汽阀，利用锅炉的余汽冷却过热器管，不使其过热损坏。30～50min后炉墙温度已降低到对过热器管没有危险的程度，就可以停止疏水和排汽。

如果不及时关闭疏水阀和对空排汽阀，由于炉子压力急骤下降，饱和蒸汽和炉水温度下降迅速，锅炉冷却太快，锅筒会产生较大的热应力，降低锅炉寿命。

4. 为什么停炉前应除灰一次？

答：锅炉在运行状态下受热面上积的灰比较疏松，容易在除灰时被清除。停炉以后随着温度降低，冷空气进入，烟气中水蒸气的凝结，积灰吸附空气中的水分以后变得难以清除。停炉前除灰不但减轻和改善了扫炉工作条件，而且为检修创造了一个较好的工作条件。

在停炉过程中，随着燃料的减少，炉膛温度逐渐降低，燃烧工况恶化，机械不完全燃烧损失增加，容易产生二次燃烧。特别是燃油锅炉，由于尾部受热面积有相当数量的可燃物，在停炉后几小时内发生二次燃烧的可能性较煤粉炉更大。因此规程规定停炉前除灰一次，对保持受热面清洁，防止发生二次燃烧，改善工作条件是很有必要的。

任务3.5　循环流化床锅炉的事故处理

学习任务

(1)学习循环流化床锅炉达不到额定出力问题的处理。

(2)学习循环流化床锅炉磨损、结焦的处理及预防。

(3)学习循环流化床锅炉熄火的处理及预防。

(4)学习循环流化床锅炉灰浓度过高或过低的处理及预防。

(5)学习循环流化床锅炉分离器结焦、堵灰的处理及预防。

(6)学习循环流化床锅炉返料装置堵塞的处理和预防。

学习目标

(1)能根据事故现象迅速作出正确判断，迅速解除对人身和设备的危害，找出事故发生的原因，并正确地进行处理。

(2)以小组形式分工合作，能正确处理循环流化床锅炉的严重和多发事故(出力不足、结焦、磨损、熄火、循环灰浓度过高或过低、返料装置堵塞等事故)。

(3)小组合作在规定的时间内正确完成锅炉的事故处理，保证锅炉安全运行。

(4)小组合作完成锅炉事故处理中的主司和副司的全部工作。

学习内容

一、循环流化床锅炉达不到额定出力问题

循环流化床锅炉在运行中有时达不到设计额定出力，主要是两方面的问题造成，即运行调节方面的问题和设计制造方面的问题。

(一)锅炉达不到额定出力的原因分析

1. 分离器达不到设计效率

分离器运行实际效率达不到设计要求，是造成锅炉出力不足的重要原因。锅炉设计时采用的分离器效率往往是套用小型冷态模型试验数据而定的。然而，在实际运行时，由于热态全尺寸规模与冷态小尺寸模型有较大差异，因而造成悬浮段载热质(细灰量)及其传热量不足，炉膛上、下部温差过大，使锅炉出力达不到额定值，还造成飞灰可燃物含量增大，影响燃烧效率。

2. 燃烧份额分配不合理

循环流化床锅炉的运行是否正常，是否能够达到额定出力，物料的平衡是关键。运行时实际燃烧份额分配与设计是否相符合会直接影响运行工况。

所谓物料的平衡，简单地说，就是炉内物料与锅炉负荷之间的对应平衡关系。具体来讲，物料的平衡包括三个方面的含义：一是物料量与相应物料量锅炉负荷之间的平衡关系；二是物料的浓度梯度与相应负荷之间的平衡关系；三是物料的颗粒特性与相应负荷之间的平衡关系。这三个方面，缺一不可。对于循环流化床锅炉，每一负荷工况下，均对应着一定的物料量、物料梯度分布和物料的颗粒特性。炉内物料量的改变，必然影响炉内物料的浓度，从而影响传热系数，负荷也就随之改变。

3. 燃烧的粒径分布不合理

循环流化床锅炉的入炉煤中所含较大颗粒只占很少一部分，而较细颗粒的份额所占的比例却较大，也就是要求有合适的级配。而目前投产的部分循环流化床锅炉由于燃料制备系统选择不合理，没有按燃料的破碎特性去选择合适的工艺系统和破碎机，或者是燃料制备系统设计合理，适合设计煤种，而实际运行时由于煤种的变化而影响燃料颗粒特性及其级配，造成锅炉出力下降。

4. 受热面布置不匹配

悬浮段受热面与密相区受热面布置不恰当或有矛盾，特别是在烧劣质煤时，密相区内受热面布置不足，锅炉负荷高时则床温超温，这无形中限制了锅炉负荷的提高。

5. 锅炉配套辅机的选择不合理

循环流化床锅炉能否正常运行，不仅仅是锅炉本体自身的问题，锅炉辅机和配套设备是否适应循环流化床锅炉的特点，对锅炉也会有很大影响。特别是风机，如果它的流量、压头选择不当，将影响锅炉出力。总之，循环流化床锅炉本体，锅炉辅机和外围系统以及热控系统，这些必须作为一个整体来统一考虑。

如何使循环流化床锅炉能够满负荷运行，这是设计、制造、使用单位需要共同解决的问题。经过几年来的实践，对循环流化床锅炉的工艺技术过程和运行特性的认识已经逐渐深入，通过细致分析后提出了一些切实可行的改善措施，为循环流化床锅炉的满负荷运行打下了一定的基础。

(二)锅炉达不到额定出力改进措施

改进分离器结构设计，提高其分离效率。改进燃料制备系统，改善级配。在一定的燃烧份额分配下，采取有效的措施以保证物料平衡和热平衡。正确地设计和选取辅机及其外围系统。增设飞灰回燃系统和烟气再循环系统。

二、循环流化床锅炉的结焦问题

结焦在循环流化床锅炉运行中较为少见，一般只在点火或压火过程中发生。但当流化床锅炉的燃烧温度达到灰的熔点温度时，流化床、返料装置、换热器及冷渣器等处也会产生灰渣结焦现象，致使锅炉停止运行。

(一)结焦的现象

当循环流化床锅炉发生结焦时可能发生的现象：床温直线上升，高达1100℃以上；火色发白发亮；流化风量自行升高，风室压力、床压下降；返料装置、流化床、冷渣器排灰排渣不正常；循环灰浓度降低，炉膛压差下降，蒸汽压力、流量下降。

(二)结焦的原因

造成循环流化床锅炉发生结焦的原因：运行操作不当，造成床温超高而产生结焦；运行一次风量保持太小，如低于最小流化风量，使物料不能很好地流化堆积，悬浮段燃烧份额下降，这改变了整个炉膛的温度场，使锅炉出力降低，这时盲目加大给煤量，会造成炉床超温而结焦；燃料制备系统选择不当，燃料级配不合理，如粗粉份额较大，这样就会造成密相床超温结焦；煤种不合适也会造成循环流化床锅炉结焦。

(三)结焦的预防

锅炉正常运行时，应注意监视仪表参数的变化，合理控制床温在允许的范围内，调整好燃烧。运行风量不低于最小流化风量，保持相应稳定的料层厚度。对于采用手动排灰、排渣的小型流化床锅炉，应做好联系工作，排灰排渣采取少量勤放的办法，以免造成床温不稳，大幅度变化。排灰、排渣时，表盘操作司炉应注意监视床温及床压、风量的变化，及时调整，稳定燃烧。运行中，应注意检查和观察燃料及颗粒的变化，燃料粒度在规定范围内，进行合理的风煤配比。

(四)结焦的处理

当流化床温度上升较快，有超温的趋势时，应立即停止给煤，大幅度增加一次风量以降低床温。如果给煤自动控制时，应将自动改为手动，床温正常以后再恢复自动。如果负压给煤时，可从下煤口往炉内投入素炉灰以吸热降温；如在风室或风道装有蒸汽降温装置时，可向风室喷射蒸汽，随一次风进入炉内吸热降温。对于设计有独立的脱硫、飞灰再循环系统的大型流化床锅炉，可通过适当增加脱硫剂和投入飞灰再循环来降低床温。

当床温稳定以后，应及时停止蒸汽喷射，减小脱硫剂量，停止飞灰再循环，减少一次风量，逐步增大给煤量，恢复正常燃烧。同时应密切注意风室压力、床层压力及炉膛出口差压值的变化，如压力值下降或存在较强烈的波动现象，应考虑床料是否有局部结焦现象，当床温稳定后，压炉检查流化床及返料装置，确认无焦，或清除焦块后，再重新投入运行。

如床温、床压均正常，应注意适当排灰、排渣，以检查灰渣排放是否正常，如排灰、排渣不正常，也应采取压炉措施检查是否结焦，并查明排渣排灰不正常的原因。在压炉检查时，应注意检查分离器及返料装置、返料斜管是否存在结焦和堵塞。切不可在已发现有异常情况时，强行运行，防止扩大事故和增加处理的难度。

三、循环流化床锅炉的磨损问题

循环流化床锅炉可能磨损的部位有承压部件、内衬、旋风分离器、布风装置及返料装置等。

在工程上，由于机械作用、间或伴有化学或电化学，物体工作表面材料在相对运行中不断发生损耗、转移或产生残余变形的现象称为磨损。在循环流化床锅炉中磨损是受热面事故的第一原因。

(一)磨损的性能指标

为了说明材料的磨损程度及磨损性能，常用磨损量、磨损率、磨损性等作为评价材料磨损的性能指标。

(二)流化床锅炉中易的磨损的主要部位

在循环流化床中，由于炉内固体物料的浓度、粒径比煤粉炉要大得多，所以循环流化床锅炉受热面的磨损要严重得多，但炉内的磨损并不均匀，一般磨损严重的部位有以下几处：

(1)布风装置中风帽磨损最严重的区域位于循环物料回料口附近。

(2)水冷壁磨损最严重的部位是炉膛下部炉衬、敷设卫燃带与水冷壁过渡区域、炉膛角落区域以及一些不规则管壁等，这些不规则管壁包括穿墙管、炉墙开孔处的弯管、管壁上的焊缝等。

(3)二次风喷嘴处和热电偶插入处；炉内屏式过热器；旋风分离器的入口烟道及上部区域。

(4)对流烟道受热面的某些部位，如过热器、省煤器和空气预热器的某些部位等。

(三)磨损问题的处理

对于可能磨损或已经磨损的部位，检修中要进行认真检查并及时处理。如更换已磨损的风帽、防磨瓦及换热管，补修已磨耐火材料等，也可换成更合适的耐磨材料或加装防护件等。主要处理方法是：

(1)使用适合于流化床的防磨材料。

(2)采用金属表面热喷涂技术和其他表面处理技术。

(3)受热面加装防磨机构，安装防磨瓦等。

(4)某些特殊部位改变其几何形状，如炉膛内表面的管子和炉墙，做到“平、直、滑”，不要有凸起部位。

对某些已严重磨损部位并在运行中发现时，如受热面特别是承压部件的受热面发生爆管、泄漏时，应及时停炉维修，防止事故扩大。

四、循环流化床锅炉的熄火问题

当循环流化床锅炉燃烧风煤比不当、给煤量不足、给煤设备发生故障断煤、床温下降、低于燃烧的正常温度时，会导致熄火事故。

(一)熄火的现象

当循环流化床锅炉熄火时会出现床温降低、火色变灰变暗现象，或者发出断煤报警信号，给煤机停转，给煤电流为零。循环流化床锅炉熄火时，汽压、汽温、流量下降。

(二)熄火的原因

循环流化床锅炉熄火的原因是锅炉负荷大幅度变化时，燃煤调整不合理造成熄火。锅炉供汽量加大，蒸发量加大，吸热量加大，而给煤量没有相应加大，燃烧放热量小于吸热量，炉内热平衡遭到破坏，床温降低造成熄火。煤的发热量变化较大时，调整不及时造成熄火。入炉燃料质量变劣，给煤量没有加大，使燃烧放热量小于吸热量，床温下降造成熄火。

床底渣排放失控，造成流化床熄火。一定的床料量和一定的燃烧温度对应一定的锅炉负荷。床料过厚，灰浓度过高，冷渣、冷灰吸热量过大，破坏了炉内热平衡，床温下降造成熄火。断煤造成的熄火，主要原因：煤中的水分过重，煤斗不下煤；给煤机因煤湿致使绞笼卡死，给煤机停转断煤。

返料投入运行时控制不当，造成压灭火熄火。点火过程中，油枪撤出过早造成熄火。

（三）熄火的预防

循环流化床锅炉运行中，应注意检查燃料水分情况，当给煤水分过重时，应注意监视炉前煤斗，防止卡斗，注意下煤口，防止堵煤。小型流化床锅炉应完善给煤断煤信号装置。司炉应注意精心操作，监视床温变化，及时调整给煤，维持床温稳定。

（四）熄火的处理

当床温下降较快且幅度较大时，应立即检查是否断煤、卡斗，并及时调整给煤量，减小一次风量，直至最小运行风量，但不宜小于相应床料厚度的冷态临界风量。调整炉膛微负压运行。必要时，可关闭返料流化风，停止返料，关闭二次风门，停止输送二次风，停止脱硫剂及飞灰再循环给料。待炉温稳定和回升时，再逐步恢复返料量、二次风及脱硫剂、飞灰再循环。如果床温低于 800℃以下还下降较快时，观察炉内火焰情况，火焰变暗时，应停止给煤，停止一次风，压炉闷火，利用炉墙温度加热床料。闷炉时间一般为 15min 左右。必要时，可打开炉门，查看床料火色，呈红色，可关闭炉门，直接启动，恢复锅炉正常运行。

循环流化床锅炉启动时，注意一次风不宜提升过快，一般启动风机投入给煤时，给煤量不宜过大，注意炉温是否回升，如回升，可逐步增加风量到临界流化风量，稳定一段时间，待床温快速回升时，再继续逐步提升一次风，并调整给煤量。待床温恢复到 800℃以上，一次风量恢复到正常运行风量时，控制好床温，逐步投入二次风和返料装置。待系统已经正常循环燃烧时，可恢复脱硫剂，飞灰再循环给料，使锅炉完全正常运行。通过压火闷炉以后，如果检查底料温度过低，床料火色不转红，可投入引火烟煤，或投入木炭、木柴重新加热底料，或投入一次风使底料流化，投入喷燃装置加热底料，如同冷态启炉一样重新点火启炉。

五、循环流化床锅炉的循环灰浓度过低的问题

循环流化床锅炉运行时，循环灰浓度过低，会降低稀相区的燃烧份额，降低炉内水冷壁的传热，影响锅炉出力。严重时养不起床料，使密相区物料量越来越少，颗粒越来越粗，流化质量越来越差，会造成薄料层局部高温结焦。

（一）循环灰浓度过低的现象

循环流化床锅炉循环灰浓度过低的现象有悬浮段压差值减小，且无法自然提升，或者会出现给煤量小，床温偏高，锅炉出力降低现象，有时也会出现风室压力较低，床料较薄，长时间没有冷渣排放现象。

（二）循环灰浓度过低的原因

造成循环流化床锅炉循环灰浓度过低的原因有燃料中的灰分过低，且燃料呈粉状，颗粒过小，分离器无法分离收集细灰。大量的细灰随烟气进入烟道排出；操作调整不当，不适应燃料燃烧特性。一次风量过大，二次风量过小；设备有缺陷，炉墙损坏，烟气短路，不经过分离器直

接进入烟道；分离器损坏，筒体裂纹，顶盖磨穿，分离效果降低；返料装置流化风量过大，或返料装置检查门漏风等，大量气体返窜到分离器，造成分离器分离效率降低。降低一次风量，增大二次风量等。

（三）循环灰浓度过低的防止方法

锅炉运行时，注意调整返料风适当，消除漏风。升炉前，应注意全面检查炉渣，分离器，消除缺陷，保证设备完好，发挥设备的正常功用。改善操作，正确使用一、二次风，使操作适应燃料的特性。改善燃料，使用混合燃料。建立飞灰循环系统，能及时方便地补充循环灰，建立适当的循环灰浓度。

（四）循环灰浓度过低的处理

（1）当锅炉床料提升不起、灰浓度过低时，应注意调整风量，维持一次风最小运行风量，适当增大二次风量。

（2）可在炉前给煤中适当掺烧冷料，以补充床料，也可以利用压炉的机会由炉门口往炉内投入冷料，适当加厚床料。

（3）注意改善原煤质量，增加含灰和矸石成分稍多的燃料，使用混合燃料。

（4）当床料过低时，应注意防止床料粗大化现象的扩展，除了适当降低一次风外，还应采取措施补充加厚床料，并配合适当排放床层下部的粗颗粒冷料，长时间不排渣，燃料中的超大粗颗粒会在床层底部越积越多，流化风量过小时，流化质量会变差，新煤进入床内不易扩散，会形成局部高温结焦事故。

六、循环流化床锅炉的循环灰浓度过高的问题

循环流化床锅炉运行中，会因循环灰浓度过高，通风阻力过大，流化质量遭到破坏而停炉。

（一）循环灰浓度过高的现象

循环流化床锅炉循环灰浓度过高的现象有：悬浮段压差值增大；循环流化床温度偏低；一次风压头不足，增大风门开度时，风量、床压提升不起来；风室压力表盘指针剧烈抖动；压火停炉后，床内细灰过多等。

（二）循环灰浓度过高的原因

循环流化床锅炉循环灰浓度过高的原因有：运行中调整不当，或者流化风量、风速过高；燃料中细颗粒成分过多，煤质差，灰分过高；循环灰浓度控制不当，没有及时排灰等。

（三）循环灰浓度过高的预防

循环流化床锅炉循环灰浓度过高的防止可以采取控制循环灰浓度在适当的范围以内，不要过于超出力运行。其次根据燃煤特性，合理调整一、二次风比例，适当降低一次风量，增大二次风量。或者采取改善燃煤特性，降低燃料中细颗粒成分和控制燃煤灰分等。

（四）循环灰浓度过高的处理

一旦出现风室压力指针大幅度抖动现象，即说明循环灰流量过高，床内发生流化质量恶化的现象。这时，应果断采取排放循环灰及冷渣，适当降低循环物料量及床料，改善流化质量。如果汽压、蒸汽流量降低时，应适当减少供热负荷，稳定锅炉运行工况。但应注意，在排灰、排渣时，不宜在短时间大量排放，以防床温控制不住。如果床压指针剧烈抖动，应立即停止给煤，

停止锅炉运行，压火停炉。适当排放冷渣，同时打开返料装置放灰门及炉门，排放循环灰，待炉内物料量控制在适当的厚度后再重新启动锅炉，恢复正常运行。

七、循环流化床锅炉返料装置堵塞问题

返料装置是循环流化床锅炉的关键部件之一，如果返料装置突然不工作了，将会造成锅炉内循环物料量不足，汽温、汽压急剧降低，床温难以控制，危机锅炉的负荷与正常运行。

一般返料装置堵塞有两种情况：一是由于流化风量控制不足，造成循环物料大量堆积而堵塞。二是返料装置处的循环灰高温结焦而堵。

（一）返料装置堵塞的现象

返料装置处温度升高到1000℃以上，或返料装置处温度低于正常运行温度，并逐步下降；循环灰浓度降低，即炉膛出口压差值降低。锅炉供汽压力降低，蒸汽流量下降；返料装置处放灰不正常，大量流化风带有少量细灰呈喷射状；风室压力或床压下降，床温升高等。

（二）返料装置堵塞的原因

返料装置下部风室落入冷灰使流通面积减小造成返料装置堵塞；风帽小孔被灰渣堵塞，造成通风不良也会造成返料装置堵塞；循环物料含碳量过高，在返料装置内二次燃烧造成返料装置堵塞；回料系统发生故障、风压不够、返料装置处的温度过高等造成返料装置堵塞。

（三）返料装置堵塞的预防

点火启炉前，应详细检查返料装置、分离器设备，及时消除存在的缺陷，排除运行中掉物、不流化返料现象。检查时，应重点检查返料装置小风帽有无损坏和小眼堵塞现象。检查放灰管是否损坏漏风。检查返料流化风风室、风管是否有灰渣堵塞现象。正常运行中，应尽量避免短期大量连续排放灰渣的现象，应少放勤放。

（四）返料装置堵塞的处理

当返料装置出现超温、不返料的异常现象时，应调整好主床燃烧，与用汽部门及邻炉取得联系，及时压火停炉，打开返料装置检查门进行检查。如结焦，应及时清除，并检查分离器、返料斜管是否结焦并进行清除。

如果主床正常，没有超温，也没有大量排灰、排渣现象，返料装置内也无其他杂物，如耐火砖、混凝土块等，应注意检查返料装置流化风室及放灰管、返料风的送风系统。如放灰管破裂，应修复；排灰口漏风严重，应用耐火混凝土密实，消除一切影响流化的因素。

八、循环流化床锅炉的分离器结焦、堵灰问题

返料装置工作正常时，循环灰在分离器内是不滞留的，所以，分离器内一般不会积灰和结焦。但如果返料不正常，或分离器耐火内衬损坏剥离，造成返料装置、分离器料腿堵料时，分离器便会发生堵灰和结焦。

（一）分离器结焦、堵灰的现象

循环流化床锅炉分离器结焦、堵灰的现象有：循环灰浓度下降，锅炉出力降低，蒸汽流量、压力降低；养不厚床料，床温逐步升高，给煤量减小；返料装置不返料，温度下降，放灰不正常等。

(二)分离器结焦、堵灰的原因

返料装置故障不返料,致使分离器堵灰结焦;分离器内衬损坏掉落,致使返料装置不返料,以及落灰斗排灰口堵塞,灰不能经料腿进入返料装置;返料装置漏风,返料风过大,气流经料腿返窜,使分离效果降低;分离器自身损坏,漏风、漏烟、漏水失去分离效果;燃料颗粒过细,呈粉状,分离器难以分离;灰熔点低,也会在分离器内燃烧和结焦。

(三)分离器结焦、积灰的预防

循环流化床锅炉运行中注意调整燃烧,控制炉温不宜过高,分离器进口烟温不宜超过900℃;对不同特性的燃料,采取不同的操作方法,保证循环燃烧系统正常工作;做好煤场燃料搭配,尽量使用混合燃料,调整好燃料的特性;发现循环系统设备工作不正常,及时压火停炉检查处理,以免扩大事故。

(四)分离器结焦、堵灰的处理

循环流化床锅炉运行中一旦返料装置呈现不返料、排灰不正常,或温度下降等现象时,应及时采取压火停炉措施,检查返料装置和分离器,以便及时消除故障,防止分离器严重堵灰或结焦,给处理增加难度。如果分离器掉内衬,应注意清除干净,尤其是升炉前的冷状态,必须将那些将要掉、但还不掉的内衬及耐火混凝土块,用外力将其捅掉,以免运行时,受热后因应力作用而松动掉落,影响正常运行。

对于容量较大的循环流化床锅炉,分离器汽、水冷却装置采用悬吊件的,应注意检查悬吊件是否损坏,注意检查水冷集箱、水冷管是否有变形损坏现象。注意检查分离器进口、落灰斗料腿处的高温膨胀节是否完好。

资料链接

1. 磨损的主要危害有哪些?

答:循环流化床锅炉的磨损主要分受热面磨损和耐火材料及布风装置磨损。在受热面磨中,不管是水管、汽管、烟管还是风管的磨损,轻者导致热应力变化、使其受热不均,重者造成爆管或使受热面泄漏,严重时导致锅炉停炉;耐火材料磨损会使耐火层脱落、锅炉漏风或加重磨损受热面;布风装置磨损将导致布风不均,严重时会使锅炉结焦。这些都将不同程度地影响锅炉正常运行及安全经济运行。

2. 循环流化床锅炉受热面磨损主要形式及其机理是什么?

答:(1)冲击磨损。冲击磨损是指烟气、固体物料的流动方向与受热面(或管束)呈一定的角度或垂直时,固体物料冲击、碰撞受热面而造成的磨损,颗粒切向或垂直掠过受热面。

(2)微振磨损。微振磨损是指传热条件下传热管与支撑之间产生垂直运动而导致的传热管损耗现象。

(3)冲刷磨损。冲刷磨损是指烟气、固体物料的流动方向与受热面(或管束)呈一定平行的角度或垂直时,固体物料冲刷受热面而造成的磨损,如受热面凹凸部位、平台处产生的涡流。

3. 影响循环流化床锅炉受热面磨损的主要因素有哪些?

答:(1)燃料特性影响。运行经验认为,受热面的磨损与燃料热性有关,对于受热面磨损大致可把燃料分为无磨损、低磨损、中等磨损、高磨损和严重磨损五类。

(2)床料特性的影响，包括床料颗粒的影响、颗粒形状的影响、颗粒硬度的影响、颗粒成分的影响。

(3)物料循环方式的影响。不同的物料运行方式使受热面易磨损程度有较大的差异，特别是料循环方式的影响。

(4)运行参数的影响，主要是烟气速度和床温的影响，其次是灰浓度、灰粒的撞击频率因子对被磨损物体的相对速度的影响。

(5)受热面结构和布置方式的影响，如管束的布置方式和受热材料的耐磨损。

知识拓展

1. 循环流化床锅炉事故处理原则是什么?

答:(1)发生事故时，运行人员应迅速、果断、准确地按现场规程规定处理。

(2)发生事故后，应立即采取一切可行措施，防止事故扩大查明原因并消除，恢复机组正常运行。在确定设备不具备继续运行条件时，应立即停炉处理。

(3)紧急停炉时，必须立即切断供给炉内的所有燃料。

(4)事故处理完毕，运行人员应实事求是地将事故发生时间、现象、所采取措施等做好记录，并按照相关规定组织人员对事故进行分析、讨论、总结经验，从中吸取教训。

2. 炉膛发生爆炸的主要原因是什么?

答:(1)通风不畅，可燃气体在炉内积聚。

(2)消化不良，造成细煤粒在炉膛内积聚。

(3)煤质变化。

(4)煤中水分过大，燃烧不完全或推迟燃烧。

(5)煤油混合，油燃烧器雾化不好，或风道燃烧器油枪灭火后通风不充分，油气积聚。

(6)返料装置突然塌灰;非正常压火启动。

(7)炉膛温度偏低，燃烧不充分。

(8)外置换热器低温回料温度低于给煤着火温度，且有煤累积在低温回料腿内。

(9)点火初期，投煤量过大。

3. 循环流化床锅炉在实际运行中如出现床温的超温状况，会产生哪些不良后果?

答:(1)使脱硫剂偏离最佳反应温度，脱硫效果下降。

(2)床温超过或局部超过燃料的结焦温度，炉膛出现高温结焦，尤其是布风板上和回料阀处的结焦处理十分困难，只能停炉后人工清除。

(3)使锅炉出口蒸汽超温，影响后继设备运行。一旦出现床温严重超温而引起的蒸汽超温，表面式减温器将不能起到保护过热器及后继设备的作用。

4. 循环流化床锅炉在实际运行中如出现床温的降温状况，会产生哪些不良后果?

答:(1)脱硫剂脱硫效果下降。

(2)炉膛温度低于燃料的着火温度，锅炉熄火。

(3)锅炉出力下降。

5. 哪些情况下要联动燃料跳闸系统(MFT)?

答:循环流化床锅炉主燃料的跳闸原则应该是根据确保送风压差足够高，使入炉燃料能稳定着火、燃烧来判断。如果床温未达到预定的最低值，应防止主燃料进入床区，该最低值可根据经验设置，一般可取 760℃。此外，在下列情况之一发生时，即应紧急停炉，实行强制性主燃料跳闸：

(1)所有送风机或引风机不能正常工作。

(2)炉膛压力大于制造商推荐的正常运行上限。

(3)炉温或炉膛出口温度超出正常范围。

(4)床温低于允许投煤温度，且辅助燃烧器火焰未被确认。

主燃料跳闸后，应根据现场情况决定是否关停风机。在不停风机时，应慎重控制入炉风量，而不应盲目地立即减小风量。

6. 锅炉给煤中断后应如何处理？

答：(1)停运故障给煤机，查找故障原因，采取相应措施予以恢复；同时增大其他给煤机出力，保持燃烧稳定。

(2)及时疏通给煤。严密监视给煤机温度，超过规定值时，应关闭给煤机出口门。

(3)若成品煤仓烧空，应立即关闭给煤机出口门，停运给煤机，防止烟气反窜。

(4)若成品煤仓煤位低，应减少相应给煤机出力，停运给煤机，防止烟气反窜。

(5)若不能及时恢复给煤，应适当降低锅炉负荷或加大其他给煤线的给煤量。

7. 如何降低循环流化床锅炉的飞灰含碳量？

答：(1)在不结焦的前提下，适当提高床温。

(2)适当降低一次流化风量，在保持锅炉效率最佳范围内，适当提高总风量。

(3)在不超过设计值的前提下，煤的平均粒径可适当大一点。

(4)合理掺配混煤，调节煤质；投入飞灰再循环装置。

(5)对回料阀松动风量进行优化调整，在保证料腿流化的前提下减少松动风向旋风分离器的漏风量，提高旋风分离器对细颗粒的分离效率。

8. 遇到哪些情况应立即停止风机运行？

答：(1)风机发生强烈的振动和严重的撞击摩擦时。

(2)风机轴承温度不正常地升高，超过允许值时。

(3)电动机温升超过允许值时；风机或电动机有严重缺陷，危及人身和设备安全时。

(4)电气设备故障，需停止设备运行时。

(5)发生人身事故必须停止风机方能解救时。

(6)发生火灾危及设备安全时。

情境四　锅炉技改案例

任务 4.1　燃煤锅炉挡渣器的技改案例

学习任务

(1)学习油田燃煤锅炉的基础知识。

(2)学习油田燃煤锅炉技改思路。

学习目标

(1)能够独立完成锅炉维修处理。

(2)能够理论联系实际，制订锅炉维修方案。

(3)通过锅炉运行参数的变化，发现事故隐患。

(4)通过技改案例学习，提升处理问题的能力。

学习内容

一、技改背景

23t 燃煤注汽锅炉的挡渣器位于锅炉的后拱附近，安装在炉排的后尾轮的上方，起到挡渣的作用，下面是除渣机的板链与排渣槽子，当挡渣器正常工作时，在挡渣器的前面约 75mm 处，不断聚集经炉排燃烧过的煤渣，这些煤渣需要经过挡渣器下面的除渣机排到外面。而当挡渣器附近出现大量煤燃烧不好而结焦时，挡渣器的挂件或悬铁就会出现脱落、断裂、顶起炉排不能正常运行，就需要锅炉紧急停炉，每年维修成本达 20 万元，间接损失达 10 万元左右，且在维修过程中的炉内高温情况，极易造成维修人员烫伤，安全隐患增多，危害因素及风险系数不确定，给维修管理加大了难度。现场操作人员劳动强度非常大，炉排漏煤严重，造成能源的不必要浪费，经常出现锅炉跑火现象，煤渣中的可燃物有时超过 40%；板链除渣机的链条经常断裂，故障频发，使设备的利用率大大降低，锅炉出力明显不足，如何解决挡渣器脱落造成锅炉紧急停炉的技术难题呢？现场维修技术人员经过分析、汇总，对挡渣器进行技术改造，找出事故原因，改进管理方法，规范现场操作步骤，避免再次发生类似问题。

二、改进方案

针对挡渣器高温易脱落的实际情况，采用分体式结构，高位水箱强制水冷循环系统设计。

三 、工艺流程

冷却水通过水箱的进口，经 10m 高水箱流向 2 台 1.5kW 水泵和 1 根 DN50mm 管线，到挡渣器的左端横梁处，与挡渣器横梁轴里面的 2 根冷却水管相通，经右端挡渣器出口，最后回到水箱，完成闭式循环过程。

四、挡渣器内部水冷装置的改造与调节机构设计

(一)水箱水位控制电路图

由图 4-1 可知：水箱水位自动控制系统电路主要由主电路和控制电路两部分组成。主电路是 1 台水泵(且始终有一台备用)，由 220V 交流电压供电，控制电路包括整流、滤波、稳压电路、感应电路及限流限压电路组成。

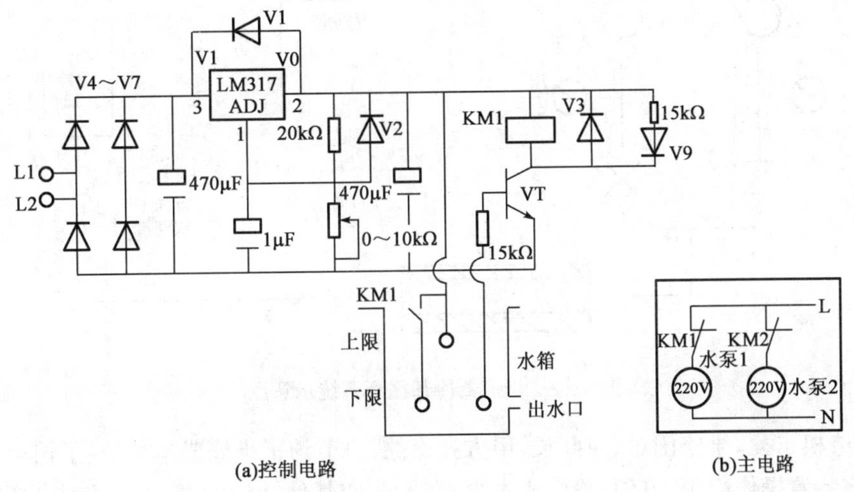

图 4-1 水位控制系统电路图

(二)挡渣器内部水冷装置

在每一个挡渣器的后边的横梁里安装 2 个 80mm 的钢管作冷却管，且管子要从左端的炉墙穿入炉墙的右端与回水管连接，管子在炉墙外预留 200mm 的软管作为软连接，放水检查用，在左端并联一套热电偶温度控制装置，实时监控挡渣器后拱附件的温度变化情况。

(三)挡渣器涡轮调节机构的设计

锅炉在燃烧过程中会出现大量的煤渣，若煤质不好或出现不完全燃烧等情况，在挡渣器附近就会堆积结焦成块，极易造成挡渣器附件局部过热，出现脱落、烧损和挡渣器横梁变形等问题。若挡渣器烧损严重就无法正常运行，或出现掉到渣槽内发生板链拉断的事故，必须停炉检修，使设备的利用率大大降低，锅炉出力明显不足。为防止上述情况发生，有时候也需要将挡渣器提高一定的高度，来把聚集在后拱和挡渣器附近的煤焦石尽快处理到除渣机里面。设计一套在外部通过蜗轮蜗杆传动机构进行抬高的装置，分低摆位、正常位置、高摆位三种方式，实现堆积的煤渣快速处理。

(四)挡渣器冷却水循环系统

设计示意图见图 4-2。

按照挡渣器冷却示意图的设计要求，进行水压试验，现场应用效果证明，闭式水冷循环挡渣器有效地解决了挡渣器高温出现的变形脱落问题，避免了烧损脱落造成炉排堆积顶坏挡渣

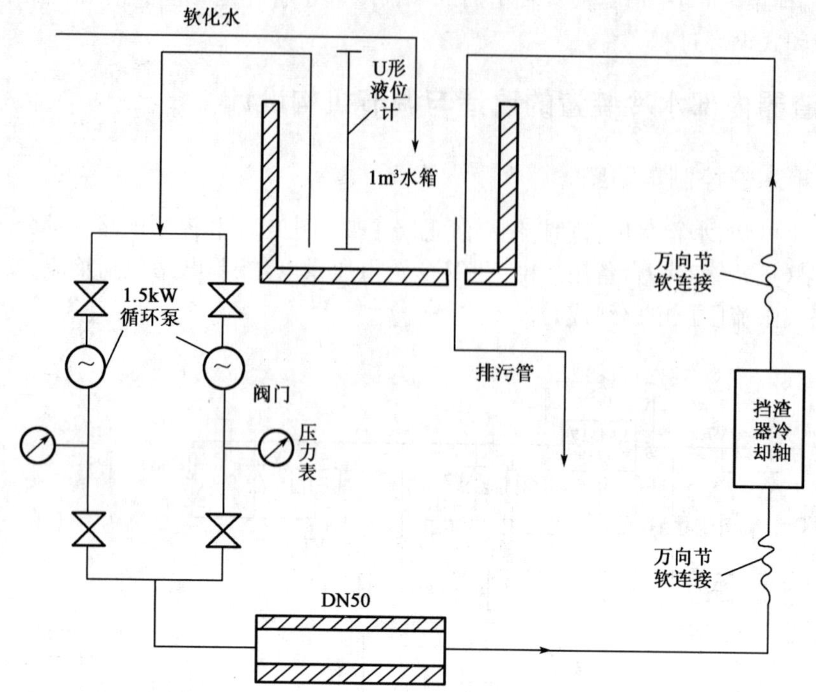

图 4-2 挡渣器冷却循环系统示意图

器横梁，除渣机卡死，维修困难、时间长，甲方扣汽的，也节约了维修成本，减轻了司炉工的劳动强度。且该装置操作简单，方便，投资成本少，在不改变其他结构的情况下，与未改进行对比，燃煤和人工成本大幅度降低，改进效果达到了预期。

五、实施效果分析及经济效益

（一）实施效果分析

锅炉挡渣器经过改进后，运行近 3 年效果良好，解决了挡渣器出现的高温状况，使挡渣器的温度始终保持在 750℃以下运行，改进后挡渣器及后拱附件管线等没再出现开裂、脱落现象，除渣机和炉排的故障率也明显降低了，设备的维修次数降低到 1 年 2 次以内，符合锅炉维修保养规程，提升了设备的利用率和使用寿命。

（二）经济效益

锅炉的挡渣器月故障停炉次数由原来的 26 次，扣汽 960m³，经济损失 23.8 万元，下降到改造后月故障次数 2 次以内，扣汽 26m³，符合采油厂要求的 2%标准，全年节约费用 32.47 万元左右，取得了明显的经济效益和社会效益。

六、结束语

挡渣器水冷装置的改造成功，极大地保障了生产急需，使维修和保养费用比改造前大幅度降低，且现场操作人员劳动强度也降低了，改造费用低，结构简单，使用方便，节能效果明显，完全符合燃煤注汽锅炉的实际情况，从而解决了挡渣器因高温造成的脱落、开裂技术难题。

任务 4.2　板链除渣机防卡报警技改案例

学习任务

(1)学习 ZBC610 重型板链除渣机的结构组成。

(2)学习板链除渣机的故障产生原因。

(3)学习板链除渣机电动机防卡原理。

学习目标

(1)能够根据锅炉灰渣燃烧状态判断出在炉内的滞留时间。

(2)熟悉板链除渣机的工作原理。

(3)能够定期保养与检查板链除渣机的运行状态。

学习内容

一、技改背景

ZBC610 型板链除渣机是 23t 燃煤注汽锅炉的配套设备,采用重型板链除渣结构。每一台 23t 的燃煤注汽锅炉安装一套除渣机,除渣机位于锅炉炉膛灰斗的下方,是燃煤注汽锅炉炉底除渣系统的主要设备。锅炉除渣采用机械除渣方式,燃烧后的炉渣落入除渣机的水槽中,链条刮板不断地将渣块刮到沉降池中,随着刮板的上下翻转运行不断地将渣块翻转到室外渣场,定期由汽车送至灰场或综合利用。除渣机上部水仓与锅炉渣斗之间有着良好的密封,并使除渣机的水温保持在 70℃左右,以保护渣斗和除渣机。由于设计及安装等缺陷,4#、5#站的除渣机在运行的过程中经常发生故障,造成除渣出力不足,时常维修耽误正常注汽。为此,对除渣机进行了全面的分析,针对发现的问题,采取了相应的措施,并提出了改进的具体方案,完善了除渣水循环系统。

二、设备简介

QXL23t 燃煤注汽锅炉安装使用的是 ZBC610 型板链除渣设备,其正常运行时由电动机通过三角皮带,带动摆线减速箱,再由联轴器连接主动链轮,带动链条移动,将渣槽内经水冷却后的灰渣拉出渣槽外指定的位置。除渣机安装结构示意图如图 4-3 所示。

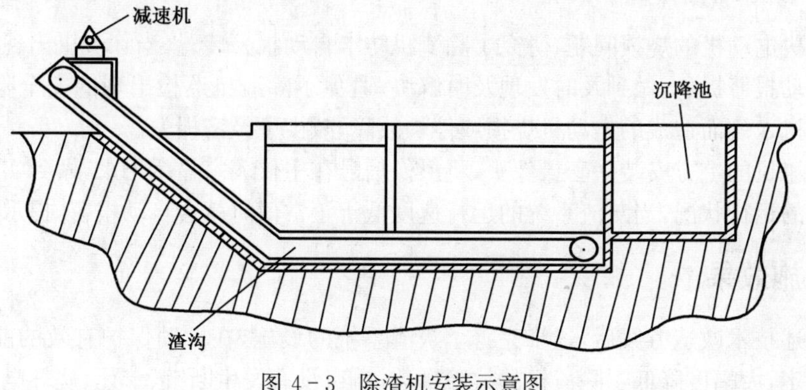

图 4-3　除渣机安装示意图

燃煤在炉排上燃烧后(约 800～900℃)的渣块随炉排的上下翻转落入渣沟和渣槽中，经过冷却水降温后，在板链除渣机匀速运动下排到室外。除渣机的上槽体水平段及下槽体底部采用防破碎、防脱落的耐腐蚀衬套，以提高底板的耐磨性，并减少刮板与它的摩擦力。

除渣机主要由主动链轮、从动链轮、链条、减速机、电动机、钢板槽、支架等组成，钢板槽(水泥渣沟)槽中加水。链条由链销连接而成，链节材质为墨铸铁和铸钢两种不同材料，各个落灰斗口必须插入槽内的水面以下，以达到水封的目的。

除渣机槽体被隔板分为独立的上、下槽体，上槽体内充满冷却水，为刮板工作段，下槽体为链条和刮板的回程段。链条和刮板贴在铺有铸石板的渣槽内滑动，将炉渣带走如图 4－4 所示。

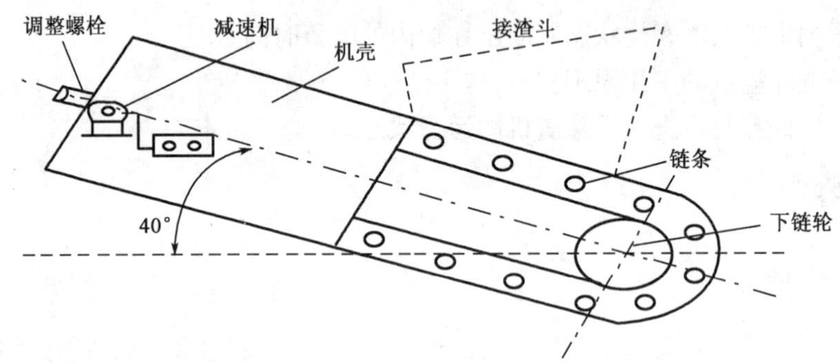

图 4－4　板链除渣机结构示意图

三、改造方案

(一)设计回水池、安装除灰机

为了解决沉降池 pH 值不稳定问题，设计了一个 30m³ 的碱水回收池，利用二级除尘器补水灰渣泵，将沉降池的碱水打回回收池，再通过回收池的立式灰渣泵将回收池内的碱液输到渣池中，循环完成后，再将碱液补充到二级除尘器里，保持二级除尘器的水位正常。

其次，为了解决细灰堆积造成除渣堵塞的问题，安装一套与除渣机并行的除灰设备，让除渣机和除灰机形成一个闭式循环系统，杜绝炉渣细灰堆积、清理困难，也避免了劳动强度大、设备使用寿命短等不利因素。安装除灰机后，灰渣系统的故障率大大下降，细灰堆积的现象不见了，因细灰造成堵塞的问题基本解决了。

(二)设计自动报警保护装置

为了解决电动机的烧损问题，研究了除渣机防卡自动报警装置，当除渣机出现卡死或超负荷时就会自动报警提示，做到及时发现及时解决，避免了除渣机巡检出现的安全隐患，杜绝没有发现除渣机卡死而造成的电动机烧损或停炉故障，减少了经济损失。

还在除渣机的上方安装一套摄像头，将摄像信号在主仪表室显示出来，做到实时监控除渣机和除灰机的运行状况，当灰渣系统的运行速度低于正常值时就会自动报警，提示巡检人员。

四、实施效果

采用上述技术改造方案后，逐步完善了灰渣系统的设施，在自动保护有效的前提下，灰渣系统运行稳定，大幅度降低了除渣机的故障次数，再也没有发生断链、卡死、烧坏电动机等设备故障，也极大地保障了生产现场的急需，使维修和保养费用比改造前大幅度降低，且结构简单，使用方便，节能效果明显，完全符合燃煤注汽锅炉的实际情况。实践证明，上述改造方案是成功的，并在两站推广使用至今。

任务 4.3 上煤系统安全技改案例

学习任务

(1)学习上煤系统结构。

(2)学习电动机过载保护控制电路的工作过程。

(3)学习处理上煤系统一般故障。

学习目标

(1)能够独立完成上煤系统的启动准备工作。

(2)能够制订锅炉上煤系统的应急启停方案。

(3)能够及时发现事故隐患，会排除简单故障。

学习内容

一、技改背景

目前我单位使用的 DJ5012 大倾角皮带传输机在运行时经常发生皮带打滑或超载的现象，造成电动机负荷增加，如果超载时间过长，会造成电动机烧死或减速机齿轮连接器折断等事故。再次启动需要将皮带机导槽内的煤清理干净，储煤仓煤位保持正常位置。由于大倾角皮带传输机仰角较大(仰角 60°)，煤在传输过程中为敞开式运输，给清理工作带来诸多不便，也增加了岗位员工的巡检强度。在上煤过程中，需要岗位员工与铲车司机协调好，保证导料槽里的煤不堆积、无堵塞和无落煤。一旦因煤块和杂物卡住皮带机而导致给煤机大倾角频繁跳闸，就必须有 2 个维修人员下到地下 10m 处进行维修，容易出现维修人员滑落而绞伤，现场设备安全隐患比较严重。为此，我单位及时与厂家联系进行大倾角过载保护电路防卡报警装置的研制与应用，当大倾角上煤机出现卡死时能够自动过载保护，消除了大倾角传输机过载带来的安全隐患，杜绝了由于大倾角传输机超载没有及时发现而造成电动机烧损或停炉故障，减少了经济损失，每年节约维修费用十几万元，取得了较好的经济效益和社会效益。上煤系统结构如图 4-5 所示。

二、电动机过载系统的原理

过载保护器常用的是热继电器，它由双金属热元件、动作机构、常闭触头、常开触头、复位按钮及电流调节旋钮构成。电动机过载时电流变大，双金属热元件长时间通过大电流变形，通过动作机构使触头动作，带动开关跳闸，起到保护作用，如图 4-6 所示。

三、主要技术指标

我单位采用 DJ5012 大倾角皮带机，给煤机中心到梨式煤漏斗出口的长度为 35m，提升角

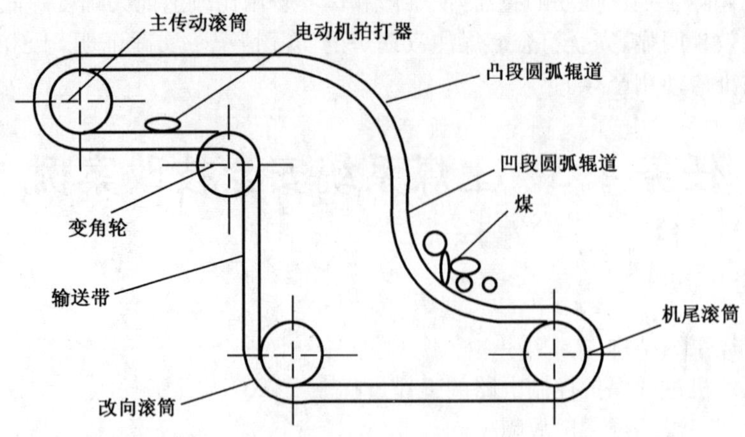

图 4－5　上煤系统结构示意图

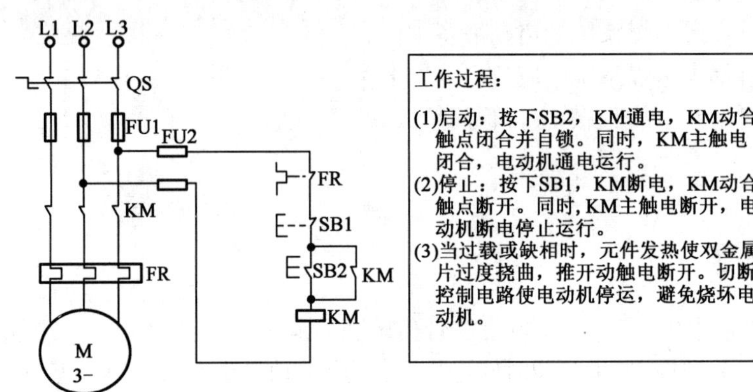

图 4－6　具有过载保护的自锁控制电路

度≤45°，提升高度 40m。

振动要求：当转速在 1500～3000r/min 之间时，振动指数 0.03～0.05mm 以下；当转速在 1000～1500r/min 之间时，振动指数 0.04～0.85 mm 以下；当转速为 750 r/min 时，振动指数在 0.012 以下。

温度要求：滑动轴承温度不大于 60℃，滚动轴承温度不大于 80℃，电动机外壳温度不大于 70℃。

四、应用前景

该电动机过载保护报警装置适用于皮带输送机低速运转的设备监控，该报警装置可以节省劳动力和人员巡检的工作量，同时能够保证监控的准确性和可靠性。该保护装置安装简便，占地面积小，投资少，应用范围较为广泛。

目前大倾角防卡超载保护装置在辽河油田曙光热注燃煤 4＃站和 5＃站应用，该报警器使用后，大大减轻了工人的劳动强度，既省时、省力，又准确可靠，消除了大倾角巡检过程中存在的安全隐患，同时又保证了设备的正常运转，防止了因巡检不到位而导致设备卡死、停炉的可能。与实施前进行对比，解决了电动机和尾轮磨损的技术难题，经过近半年的试运行，效果良好，是皮带传输机理想的替代产品。

任务 4.4 蒸汽温度过热裕度报警系统技改案例

学习任务

(1)熟悉注汽锅炉的自动控制系统。

(2)学习注汽锅炉的报警系统。

(3)学习处理蒸汽锅炉一般报警故障。

学习目标

(1)能够独立完成蒸汽锅炉的报警值设定工作。

(2)能够根据锅炉的运行参数变化,定时巡检,发现隐患问题。

(3)能够通过报警提示对锅炉运行参数进行实时调节,做到准确无误。

学习内容

一、技改背景

我单位现有注汽锅炉及配套设施 23 台套(其中亚临界注汽锅炉及配套设施 15 台套)。控制系统大都采用常规"PLC+点火程序控制器"模式,只能对 18 项联锁报警点进行报警启停,不能实现提前预报警。锅炉运行重要检测指标干度无法实现监控,只能由操作人员定时巡回检查、化验来实现调整,巡检间歇由于诸多因素易产生干度过热现象。

二、技改方案

在 PLC 软件中增加一套自动计算程序,增加蒸汽温度过热裕度报警,使蒸汽温度过热报警值随饱和蒸气压力、温度变化而变化,达到监控蒸汽干度,防止过热,从而实现自动化跟踪报警。增加蒸汽温度高预报警,蒸汽温度超过设定值发出预警不停炉,给司炉工 30min 处理时间,即进行 PLC 程序的编写和现场监测仪表的选型安装。通过以上技术,形成以控制锅炉出口干度、蒸汽温度为目的的双重监控系统,实现锅炉干度过热报警、蒸汽温度高报警控制自动化。

系统 CPU 为 CS1－42H 中央单元,选用十槽底板,三块模拟量输入模块(AD003)和一块模拟量输出模块(DA004)。装有两块 IA122 型输入模块和两块 OC225 型输出模块,能够完全满足注汽锅炉控制系统的需要。

为了保证控制系统所采集温度、压力参数的准确性,对华一站热电偶、压力变送器进行再检验,再确认,保证仪表的准确性。由于主要控制点在辐射段出口温度,因此在辐射段出口增加一个 K 型热电偶,在控制盘增加温度变送器来转换信号。如果温度报警,进入报警处理系统,确保饱和温度高报警准确无误。

以上报警可通过触摸屏图 4－7 完成注汽锅炉状态显示、参数设置、预警、报警等,操作者可以便捷地根据界面提示快速地进入相应的设置,了解系统运行工况及进行操作。

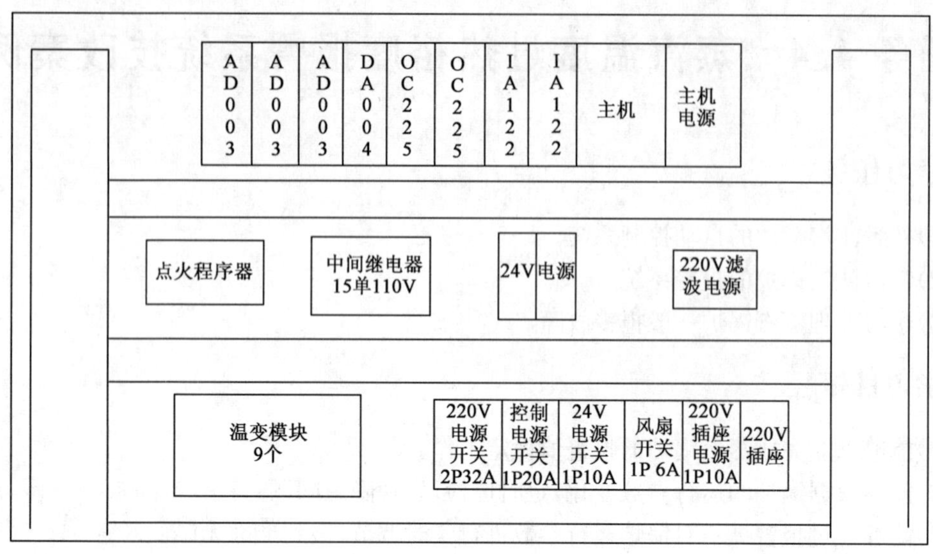

图 4－7　触摸屏示意图

三、现场应用

通过增加控制盘系统模块，编制调整锅炉控制程序，在原蒸汽温度高报警前增加了对应饱和蒸气压力的预报警自动跟踪系统，该报警值以饱和压力为基准，当蒸汽温度超出饱和压力对应的饱和温度 2～8℃时产生预报警(该报警可根据锅炉运行状况自行调整)，实现注汽锅炉蒸汽温度高预报警，避免蒸汽过热造成的锅炉不安全状况。该报警参数可随着蒸汽压力自动进行调整、跟踪，在超出饱和压力对应的饱和温度后不灭炉的情况下发出报警信号，提醒司炉工人及时进行调整。该项目已经在辽河油田华油三公司 7＃站进行应用。基层队、注汽站人员对于此项技术的应用反馈较好。

四、结论和建议

该技术的应用避免了因井口压力、锅炉燃料压力发生变化时造成的锅炉灭火，减少了由于井口异常启停炉带来的风险，极大地降低了锅炉爆管事故的发生，减少锅炉蒸汽过热造成的炉管腐蚀损伤，提高了锅炉运行时率，减少了锅炉酸洗次数(酸洗一台锅炉费用为 3 万元)，延长了锅炉使用寿命，增强了锅炉安全运行系数。从实际应用效果来看，该项技术值得在辽河油田公司所有注汽锅炉上推广应用。

任务 4.5　除渣机尾轮过载保护技改案例

学习任务

(1)了解除渣机尾轮故障产生原因。

(2)学习除渣机技改思路及维修方案的修订。

(3)学习除渣机尾轮过载保护知识。

学习目标

(1)能够对不同的除渣机进行保养和维修。

(2)熟悉除渣机尾轮的调整过程。

(3)能够及时发现事故隐患,排除简单故障。

学习内容

一、技改背景

我单位两台除渣机因常年满负荷运行,尾部衬套和棘轮磨损非常严重。以往调整除渣机刮板链条"张紧度"主要依靠尾部从动轮的调节丝杠或压链轮达到调整跑偏的目的,但除渣机尾轮位置处于渣沟沉降水槽的底部,职工巡检时视线不清,一旦发生大量的灰渣堆积现象,就会造成除渣机卡死、板链断裂和电动机烧损,被迫紧急停炉的严重事故。每年因除渣机造成的扣汽损失达50多万元,不但影响了正常注汽生产,而且安全生产也得不到保障。这使设备的利用率大大降低,锅炉出力明显不足,经统计每年因除渣机板链卡死、拉断等造成停炉事故占总事故的65%左右。由于存在上述较严重的安全隐患,因此确定该项目为急需改进技改项目。

二、设备现状

(1)除渣机尾轮刮板处经常发生链条遇阻、衬套磨损、销子折断的现象,一旦停炉检修,采油区块一次就扣80m³汽,公司损失严重;且尾轮位置处于渣沟内水槽下,使二级除硫装置中含硫量增加,外排接近超标,急需改进除渣机的工作环境。

(2)除渣机系统发生故障,容易造成运转中炉排卡机、停炉,导致锅炉注汽压力不稳定,压力过高容易导致高温高压管线甩龙伤人事故,并且影响正常注汽,由此造成每年经济损失近十几万元。

(3)过载后造成电动机烧损,维修工需要登高10m平台进行检修,在45°大倾角的除渣机槽中作业,容易发生机械伤害事故。

除渣机附件损坏实物图片如图4-8至图4-11所示。

图4-8　减速机万向节扭曲

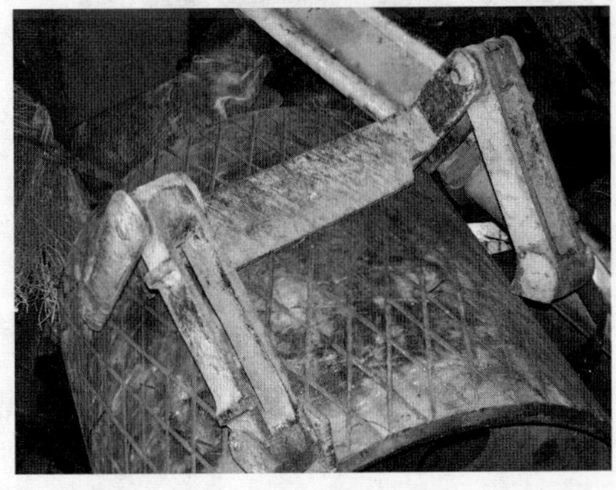

图4-9　除渣机板

图 4-10　减速机连接轴断裂

图 4-11　减速机外壳裂

技改实物图片及室内监控如图 4-12 至图 4-15 所示。

图 4-12　支持轮总成

图 4-13　调整支架

图 4-14　可调尾轮试运行

图 4-15　室内视频监控

三、技改推广情况

我们在辽河油田曙光热注站 4＃、5＃站现场推广应用后，热注站两台注汽锅炉共完成注汽 160000m^3，取得了较好的业绩，创造了我站在该区块注汽历史最好水平。锅炉除渣机改进后，消除了锅炉维修人员在渣沟作业存在的安全隐患，经过近三年的运行，没有发生一起安全事故，且该装置设计结构简单，便于操作，值得在油田燃煤锅炉中推广使用 。

情境五　安全环保相关知识

任务 5.1　硫化氢的相关知识

学习任务

(1)学习硫化氢气体性质和危害。

(2)学习硫化氢腐蚀特征和影响。

(3)学习硫化氢中毒特点。

学习目标

(1)能够了解硫化氢气体特性。

(2)能够在注汽中避免发生硫化氢气体中毒事故。

学习内容

一、事故案例

2003 年 12 月 23 日夜间，重庆市开县高桥镇，由川东石油钻探公司承钻的中国石油天然气集团公司西南油气田公司川东北气矿罗家 16 井在起钻时，突然发生井喷，造成高浓度硫化氢气体喷出、扩散。富含硫化氢的气体从井口喷出达 30m 高，失控的有毒气体随空气迅速扩散，导致在短时间内发生大面积灾害。事故造成 243 人死亡，4000 多人受伤，疏散转移 6 万多人，9.3 万多人受灾，赔偿金额 3300 万元，直接经济损失 1.6 亿元。

二、我国含有硫化氢气体的油田

硫化氢是一种广泛存在于自然界中的有毒气体，在石油钻井行业中，高压、深井的钻探就会经常遇到含有硫化氢的地层。目前，在我国已经发现的陆上油田中，就有许多油田不同程度地含有硫化氢气体，主要有四川川东卧龙河地区、华北油田冀中凹陷、新疆地区、长庆油田等，有的含量甚至很高。

比较典型的含有硫化氢油田的是：四川石油管理局，含硫化氢气田约占已开发气田的 78.6%，其中卧龙河气田，硫化氢含量是 10%；中坝气田，硫化氢含量是 6.75%～13.3%；川东罗家寨气田，硫化氢含量是 6.7%～16.6%；华北油田晋县赵兰庄硫化氢气田，硫化氢含量高达 63%。

硫化氢是仅次于氰化物的剧毒物，是极易致人死亡的有毒气体。全世界每年都有人因硫化氢中毒死亡，已成为目前职业中毒中仅次于一氧化碳中毒死亡的第二大杀手。据东方网 2003 年 6 月报道，2001 年 1 月至 2003 年 5 月，仅上海市就发生职业硫化氢中毒事故 11 起，42 人中毒，13 人死亡，死亡人数占全部职业中毒事故死亡人数的 61.9%。在油气钻探、开采中，一旦高含硫化氢油气井发生井喷失控，将导致灾难性的悲剧。

油气钻探开采中硫化氢气体是客观存在的，人们只要掌握了它的特性，有一套完善的硫化氢防护措施和管理制度，就完全可以保证人员的生命安全，杜绝硫化氢中毒事故的发生，实现优质安全钻井生产。因此，认识和了解硫化氢气体的来源和危害，掌握一套硫化氢气体的防护及处理知识就非常重要。

三、硫化氢的性质、来源和分布

硫化氢是含有硫和氢元素的气体，其毒性为一氧化碳的 5～6 倍。硫化氢是一种无色(透明)、剧毒、酸性气体；硫化氢气体分子是由两个氢原子和一个硫原子组成，其化学分子式是 H_2S，其相对分子质量为 34.08。硫化氢是动物、植物或有机物等经细菌作用而生成。

(一)硫化氢的性质

1. 硫化氢的化学性质

实验室中常用硫化亚铁与稀硫酸进行化学反应来制备 H_2S 气体：

$$FeS + H_2SO_4 = FeSO_4 + H_2S\uparrow$$

分析化学中用硫代乙酰胺(CH_3CSNH_2)的水解来制备 H_2S 气体：

$$CH_3CSNH_2 + 2H_2O = CH_3COO + NH_4 + H_2S\uparrow$$

在制取和使用 H_2S 时，注意一定要通风。

(1) 硫化氢的弱酸性。硫化氢可与强碱、盐等多种物质反应，表现出弱酸性：

$$H_2S+2NaOH = Na_2S+2H_2O$$

$$H_2S+CuSO_4 = CuS\downarrow(\text{黑})+H_2SO_4$$

(2)硫化氢的还原性：

$$H_2S+SO_2 = 3S\downarrow+2H_2O_2$$

$$H_2S+2FeCl_3 = S\downarrow+2HCl+2FeCl_2$$

$$H_2S+Cl_2 = S\downarrow+2HCl$$

$$2H_2S+O_2 = 2S\downarrow+2H_2O$$

硫化氢能使酸性高锰酸钾溶液褪色，除此之外，硫化氢还可以与溴水、碘水、硝酸、浓硫酸等多种氧化剂发生氧化还原反应。

(3)硫化氢的可燃性：

氧气充足时： $2H_2S+3O_2 = 2SO_2+2H_2O$

氧气不足时： $2H_2S+O_2 = 2S\downarrow+2H_2O$

(4)硫化氢的不稳定性：

$$H_2S = H_2+S\downarrow$$

2. 硫化氢的物理性质

所有气体的物理特性通常都是从以下几个主要方面描述的：颜色、气味、密度、燃点、露点、爆炸极限和溶解度(在水中)，硫化氢也不例外，通过以下几个方面的学习来全面、准确地了解硫化氢的物理特性。

(1)硫化氢的颜色。

硫化氢是无色、剧毒的酸性气体，人的肉眼是看不见的。这就意味着用肉眼无法判断硫化是否存在。因此，这种气体就变得更加危险。

(2)硫化氢的气味。

低浓度的硫化氢有一种令人讨厌的臭鸡蛋味，当闻到这种气味时，就意味着有硫化氢溢出；高浓度时会损伤人的嗅觉，嗅觉神经很快被麻痹，从而无法闻出臭味。闻不到气味就意味着危险。因此，绝对不可以用鼻子来检测这种气体。

(3)硫化氢的密度。

硫化氢是一种比空气重的气体，其密度为 1.189kg/m^3。因此，它常聚集在地势低洼的地方，不易扩散，如地坑、地下室、大容器里等。如果某处在被告知有硫化氢存在，那么就要立即采取自我保护措施，待在上风向、地势较高的地方工作。

(4)硫化氢的爆炸极限。

当硫化氢在空气中体积浓度达 4.3% ～ 45.5%范围时，形成易爆的混合气体，遇火发生强烈爆炸，造成另一种令人恐惧的危险。

(5)硫化氢的可燃性。

硫化氢气体分子稳定性很高，在近 1700℃时才能分解。完全干燥的硫化氢气体在室温下不与空气中的氧气发生反应，但点火时能在空气中燃烧，燃点 260℃，燃烧时产生蓝色火焰，并产生有毒的二氧化硫气体。二氧化硫危害人的眼睛和肺部。

(6)可溶性。

硫化氢气体能溶于水、乙醇及甘油中，但化学性质不稳定，在常温常压下(20℃、1atm)1 体积的水可溶解 2.9 体积的硫化氢，生成的水溶液称为氢硫酸，浓度为 0.1 mol/L 。硫化氢能在液体中溶解，就意味着它能存在于某些存放液体(水，油，乳液，污水)的容器中。硫化氢的溶解与温度、气压有关(硫化氢的溶解度随着温度的升高而下降)，只要条件适当，轻轻地振动含有硫化氢的液体，也可使硫化氢气体挥发到空气中。

熟记硫化氢的下列特性：

(1)致命性：剧毒气体，比一氧化碳更致命，其毒性几乎与氰化氢相同。

(2)易燃：燃点 260℃。

(3)无色：肉眼看不到。

(4)比空气重：易积聚在低洼处。

(5)臭蛋味仅在极低含量时能闻到：0.18～6.52mg/m^3。

(6)燃烧时有蓝色火焰，生成二氧化硫，也是一种有毒气体。

(7)对金属、非金属等有腐蚀作用。

(8)容易被风和气流驱散。

(二)硫化氢的来源

硫化氢是有机质腐烂后的自然产物，广泛存在于自然界中，还有多种生产过程中，如煤的低温焦化，含硫油气的开采和提炼，橡胶、皮革、硫化染料、动物胶加工等工业生产中，都有硫化氢的产生。开挖沼泽地、沟渠、水井、下水道、涵洞、隧道以及清除垃圾、污物、粪便等作业，也常有硫化氢存在。据统计，目前有 70 多种职业涉及硫化氢，人为产生的硫化氢每年约 3×10^6t，估计每年进入大气量为 1×10^8t。

在石油工业的生产中，硫化氢存在于各个环节，如钻井、试油、采油(采气)、油气集输、炼化等，在这些环节中最容易产生硫化氢气体的地方主要有：钻井、修井、采油和炼厂等。

1.钻井开发

油气井中硫化氢的来源可归结为以下几个方面：

(1)热作用于油层时，石油中的有机硫化物分解，产生出硫化氢气体。

(2)石油中的烃类和有机质通过储集层水中硫酸盐的高温还原作用而产生硫化氢气体。

(3)通过裂缝等通道，下部地层硫酸盐层的硫化氢窜上来。

(4)某些钻井液的处理剂在高温分解作用下，也会产生硫化氢气体。磺化酚醛树脂达到100℃时可以分解成硫化氢气体；三磺(丹煤，褐煤，环氧树脂)150℃时可以分解硫化氢气体；磺化褐煤 130℃时可以分解成硫化氢气体；本质素硫酸铁铬盐 180℃时可以分解硫化氢气体；螺纹油高温与游离硫反应生成硫化氢气体。注意：一般含硫化氢气体井严禁使用红丹螺纹油。

(5)含硫的地层流体(油、气、水)流入井内。

(6)某些洗井液中的添加剂(如木质磺酸盐)在高温(170～190℃以上)时热分解。

(7 被无水石膏浸污的钻井液中的硫酸盐类的生物分解。

(8)某些含硫原油或含硫水被用于钻井液系统。

2. 修井工艺

循环罐和油罐是修井时硫化氢的主要产生场所。循环罐、油罐和储浆罐周围有硫化氢气体，这是由于修井时循环、自喷或抽吸井内的液体进入罐内造成的。硫化氢可以以气态的形式存在，也可以存在于井内的钻井液中。

需要注意的是，井内液体中的硫化氢可以通过液体的循环、自喷、抽吸或清洗油罐释放出来。打开油罐顶盖、计量孔盖和封闭油罐的通风管，都是硫化氢向外释放的途径。在井口、压井液、放喷管、循环泵及管线中也可能有硫化氢气体。

3. 石油开采

在采油作业中有 9 处极易与硫化氢气体接触的场所。其中有 6 处与实际操作直接有关：

(1)水、油或乳剂的储藏罐。

(2)用来分离油和水、乳化剂和水的分离器。

(3)空气干燥器。

(4)输送装置，集油罐及其管道系统。

(5)用来燃烧酸性气体的放空池和放空管线。

此外，还有 3 处来源途径与设备所在地有关：

(1)装载场所。油罐车一连数小时装油，装卸管线时管理不严，司机没有经过专门培训而引起硫化氢气体泄漏。

(2)计量站调整或维修仪器。

(3)气体输入管线系统之前，用来提高空气压力的空气压缩机。

4. 炼厂

炼厂里释放硫化氢的途径归纳为 7 种：密封件、连接件、法兰、处理装置(包括冷凝装置)、排泄系统、取样阀以及其他破裂部位。处理装置是相当危险的地方，进入处理装置去清洗处理塔、清除污垢或进行其他维修作业，都可能有硫化氢中毒的危险。硫化氢以各种形式残余在处理装置中，或呈液态留在底板上，或在容器的外壳上，或在罐体内壁的锈皮中。对容器中液体的轻微震动或擦洗容器壁上的积垢，会使硫化氢扩散出来。

(三)硫化氢的分布规律

硫化氢虽然广泛存在于自然中，但其分布是有一定规律的，主要有以下几点：

(1)硫化氢含量随地层埋深的增加而增大。井深 2600m 时,硫化氢含量在 0.1%～0.5% 之间,超过 2600m 或更深,硫化氢含量将超过 2%～23% 。

(2)多存在于碳酸盐地层中,尤其存在于与碳酸盐伴生的硫酸盐沉积环境中。

(3)平面分布上同一油气田因客观情况的不同,硫化氢含量差别也很大。

四、职业性安全暴露极限

硫化氢是一种有毒气体,与它接触可以从微弱的不适到死亡。为此,国家规定了四种职业性直接暴露的安全极限,用来保护工作人员的生命安全。职业性安全暴露极限,明确界定了职工在有毒气的工作场所中,可允许的暴露程度,指导人们更安全地工作。

(一)浓度概念

硫化氢浓度概念:

(1)体积分数(不受温度和压力影响):H_2S 在空气中所占的体积分数。表示为百万分之一(ppm)。1 ppm=1/1000000。

(2)质量浓度:H_2S 在 $1m^3$ 的空气中含有硫化氢的质量,表示为 mg/m^3。

(3)换算:1ppm≈1.5mg/m^3;1mg/m^3≈ppm/1.5。

(二)安全规定

(1)阈限值:几乎所有工作人员长期暴露都不会产生不利影响的某种物质在空气中的最大浓度。硫化氢的阈限值为 15mg/m^3(10 ppm)。此浓度也是硫化氢监测的一级报警值。二氧化硫阈限值为 5.4 mg/m^3(2 ppm) 。

(2)安全临界浓度:工作人员在露天安全工作 8h 可接受的最高浓度。硫化氢的安全临界浓度为 30mg/m^3(20 ppm) 。在此浓度暴露 1h 或更长时间后,眼睛有灼伤感,呼吸道受到刺激。此浓度也是硫化氢监测的二级报警值,达到此浓度现场作业人员必须佩戴正压式空气呼吸器。

(3)危险临界浓度:达到此浓度时,对生命和健康产生不可逆转的或延迟性的影响。硫化氢的危险临界浓度为 150mg/m^3(100 ppm) ,在此浓度暴露 3～15min 就会出现咳嗽,眼睛受刺激和失去嗅觉;并使人感到轻微头痛、恶心及脉搏加快。长时间可以使人的眼睛和咽喉受到损坏,接触 4h 以上可能导致死亡。此浓度也是硫化氢监测的三级报警值,到达此浓度,现场作业人员应按应急预案立即撤离现场。

(4)立即威胁生命和健康的浓度:有毒的、腐蚀性的、窒息性的物质在大气中的浓度,达到此浓度会立刻对生命产生威胁或对健康产生不可逆转的或延迟性的影响,或影响人员的逃生能力。硫化氢立即威胁生命和健康的浓度是 450mg/m^3(300 ppm) 。二氧化硫立即威胁生命和健康的浓度为 300 mg/m^3(100 ppm)。

五、硫化氢对人体的危害

硫化氢是一种神经毒剂,窒息性气体,人们对硫化氢的敏感性随其与硫化氢接触的次数增加而减弱,第二次接触就比第一次危险,依次类推。硫化氢被吸入人体后,首先刺激呼吸道,使嗅觉钝化、咳嗽,严重时将其灼伤。其次,刺激神经系统,导致头晕,丧失平衡能力,呼吸困难,心跳加速,严重时因心脏缺氧而死亡。硫化氢进入人体,将与血液中的溶解氧产生化学反应。当硫化氢浓度极低时,将被氧化,对人体威胁不大,而浓度较高时,将夺去血液中的氧,使人体器官缺氧而中毒，甚至死亡。

如果吸入高浓度(300ppm 以上)时，中毒者会迅速倒地，失去知觉，伴随剧烈抽搐，瞬间呼吸停止，继而心跳停止，被称为"闪电式"死亡。此外，硫化氢中毒还可引起流泪、畏光、结膜充血、水肿、咳嗽等症状。中毒者也可表现为支气管炎或肺炎，严重者可出现肺水肿、喉头水肿、急性呼吸综合征，少数患者可有心肌及肝脏损害。吸入低浓度硫化氢也会导致疲劳、眼痛、头痛、头晕、兴奋、恶心和肠胃反应、咳嗽、昏睡等症状。

硫化氢中毒发生的特点：

(1)突发性：在钻井施工现场，只要感觉到硫化氢的存在就有可能造成人员伤害，只要达到一定的时间，就会造成伤亡。

(2)偶然性：由于地下复杂的地质条件和气体运移，不可能完全准确地预告出硫化氢气体储层和浓度，相同的作业有的产生硫化氢气体，有的不产生硫化氢气体。

(3)滞后性：硫化氢气体中毒，特别是低浓度时，开始无感觉或感觉不严重等发觉时中毒已到一定程度。

综上所述，对硫化氢气体的防护，必须坚持科学的态度，掌握基本方法，采取有效措施，确保安全。

任务 5.2　正压式空气呼吸器的使用

学习任务

(1)学习正压式空气呼吸器的使用方法。

(2)学习正压式空气呼吸器充气和检查方法。

学习目标

(1)能够独立操作正压式空气呼吸器。

(2)能够对正压式空气呼吸器的气密性做功能性检查。

操作技能

一、使用前的检查

(1)检查全面罩的镜片、系带、环状密封、呼气阀、吸气阀是否完好，和供给阀的连接是否牢固。全面罩的个部位要清洁，不能有灰尘或被酸、碱、油及有害物质污染，镜片要擦拭干净。

(2)供给阀的动作是否灵活，与中压导管的连接是否牢固。

(3)气源压力表能否正常指示压力。

(4)检查背具是否完好无损，左右肩带、左右腰带缝合线是否断裂。

(5)气瓶组件的固定是否牢固，气瓶与减压器的连接是否牢固、气密。

(6)打开瓶头阀，随着管路、减压系统中压力的上升，会听到气源余压报警器发出的短促声音；瓶头阀完全打开后，检查气瓶内的压力应在 28～30MPa 范围内。

(7)检查整机的气密性，打开瓶头阀 2min 后关闭瓶头阀，观察压力表的示值 5min 内的压力下降不超过 4MPa。

(8)检查全面罩和供给阀的匹配情况，关闭供给阀的进气阀门，佩戴好全面罩吸气，供给阀的进气阀门应自动开启。

(9)根据使用情况定期进行上述项目的检查。空气呼吸器在不使用时，每月应对上述项目检查一次。

二、佩戴方法

(1)佩戴空气呼吸器时，先将快速接头拔开(以防在佩戴空气呼吸器时损伤全面罩)，然后将空气呼吸器背在人身体后(瓶头阀在下方)，根据身材调节好肩带、腰带，以合身牢靠、舒适为宜。

(2)连接好快速接头并锁紧，将全面罩置于胸前，以便随时佩戴。

(3)将供给阀的进气阀门置于关闭状态，打开瓶头阀，观察压力表示值，以估计使用时间。

(4)佩戴好全面罩(可不用系带)进行 2～3 次的深呼吸，感觉舒畅，屏气或呼气时供给阀应停止供气，无"咝咝"的响声。一切正常后，将全面罩系带收紧，使全面罩和人的额头、面部贴合良好并气密。在佩戴全面罩时，系带不要收得过紧，面部感觉舒适，无明显的压痛。全面罩和人的额头、面部贴合良好并气密后，深吸一口气，供给阀的进气阀门应自动开启。

(5)空气呼吸器使用后将全面罩的系带解开，将消防头盔和全面罩分离，从头上摘下全面罩，同时关闭供给阀的进气阀门。将空气呼吸器从身体卸下，关闭瓶头阀。

注意：(1)一旦听到报警声，应准备结束在危险区工作，并尽快离开危险区。(2)压力表固定在空气呼吸器的肩带处，随时可以观察压力表示值来判断气瓶内的剩余空气。(3) 拔开快速接头要等瓶头阀关闭后，管路的剩余空气释放完，再拔开快速接头。

三、使用后的处理

使用完后应及时恢复使用前的战斗准备状态，并做以下工作：

(1)卸下全面罩，用中性或弱碱性消毒液洗涤全面罩的口鼻罩及人的面部、额头接触的部位，擦洗呼气阀片，最后用清水擦洗，洗净的部位应自然干燥。

(2)卸下背具上的空气瓶，擦净装具上的油雾、灰尘，并检查有无损坏的部位。

(3)对空气瓶充气。

空气瓶的充气方法及注意事项：

①关闭瓶头阀，将空气瓶组件从背具上卸下来。

②将气瓶组连接在空气压缩机的输出接口上。注意目检空气瓶的净水压日期、有无深的刻痕、切口及瓶头阀有无损伤，如发现损伤，应及时修理，测试合格后才能使用。

③打开瓶头阀旋钮，按下空气压缩机电源开关充气至 30 MPa。

④待空气瓶自然冷却后再充气至 30 MPa。注意不要对气瓶组过分加压。

⑤关闭瓶头阀，放空充气管路的剩余空气，然后从充气装置上取下气瓶组。

⑥将气瓶组装到背具上或另外存放备用。

(4)将充气的空气瓶，接到减压器上并固定在背具上。

(5)按使用前准备工作要求，对空气呼吸器进行检查。

四、检查和维护

(一)整机气密性检查

关闭空气呼吸器供给阀的进气阀门，开启瓶头阀，2min后再关闭瓶头阀，压力表在瓶头阀关闭后5min内的下降值应不大于4 MPa。如果5min内的压力下降值大于4 MPa，应分别对各个部件和连接处进行气密性检查。

(二)报警器的报警压力

打开气瓶瓶头阀，待压力表指示值上升至7 MPa以上时关闭瓶头阀，观察压力表下降情况至报警开始，报警起始压力应在4~6 MPa之间。如果报警起始压力超出了这一范围，应卸下报警器，检查各个部件是否完好，如损坏应更换新的部件。

(三)供给阀和全面罩的匹配检查

关闭供给阀的进气阀门，佩戴好全面罩后，打开瓶头压力表指示开关，检查各部件密封情况。

1.功能检查

(1)关闭供气：向呼吸阀的方向推动呼吸阀上的大开关拨叉(RI-90U)，抬起面罩上的红色指针并向前推动呼吸阀转换开关(RI-90US)。

(2)打开气瓶阀。

(3)观察压力表，读数不应该低于气瓶工作压力的90%。也就是说如果气瓶充气压力300bar，那么读数不应该低于270bar。

注意：由于RI-90U/RI-90US中有一个限流器来保护高压管和压力表，所以在显示满刻度之前可能要等待约1min。

(4)关闭气瓶阀，检查是否有泄漏。观察压力表的读数，读数变化应该小于10bar。

(5)慢慢拨动呼吸阀的拨叉开关(RI-90U)或打开呼吸阀的转换开关(RI-90US)，直到听到气流声。

(6)当报警哨报警时观察压力表，此时压力显示应该在50bar左右。

(7)完全打开呼吸阀的拨叉开关(RI-90U)，释放气路中的剩余压力。

(8)再次关闭呼吸阀的拨叉开关(RI-90U)。

2.使用背上空气呼吸器

(1)在背上之前先把肩带和腰带搭扣松开，调整好松紧。

(2)背上空气呼吸器，气瓶阀的位置应该在下面。

(3)拉紧肩带一直调整到感觉背板的位置比较舒服为止。

(4)腰带的松紧可以通过拉紧一端来控制。腰带的搭扣及卡扣的位置在身体的前面。

(5)检查呼吸阀拨叉开关(RI-90U)或呼吸阀转换开关(RI-90US)是否处于关闭状态。

(6)完全打开钢瓶阀，观察压力表。

(7)当气瓶打开时，报警哨会一直响到压力达到一定的水平，这同时也是给报警哨做了一下功能测试。

(8)戴上面罩：先把下颌放在面罩内，再把头带过头顶。

(9)按照从下到上的顺序拉紧头带，最后一个拉紧的是额头上的头带。

(10)RI－90U第一次吸气时，呼吸阀自动开启，RI－90US的呼吸阀转换开关如果处于气瓶供气状态(面罩上的红色指针未抬起)，呼吸阀也将自动开启。RI－90US如果处于环境供气状态(面罩上的红色指针已抬起)，则需手动开启呼吸阀。呼一口气之后立即屏住呼吸，目的是听听是否有泄漏，如果有泄漏可能是头发卡在面罩的密封边缘，需要做出适当的调整。

(11)把两个手指放在面罩的密封边缘旁边，检查是否有气流泄漏。

(12)在使用整套设备之前，再一次观察压力表。

(13)RI－90US的佩戴者在进入危险工作区域(毒气超限区域)之前，可使呼吸阀的转换开关处于环境供气状态(红色指针抬起)，当进入工作区域时需要手动使呼吸阀处于气瓶供气状态(红色指针落下)，以延长气瓶内压缩空气的有效使用时间。

注意：RI－90US面罩上的红色指针处于抬起状态时，严禁佩戴者进入危险工作区域！

(14)使用正压呼吸装置的整个过程中要不断地检查压力表，当气瓶中的压力在(55±5)bar时，报警哨就会开始报警，报警一直会持续到气瓶中的气体被耗尽。

注意：

(1)使用者必须留意报警哨，如果报警哨开始报警则应立即撤退至安全区域。

(2)使用压缩空气呼吸器，正确的操作步骤是非常重要的。

情景六　锅炉事故案例分析

任务 6.1　热注区 62＃炉爆管事故

学习任务

（1）学习锅炉事故的描述。

（2）学习锅炉事故的处理过程。

（3）通过案例的学习，提升学员分析和处理问题的能力。

学习目标

（1）能够独立完成锅炉事故案例的编制和修改。

（2）能够根据专业知识，解决锅炉隐患问题。

（3）能够运用所学知识剖析锅炉事故案例。

学习内容

一、事故概要

2009 年 8 月 23 日 9 点左右，热注作业一区 62＃炉在注汽过程中发生一起爆管事故，造成辐射段第 56 根炉管爆管，第 54、55 根炉管弯曲，炉壳内四分之一保温层损坏（图 6－1），检修停炉 18d。

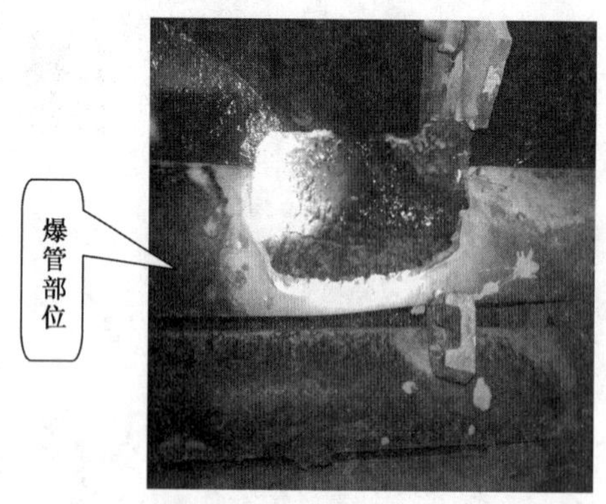

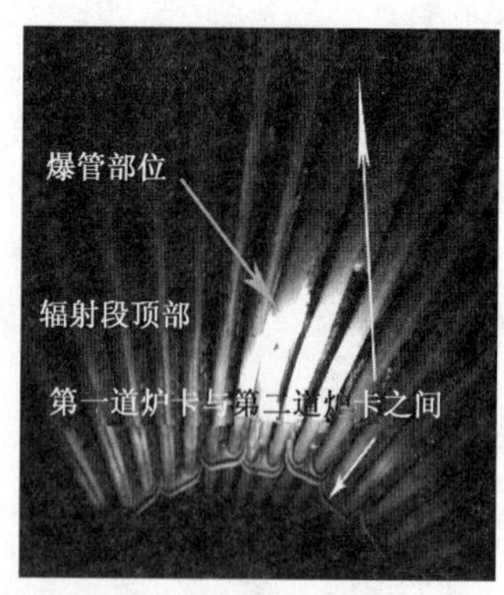

图 6－1　62＃炉爆管部位

二、事故经过

8 月 22 日，62＃炉转注五区 D8134752 井，8 月 23 日早班巡检时蒸汽压力 14.0MPa，蒸汽温度 336℃，排量 $18m^3$，累计注汽 $294m^3$。上午 9 点当班员工陈某正在值班房内写资料，听到

"轰"的一声巨响，蒸汽随后从对流段上方烟囱窜出，陈某发现蒸汽压力迅速下降，意识到发生了爆管事故，立即前往关闭蒸汽出口阀门，开启放空流程，同时关闭供水泵，打开鼓风机手动阀给炉膛降温(在热注炉发生爆管时热注炉已熄火，并且启动保护装置关闭油路)。

三、事故直接原因

经初步分析，事故直接原因是该热注炉长时间烧污水，结垢后因生产任务重无法停炉，未及时酸洗，造成局部过热，强度降低，导致第 56 根炉管爆管。爆管后蒸汽从爆管处泄漏，压力迅速降低，体积膨胀近百倍，产生巨大的反作用力，造成 54、55、56 三根炉管弯曲，蒸汽喷射到对面的炉壳上造成直径 2m 的区域内保温全部渗透，保温层损坏达炉体的四分之一。

四、事故间接原因

这台热注炉于 2009 年 5 月 29 日由辽河油田公司锅炉所进行年度检测，割下对流段弯头发现结垢厚度达 1～2mm，覆盖面达 100%，全部炉管未发现弯曲和减薄。锅炉所针对以上问题下达了除垢通知书，要求除垢后方可投入使用。基层单位在生产运行会上先后四次提出停炉酸洗的请示，由于注汽任务饱满都未得到批准，造成这台热注炉一直带垢运行，最终造成事故。

图 6-2　弯头结垢

五、建议

为了避免设备带病运行，希望建立"体检要定期，治病要及时"的隐患叫停机制，即设备达到检测期，尤其是热注炉、加热炉、压力容器、行吊等特种设备要排出检验计划，保证每台设备都能达到检验期前进行检验。在检验期过程中发现隐患，生产设备要无条件地停下来维修。只有建立以上机制才能保证检验维护任务的顺利完成，实现杜绝特种设备事故。

任务 6.2　华 62#站"3·25"硫化氢中毒事件

学习任务

(1)学习硫化氢气体的危害程度。

(2)学习硫化氢气体的防范措施。

(3)学习硫化氢气体的中毒特点。

学习目标

(1)能够了解硫化氢气体特性。

(2)在注汽中避免发生硫化氢中毒事故。

(3)能够识别不同区域的硫化氢气体特点。

学习内容

一、事故概要

2013 年 3 月 25 日 3 时 30 分，华油热注三公司华 62＃站在为辽河油田特种油开发公司采油三区兴 41＃台 H226 井注汽过程中，发生两名员工 H_2S 中毒事件。事件导致男员工呕吐、头晕乏力，女员工眼睛轻微模糊、头晕乏力。经医院治疗，恢复较好，后在家休养。

二、注汽站基本情况

华 62＃站隶属于华油热注三公司 301 注汽队，该站属于活动站，2012 年 2 月搬家至辽河油田特种油开发公司采油三区兴 41＃台，3 月 25 日为 H226 井注汽。该井场有油井 3 口(H225、H226、H227)，值班室离 H227 井直线距离约 10m，该井场南侧约 60m 为兴 1 油井，井场空间有限。

三、事件经过

3 月 24 日注汽生产，夜班员工为张某(男，27 岁，2007 年参加工作)、姜某(女，35 岁，2006 年参加工作)，当班时间为 16:00 至次日 8:00，当晚气象记录为无风。25 日 00:30 左右张某感到肠胃不舒服，并出现呕吐反应，认为是食物中毒，过了一段时间，症状未缓解。两人闻到有臭鸡蛋气味，过了一会儿感觉味道未减淡，两人离开值班室到达东侧井场空地后，味道消失回到值班室。

3 时 30 分左右，两人再次闻到臭鸡蛋气味，姜某也感觉不舒服，两人离开值班室，张某将情况汇报给站长，站长报告给值班队干部，值班干部到达后，发现张某在值班室外等候，四肢感到无力，姜某在值班室椅子上，意识出现模糊，立即组织车辆将两人送至中心医院急救并上报领导，后验血初步诊断为硫化氢中毒。公司领导知道后高度重视，立即组织人员到现场勘查，食物检查未发现异常，由于错过第一时间，进行硫化氢检测数据为 0ppm。

四、事件处理

事件发生后，公司领导高度重视，在会上做了硫化氢事件安全经验分享，对 301 队进行批评，指出个别基层队培训走过场，没有认真组织学习。要求安全部门、各队提前组织好硫化氢知识培训，做好现场勘查工作；生产部门组织好硫化氢泄漏应急演练，各项活动开展务求实效。

五、事件直接原因

(1)两名员工吸入低浓度硫化氢气体。

(2)特种油开发公司采油站和华油热注三公司注汽站双方对该井场未进行 HSE 信息交流，未对采油井产生硫化氢进行危害因素辨识，在排放套管气时未能告知注汽站员工。

六、事件间接原因

(1)基层单位在安全管理上存在麻痹大意思想。安全防护、人员培训等方面没有做到位。

(2)员工安全意识不强，自我保护意识差。

(3)风险削减措施落实不到位，针对从井场窜入值班室有毒气体，没有配置必要的监测设施。

七、对事件控制和防范措施

(1)学会手持和固定式硫化氢检测仪的使用(图 6-3、图 6-4)。

图 6-3　固定硫化氢报警装置

图 6-4　手持移动硫化氢检测

(2)公司、基层队提前开展硫化氢知识教育培训。

(3)与甲方沟通,对硫化氢井作出标示(图 6-5)。

(4)注汽站站区平面布置图标示周围井场情况,对硫化氢井进行标注。

(5)对安全规章制度重新规范。

(6)与甲方做好沟通交流工作。

(7)学会正压式空气呼吸器(图 6-6)的佩戴和进行硫化氢泄漏的应急演练。

图 6-5　安全警示牌

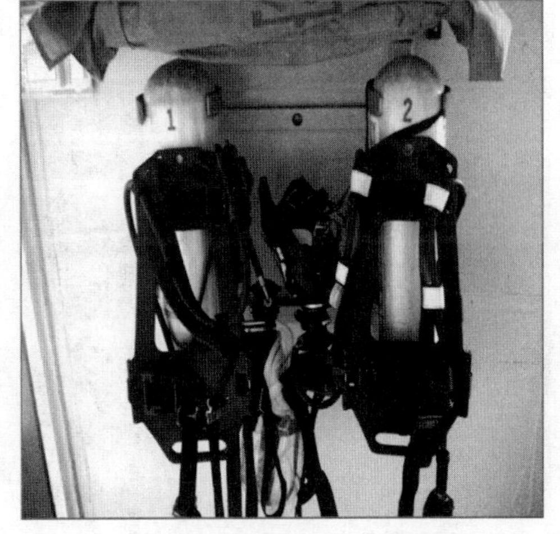

图 6-6　正压式空气呼吸器

八、硫化氢中毒的处理

(1)迅速将病人移离中毒现场,至空气新鲜处,保持呼吸道通畅,保暖。

(2)首先要将浸湿的毛巾等织物捂住口鼻，迅速撤离毒害污染区域至上风处，并进行隔离、洗漱、检查。

(3)迅速向上级队长、主管领导、安全监督报告。

(4)抢救人员必须做好自我保护和呼应互救，穿戴全身防火、防毒等的服装，如佩戴过滤式防毒面具或氧气呼吸器，佩戴化学安全防护眼镜，佩戴化学防护手套等，确保施救抢险人员和现场的安全。

任务 6.3　热注锅炉侧板崩出事故

学习任务

(1)学习热注锅炉发生事故的描述方法。

(2)学习不同锅炉案例的分析方法。

学习目标

(1)能够了解热注锅炉的结构特点。

(2)能够分析锅炉事故发生的直接原因和间接原因。

(3)能够制订不同锅炉的防范措施。

学习内容

一、事故概要

2008 年 7 月 17 日凌晨 0 时左右，某注汽站因蒸汽压力高报警停炉。当班锅炉工何某进行报警复位，重新点火，三次点火失败，0 时 30 分左右第四次点火时锅炉对流段发生爆燃，造成锅炉两侧护板脱落，过渡段、对流段不同程度受损，如图 6-7、图 6-8 所示。

图 6-7　事故后的翅片管

图 6-8　被崩开的对流段

二、事故原因

(1)直接原因：因为该炉天然气压力不稳和两个电动阀被天然气中的杂质卡住，造成天然气泄漏到炉膛内，发生爆燃。

(2)间接原因：广大干部职工思想深处和实际工作中并未把安全当作重中之重的工作来抓，尤其是在小的环节上，更存在着麻痹大意的思想。首先，公司主要领导及主管领导忽视安全管理，对基层安全工作要求不严格；其次，安全管理人员本身技术水平不足，导致日常安全监督不到位，不能从较深的技术层面发现问题与隐患；再次，基层队干部安全意识不强，要求不到位，忽视对设备的日常维护与保养；最后，基层操作人员对设备检查不到位，巡回检查流于形式，本身技术不熟练，导致事故的发生。

三、改进措施

(1)组织技术人员制定油气混烧操作方法及非正常停炉重新启炉的操作方法，规定最高点火次数，连续三次点火不着，延长吹扫时间。

(2)抓紧注汽锅炉报警仪表的校验和检查工作，对每台设备逐一落实，认真填写校验数据和明确负责人责任。除公司指定人员，任何人不得短接锅炉报警程序装置。

(3)生产组组织各队技术员对注汽锅炉各电动阀、电磁阀及线路进行检查，对每台设备逐一落实，明确负责人责任。综合队将各站燃气流程的手动阀门全部更换为蝶阀。

(4)各启炉站站长必须值班，站长不在场严禁启炉。

(5)各站要针事故召开事故分析会，查找身边的隐患，真正做到举一反三，从中吸取教训。加强员工队伍的技术素质教育，结合实际情况，重点对业务不熟练人员进行教育。

(6)把强化员工，尤其是干部队伍的安全生产意识作为工作的突破口，在日常工作中严抓狠管，保证安全生产，杜绝安全隐患，落实各岗位安全职责。

任务 6.4　热注 47＃站管网甩龙未遂事件

学习任务

(1)学习热注管线甩龙的应急处理方法。

(2)学习热注管网未遂事件的处理步骤。

(3)学习不同案例的分析方法。

学习目标

(1)能够了解热注锅炉管网的结构特点。

(2)能够分析未遂事件产生的原因。

(3)能够制订注汽的防范措施。

学习内容

一、事件经过

2007 年 11 月 26 日晚，热注作业一区安全员林某担任当晚的值班任务，像往常一样进行夜间查岗工作，当走到曙 212 块热注 47＃站附近的时候，47＃站所属热注管线引起了他的注意。虽然当时是深夜能见度很低，但他多年跑现场检查的经验和他安全员职责的敏锐感觉告诉他，这段管线不对劲，所以他立即要求司机调头到管网下察看。借着车灯和手电的光亮，他惊讶地发现，头上的龙门及龙门两边各 50m 左右的管线已经严重变形。

二、事件原因分析

当时 47＃站附近有一个井场需要垫石料，夜间大型拉料车正源源不断地经过此段管网。经分析一定是大型拉料车没有收回翻斗，通过此处与龙门发生了碰撞。

三、发生事故后可能造成的后果

当时这段管线中充满了 140kg 的高压高温蒸汽，一旦出现断口，高压蒸汽会瞬间从断口处涌出，反作用力会将整条管线甩出，其破坏力是惊人的，热注 47＃站及周边的两个采油站都会遭到严重破坏，站内员工的生命安全也难以保障。

四、发现险情后的应急处理办法

安全员立即根据应急办法进行部署：

(1)立即组织热注 47＃站及附近采油站员工疏散，远离危险区域。

(2)通过作业区调度通知 47＃站附近 3 个热注站 5 台蒸汽锅炉停炉，全线放汽、放压，防止甩龙事故发生。

(3)组织人员到变形管网路段的两边较安全处拦截车辆，阻止大型拉料车通过，防止再次刮碰。

(4)立即向作业区领导及上级机关汇报情况。

通过一夜的努力，管线内压力全部卸掉，有效地防止了甩龙事故的发生，制止了一场惨剧的上演。

五、防范措施

通过此次经验教训，作业区认真分析原因，积极整改防范措施。作业区投资 25 万在各大主路线设置限高龙门标志，限制大型车辆在危险路段通过，有效地防止了类似 47＃站的危险事件发生。

参 考 文 献

[1] 车得福,庄正宁,李军,等. 锅炉原理.2版.西安:西安交通大学出版社,2012.
[2] 周强泰.锅炉原理.2版.北京:中国电力出版社,2009.
[3] 谢冬梅,李心刚.热力设备运行.北京:机械工业出版社,2009.
[4] 路春美,程世庆,王永征,等.循环流化床锅炉设备与运行.2版.北京:中国电力出版社,2008.
[5] 冯维君,沈贞珉.锅炉安全操作与维护保养.北京:中国劳动社会保障出版社,2006.
[6] 郝卫平.循环流化床锅炉技术600问.北京:中国电力出版社,2006.
[7] 刘纪安,付强.锅炉操作工.北京:中国劳动社会保障出版社,2001.
[8] 陈学俊,陈听宽.锅炉原理.2版.北京:机械工业出版社,1991.
[9] 华东电力管理局.锅炉运行技术问答.北京:中国电力出版社,1997.
[10] 樊泉桂.锅炉原理.北京:中国电力出版社,2004.

参考文献